Développement durable : pour une nouvelle économie

P.I.E. Peter Lang

Bruxelles · Bern · Berlin · Frankfurt am Main · New York · Oxford · Wien

Blandine LAPERCHE, Anne-Marie CRÉTIÉNEAU
et Dimitri UZUNIDIS (dir.)

Développement durable : pour une nouvelle économie

Forum l'Esprit de l'Innovation II Colloque international Services, Innovation et Développement Durable, 26-28 mars 2008. Une conférence organisée par le Cedes-Lab.RII, Universités de Poitiers et du Littoral et le Réseau de Recherche sur l'Innovation.

Éditions scientifiques internationales
Bruxelles, 2009
1 avenue Maurice, B-1050 Bruxelles, Belgique
www.peterlang.com ; info@peterlang.com

ISBN 978-90-5201-562-0
D/2009/5678/54

Information bibliographique publiée par « Die Deutsche Nationalbibliothek »
« Die Deutsche Nationalbibliothek » répertorie cette publication dans la « Deutsche Nationalbibliografie » ; les données bibliographiques détaillées sont disponibles sur le site <http://dnb.d-nb.de>.

Remerciements

Cet ouvrage est produit suite aux riches débats qui ont eu lieu au cours du forum l'Esprit de l'Innovation III, colloque international « Services, Innovation et Développement Durable » qui s'est tenu à Poitiers du 26 au 28 mars 2008.

Plusieurs institutions ont soutenu et appuyé l'organisation de ce colloque et la publication de cet ouvrage. Nous remercions la Région Poitou Charente, l'Université de Poitiers, la Communauté d'Agglomération de Poitiers, la Maif, le Conseil général de la Vienne, le Réseau de recherche sur l'innovation (RRI), le Laboratoire de recherche sur l'industrie et l'innovation (des universités du Littoral et de Poitiers), l'Université du Littoral et l'Institut de gestion sociale (IGS). Nous leur adressons nos sincères remerciements.

Nous avons aussi bénéficié du soutien de l'ensemble des membres du comité scientifique de ce forum, notamment pour la sélection et la révision des articles. En particulier, que nos collègues Sophie Boutillier, Faridah Djellal, Henri Jorda, Pierre Le Masne, Christian Poncet et Claude Serfati trouvent ici l'expression de notre gratitude. Enfin, nous remercions Nejla Yacoub pour son appui dans la mise en forme finale de l'ouvrage.

Table des matières

PRÉSENTATION GÉNÉRALE

Comment sortir de la routine économique ?

Le développement durable

Anne-Marie CRÉTIÉNEAU, Blandine LAPERCHE
et Dimitri UZUNIDIS

Depuis le rapport Brundtland de 1987 et surtout après l'Agenda pour le 21e siècle qui a fourni un carnet de route, la question d'un développement économique durable conciliant la préservation de l'environnement, une plus grande justice sociale et la performance économique est au cœur des débats de politique économique mais aussi dans les sciences économiques et de gestion. On ne se satisfait plus désormais d'un appel à la conscience collective planétaire, celle de la communauté mondiale, avec des acteurs définis grossièrement et abstraitement comme étant « l'État, les forces du marché et la société civile » (Sachs, 1993). Non seulement la notion de développement durable balaie celle d'*écodéveloppement*[1], mais elle se répand et est appropriée par tous les acteurs à tous les niveaux y compris le grand public. Dans le champ des sciences de l'homme et de la société, rares sont les notions aussi répandues constituant une préoccupation autant partagée. La réduction de notre empreinte écologique (*cf.* encadré) est devenue un leitmotiv.

À ses débuts, la conception du développement durable, tel qu'envisagé en 1980 par l'Union internationale pour la conservation de la nature et de ses ressources, est déjà tripolaire : l'économie doit « sortir de son splendide isolement » (Passet, 1998) pour se penser dans sa relation avec l'environnement et la société. Ces deux sphères, soumises chacune à une logique propre, viennent contraindre l'économie qui ne peut plus indéfiniment poursuivre son objectif de développement économique, réduit techniquement le plus souvent à celui de croissance économique, sans prendre en considération les limites qu'elle rencontre sur les plans éco-

[1] L'écodéveloppement est le premier nom du développement durable, défini lors du sommet de la Terre de Rio en 1992. Ignacy Sachs (1993) considère que ce concept s'applique lorsque la croissance économique est au service du développement social et est respectueuse de la nature.

logique et social. Ainsi dans les années 1990, on admet que désormais le développement est l'affaire de tous les pays et que si l'on veut maintenir sa fonction d'objectif économique, celle-ci sera à optimiser sous des contraintes fortes incontournables : respect et restauration des écosystèmes d'une part, accès de tous à l'alimentation, la nutrition, aux services de santé et d'éducation, à une plus grande justice sociale d'autre part.

Le défi que pose le développement durable à l'économie est nouveau : comment traduire techniquement la poursuite simultanée des trois objectifs, l'équité sociale, l'efficacité économique et la prudence écologique, que sur de nombreux aspects le mode de développement industriel suivi jusque-là opposait ? Étonnamment ce sont les usagers de la notion et les acteurs du développement durable qui promeuvent une éthique et des principes renouvelés de l'économie. Formidable source d'initiatives et d'innovations sociales, la pensée du développement durable n'a cessé de s'affiner et de s'enrichir ; elle s'est nourrie des expériences concrètes, a su intégrer les questions relatives à la mise en œuvre des projets et à la participation citoyenne. Elle a suivi un véritable processus d'essais et d'erreurs, qui la porte aujourd'hui à une réflexion critique visant à surtout limiter ces dernières pour bâtir une « nouvelle » économie qui se doit d'être durable.

I. L'économie en « stand-by »

Pour construire une nouvelle économie, le changement économique, technologique, social et politique est nécessaire. Mais les contraintes environnementales impliquent-elles de remettre en cause la croissance économique ou bien offrent-elles de nouvelles opportunités de production de biens et de services protégeant l'environnement et respectant les individus ? Quels seraient les rôles respectifs du progrès technologique et des politiques publiques dans ce second cas ? D'un autre côté, comme les enjeux environnementaux sont des enjeux planétaires, comment créer un cadre mondial de promotion du développement durable ?

Aujourd'hui et après toutes ces années, le concept de développement durable continue d'apparaître comme novateur, même s'il fait l'objet de critiques. Les débats autour de ce concept ont mis en avant l'innovation technologique et le changement de gouvernance économique comme deux conditions de son application. Pour l'économiste, lorsqu'un phénomène de rareté se développe (pollution, surexploitation des ressources naturelles, etc.) et s'accentue dans le temps, l'innovation technologique sera appelée à résoudre le problème. Mais pour ce faire, et dans la mesure où la question est globale, l'invention de nouveaux modes d'organisation et de coordination des activités économiques est indispensable. Par exemple, la dématérialisation apparaît pour certains comme une voie à explorer pour promouvoir une croissance raisonnée dans un but de développement durable.

Mais la tendance actuelle est de transformer la nature en bien économique qui permet de faire intervenir les mécanismes de prix et de développement technologique propres aux phénomènes de rareté. Par exemple, les émissions de gaz à effet de serre et leurs effets sur le changement climatique deviennent un champ privilégié pour l'analyse économique et pour l'expérimentation de nouvelles formes de marchés ou de nouvelles pratiques de régulation fiscale. Si l'on accepte d'intégrer dans la production le coût futur pour la société mondiale de ces pollutions, il faudra s'attendre à une forte augmentation des prix des biens et des services dont la production et la circulation sont tributaires de l'usage inconsidéré d'énergies fossiles ou non renouvelables. La demande des biens fortement pollueurs sera ainsi freinée. Mais, de l'autre côté, la hausse de ces prix aura aussi un effet important sur la distribution des revenus avec pour conséquence probable une accentuation des inégalités. Ce sont ces effets économiques et sociaux qui font hésiter les décideurs politiques. Le chômage, le pouvoir d'achat, le profit, l'accumulation sont des réalités dépendantes du court terme ; tandis que les efforts entrepris pour freiner la pollution et entreprendre un changement physico-chimique de l'atmosphère sensible, par exemple, exigent que le temps soit long.

Si le temps est la première contrainte, l'espace est la seconde. Dans une économie de marchés globaux et d'innovation permanente, quel contenu peut-on donner au développement durable ? Quelles en sont les conditions et quels types d'outils institutionnels peuvent être utilisés pour stabiliser les économies, contrôler les flux et maîtriser les stocks ? Suite aux échecs des politiques néolibérales des années 1990 et des crises financières, un certain retour mesuré à la régulation et à l'assignation d'objectifs globaux semble s'opérer au niveau international. La multiplication des défis économiques, écologiques et sociaux mondiaux suggère, selon une logique fonctionnaliste, une perspective de transfert à une échelle mondiale, d'instruments de régulation qui ont perdu de leur efficacité un plan strictement national. Seule la mise en œuvre d'une panoplie de moyens diversifiés a des chances d'être pertinente à condition qu'elle ne soit pas soumise au pouvoir à court terme de la concurrence et des indicateurs de compétitivité des entreprises et des économies nationales. S'agit-il d'un nouveau modèle de représentation et de gestion de l'interdépendance qui est en train d'émerger pour s'appliquer à un nombre croissant de domaines, en réponse aux contraintes grandissantes et aux problèmes globaux résultants de la mondialisation ?

L'apparition des conflits de normes, ayant parfois une grande portée symbolique (industrie et environnement, commerce et droits sociaux, commerce et santé publique, finance et emploi, etc.), a, en effet, soulevé les impératifs d'un arbitrage entre des objectifs globaux devenus légitimes et des intérêts nationaux au niveau d'un système de gouvernance qui se doit d'être mondial. L'émergence d'éléments de conscience civique planétaire en matière de préservation de l'environnement, s'inscrit dans cette lignée des nouvelles préoccupations qui devraient relever d'un tel système. Car il est assez paradoxal que les problèmes liés à la dégradation de l'environnement apparaissent à une échelle globale, alors que les réglementations dans ce domaine restaient nationales. Les questions relatives à l'environnement, mises en avant dans les années 1990, ont été symboliques d'une approche nouvelle, qui trouvera son expression conceptuelle dans celle de *biens publics mondiaux*[2] ; un concept qui a depuis fait fortune, jusqu'à être employé dans un sens plus métaphorique qu'analytique. D'où l'importance du thème de développement durable au sein d'un système de gouvernance mondiale reposant sur trois piliers : économie, environnement et société, ou selon la formule popularisée par l'entreprise Shell, sur l'équilibre entre les « trois P » : *Profit, People, Planet.*

Cet équilibre ou cette complémentarité entre les « trois P » sont recherchés dans la perspective d'assurer des compromis entre intérêts conflictuels. Si l'on s'en tient par exemple, à l'objectif de développement durable, on constate bien que l'intérêt et les discours des institutions internationales à ce sujet, sont loin d'avoir réussi à faire converger les politiques nationales environnementales et encore moins à faire adopter un code de conduite dans ce domaine aux grandes firmes multinationales et aux États. À l'heure actuelle, la réflexion à ce sujet soulève toujours plus d'interrogations qu'elle n'apporte de réponses. Des réglementations appropriées et des actions ciblées et efficaces faisant défaut au niveau du système de gouvernance mondiale ; les multiples stratégies d'évitement s'affinent et, parfois, la mauvaise foi côtoie des actions symboliques. La question des moyens que l'on peut, ou souvent que l'on ne veut pas, mobiliser dans cette perspective, vient parfois occulter la question des fins mêmes du développement durable et des normes qui lui sont rattachées. L'économie est en « stand by » : « L'économique » (*Profit*) est aujourd'hui encore difficile à dompter. Il demeure au dessus du « social » (*People*), car les écarts de développement entre pays se creusent et les inégalités entre groupes sociaux s'accentuent sans cesse ; il demeure aussi au dessus de l'environnemental (*Planet*), parce que si la

2 Les débats sur les « biens publics mondiaux » sont pertinemment repris et discutés par Kaul, Grunberg, Stern (1999) ; Stiglitz (2002) ; Gabas, Hugon (2003).

pléthore des discours sur le développement durable peut dénoter d'une certaine prise de conscience de sa primauté, dans les faits, les actions et les règles produites dans ce domaine, restent très insuffisantes et manquent crucialement de pragmatisme, laissant ainsi la place à de multiples stratégies d'évitement.

II. L'entreprise ancrée dans la routine

Transposée au niveau microéconomique, la préoccupation du développement durable se transforme en « responsabilité sociale de l'entreprise ». Elle s'associe alors avec le concept de gouvernance. La responsabilité sociale de l'entreprise trouve son origine (récente) dans la théorie de la firme, enrichie par les apports de plusieurs approches théoriques qui proposent des explications plus ou moins différentes de l'efficience des organisations et de leur existence (sur ce point voir aussi les numéros spéciaux de *Innovations. Cahiers d'économie de l'innovation*, n° 29, 2009-1 et de *Marché et Organisations*, n° 8, 2009). Parmi ces approches figure l'apport de la *stakeholder theory* ou théorie des *parties prenantes*. Elle est élaborée par les professeurs de sciences de gestion américains partisans d'une vision *business ethics* de l'entreprise[3], en rupture avec celle de Milton Friedman ancrée sur le seul objectif ultime de profit pour les actionnaires. Le concept de « gouvernance responsable » et de recherche de la performance globale ensuite, signifie que l'entreprise devrait répondre aux règles de transparence via des organes de gouvernance adaptés, protéger surtout les petits actionnaires et prendre en compte les intérêts de toute partie prenante interne ou externe (salariés, fournisseurs, clients, banquiers… et même les collectivités locales). Sur la base d'un contenu normatif solide et en soutenant la recherche d'une performance globale intégrant les objectifs environnementaux et sociaux, en plus des classiques objectifs financiers, cette théorie est devenue une des pierres angulaires de la « responsabilité sociale de l'entreprise » et s'est progressivement présentée comme une référence théorique pertinente pour appréhender la firme et, de manière générale, l'organisation, dans un cadre d'analyse où la performance privilégie cette même approche dite des « trois P » : *Profit*, *Planet*, *People*.

Mais même à l'heure actuelle et malgré la crise de 2008, les indicateurs les plus répandus dans les rapports et bilans de « développement durable » sont les indicateurs financiers. Ces rapports constituent une occasion pour la firme de se présenter et de présenter ses produits, ses managers et ses employés comme « citoyens ». Ici aussi, la dimension économique du développement durable domine les deux autres (sociale

---

3 Pour une synthèse voir Donaldon, Preston (1995) ; Bonnafous-Boucher, Pesqueux (2005).

et environnementale) et elle est traduite en performance financière de la firme. Et lorsqu'une logique intégrative des trois dimensions est exprimée, elle est dominée par la quête de l'efficacité commerciale. L'écart entre performance de la firme en matière de durabilité et le discours en matière de développement durable reste important.

Encadré 1. L'empreinte écologique : un instrument de mesure écologique, de sensibilisation et de pédagogie, et d'évaluation des politiques environnementales

1) L'origine
La notion d'empreinte écologique date du début des années 1990, alors qu'un autre concept similaire est proposé par l'agroécologiste américain Donald W. Lotter. Il s'agit du PEIA (*Personal Environmental Impact Accounting*), méthodologie fondée sur un programme informatique EnviroAccount, qui à partir d'un questionnaire extensif sur le mode de vie de l'individu permet de quantifier son impact personnel sur l'environnement. Les mêmes algorithmes sont à l'origine du logiciel librement téléchargeable EarthAware. La notion d'empreinte écologique et sa méthode de calcul sont inventées et développées sur la période 1990-1994 à Vancouver, à l'Université de Colombie-Britannique, où Mathis Wackernagel rédige sa thèse sous la direction de l'économiste William Rees. Celui-ci publie le premier travail académique sur l'empreinte écologique en 1992 et les deux rendent l'analyse accessible par l'ouvrage *Our Ecological Footprint: Reducing Human Impact on the Earth* en 1996 (édition française en 1999).

2) Définition
« L'empreinte écologique est la surface correspondante de terre productive et d'écosystèmes aquatiques nécessaires à produire les ressources utilisées et à assimiler les déchets produits par une population définie, à un niveau de vie matériel spécifié » (W. Rees). Elle permet de comparer la consommation des ressources naturelles renouvelables et la capacité biologiquement productive de la nature. L'empreinte écologique est composée d'un ensemble de consommations, évaluées en superficie de sol productif : surfaces nécessaires à l'alimentation (agriculture, pâturages, zones marines), surface de forêt utilisée pour la production de bois et de papier, surface bâtie pour les logements et les infrastructures employées, surface de forêt qui absorbe les émissions de CO_2 ou permet le renouvellement des matières organiques pouvant être utilisées comme sources d'énergie. La mesure de l'empreinte écologique se fonde sur la conversion en hectares normalement productifs des besoins d'un individu ou d'un groupe pour vivre ou survivre. Elle s'applique aussi à la sphère de la production et permet de mesurer l'impact d'activités agricoles, industrielles ou de services. La puissance de l'instrument tient à l'idée simple et facilement compréhensible de par le monde de représenter la « charge » écologique d'une activité, d'une population ou d'une société par un indice synthétique global quantitatif, cohérent avec l'objectif de sa construction : en calculant notre empreinte, on prend conscience de son ampleur et on est incité à rechercher les moyens de la réduire.

3) L'usage
La notion s'est popularisée de différentes manières. Par exemple des quizz en ligne visent la sensibilisation des jeunes enfants. L'analyse en termes d'empreinte écologique s'est également ancrée dans les travaux et la communication scientifiques. L'empreinte écologique est devenue un outil de comparaison des modes de vie et de mesure de la capacité de la nature à satisfaire la consommation humaine. Selon le Global Footprint Network dirigé par Mathis Wackernagel, l'empreinte écologique mondiale en 2005 est de 2,7 hectares globaux par personne, une augmentation de 80 % depuis 1970, alors que la capacité productive de la Terre n'est que de 2,1 hectares. Nous utilisons donc 30 % de plus que ce que la nature peut produire. Ce déficit écologique est généré principalement par les pays développés. Et si chacun vivait comme un Américain moyen il faudrait entre 4 et 5 planètes pour absorber l'impact écologique induit. L'empreinte écologique peut aussi se calculer pour un individu, une ville, etc.

L'empreinte écologique peut être un moyen pour les États d'évaluer et de gérer leurs ressources naturelles, d'identifier les risques associés aux déficits écologiques et de mettre en œuvre des politiques adaptées. Le système de comptabilité des ressources mis à disposition des décideurs, des chercheurs et du public permet d'explorer les niveaux de durabilité de nos modes de production et de consommation. Il met aussi en évidence l'inégalité des effets du développement économique sur les différents territoires et populations. Pour William Rees l'enjeu est politique : « Nous avons donc à faire un choix de nature politique, depuis celui des communautés jusqu'à celui des villes, de la nation, de la planète, pour changer la structure de l'économie mondiale ainsi que nos comportements ».

4) Pourtant cette notion n'est pas exempte de critiques, et certaines de ces critiques en limitent considérablement l'usage
Calculer l'empreinte écologique pour des zones à forte densité, comme des villes ou des petits pays relativement très peuplés, peut donner l'impression que ces populations sont des « parasites » du fait de leur faible capacité biologique, et ainsi fournir un argument en faveur de l'autarcie. La notion d'empreinte écologique ne serait donc opérationnelle qu'à un niveau global. Et elle encouragerait un modèle agricole productiviste en négligeant ses effets externes négatifs (pollution de l'eau, etc.), ainsi que la production de certaines sources d'énergie comme l'électricité d'origine nucléaire. Enfin, l'empreinte écologique ne prend pas en compte certains indicateurs de développement humain tels que les taux de scolarisation et d'alphabétisation ou la qualité du système de santé. Or, la seule prise en compte du niveau de consommation ne peut suffire pour mesurer le bien-être d'une population. Alors que l'empreinte écologique prétend être un outil au service de citoyens soucieux de préserver les ressources écologiques, de telles critiques, même si elles ne remettent pas en cause l'intérêt du concept, invitent cependant à une certaine prudence.

Source : W. Rees, Forum L'esprit de l'Innovation III « Services, Innovation et Développement Durable », Poitiers, 26-28 mars 2008.

III. Pour une nouvelle économie…

Les douze contributions dans cet ouvrage posent les jalons, tracent les contours et s'interrogent sur les perspectives et les enjeux d'une nouvelle économie durable.

La première partie « Penser le développement durable », revient sur l'histoire de la notion, présente ce qu'elle apporte à l'analyse économique et étudie son actualité, notamment en la reliant au potentiel offert par la dématérialisation, qui combine les technologies de l'information avec la progression des services.

Qu'apporte la notion de développement durable à l'analyse économique de la croissance et du développement ? C'est la question que posent Andrée Kartchevsky et Muriel Maillefert dans le premier chapitre. Elles montrent que le potentiel de renouvellement de l'analyse théorique en matière de développement durable est très contrasté : d'un côté, les approches issues de l'analyse néoclassique ne proposent que de simples amendements des théories antérieures. D'un autre côté, les approches en termes de développement ou les approches critiques de la notion de croissance ne réalisent pas de liens évidents avec la notion de développement durable. Selon Andrée Kartchevsky et Muriel Maillefert, c'est davantage du côté des pratiques des acteurs et des modes de gouvernance que la notion de développement durable porte un potentiel novateur, en mettant en avant et en favorisant des processus d'action et de décisions différents du point de vue des acteurs et des instruments.

Dans le chapitre 2, Romuald Dupuy remonte le temps jusqu'au 18e siècle, où se sont développés les fondements de la théorie physiocratique, basée sur une économie de la nature et la productivité exclusive de l'agriculture. Si le développement du capitalisme industriel a accéléré l'obsolescence de ces idées, les nouvelles préoccupations écologiques et la notion de développement durable donnent à la physiocratie une nouvelle actualité. Selon Romuald Dupuy, il est possible de faire un parallèle entre la pensée physiocratique (ou certains de ces éléments) et le développement durable, en particulier dans la vision similaire de la production comme un processus physique. Les physiocrates ont posé les jalons d'un développement durable en recherchant dans la nature les principes de la production et en recherchant dans les principes du droit une coordination de l'économie et de la société.

Dès les années 1950, Hannah Arendt s'inquiète de la perte de durabilité des objets, processus entamé depuis de 17e siècle et dû à la montée en puissance de l'économique. Cette perte de durabilité qui conduit à la perte du « monde commun » (le lien entre génération) touche aujourd'hui non seulement les objets produits par les hommes mais aussi les conditions de la vie sur terre expliquent Geneviève Azam et Marlyse Pouchol dans le chapitre 3. La préservation de celles-ci au travers des politiques de développement durable devient un enjeu fondamental et stimule l'inventivité des économistes. En particulier le développement d'une économie de l'immatériel pourra-t-elle permettre de concilier croissance et durabilité ? Selon les auteurs, l'émergence de l'immatériel n'introduit pas de rupture fondamentale mais participe à la fluidité nécessaire à la globalisation commerciale, productive et financière. La durabilité du monde ne pourra ainsi être rétablie qu'en soumettant la logique économique à une finalité humaine.

Dans le chapitre 4, Fabrice Dannequin et Arnaud Diemer reviennent sur les enjeux du capitalisme dématérialisé, porté par les services et les innovations dans les technologies de l'information et de la communication. Ils discutent de la pertinence de ce capitalisme dématérialisé en examinant deux approches du développement durable. Alors que les auteurs se rattachant à une nouvelle vision de l'industrie considérée comme un « écosystème » apportent une réponse pragmatique aux défis environnementaux et considèrent avec optimisme la montée en puissance des technologies de l'information, l'écologie politique se montre beaucoup plus sceptique. Les auteurs se rattachant à cette approche déconstruisent les mythes qui entourent le capitalisme dématérialisé (comme la substituabilité des facteurs de production, l'existence d'une véritable dématérialisation, l'écoefficience) et soulignent la nécessité d'un changement radical du modèle de production et de consommation, fondé sur un nouveau projet politique. La « décroissance » est-elle la solution pour faire face au problème environnemental ?

La seconde partie se penche sur les changements nécessaires à l'émergence d'une économie plus durable. Jean Gadrey met en effet lui aussi en avant dans le chapitre 5 le caractère mythique de la dématérialisation de l'économie en expliquant que si la production de services consomme en moyenne moins d'énergie et de ressources naturelles que celle de l'agriculture ou de l'industrie, le calcul est en réalité effectué de manière partielle, oubliant la caractéristique matérielle essentielle de la plupart des services. De fait, Jean Gadrey revisite la loi de Baumol, qui démontrait logiquement la croissance de l'emploi dans les services, en intégrant les externalités environnementales. Ajoutées à cela les transformations de l'offre destinées à produire des biens propres et durables, il est peu probable selon Jean Gadrey que les services restent les seuls grands gisements d'emplois. Les nouvelles technologies propres, la proximité devraient être créateurs d'emplois tant dans l'agriculture, les services que l'industrie. Parmi les services, il distingue les « perdants » et les « gagnants », en soulignant que l'ampleur de chacune de ces catégories dépendra à la fois de leur impact environnemental et des choix politiques qui seront faits.

Pour qu'une nouvelle économie « durable » se développe, le comportement des acteurs (entreprises, institutions, citoyens) doit intégrer la logique de la préservation de l'environnement et de l'amélioration des conditions de vie et de travail des individus. Mais le développement durable peut-il devenir un objectif de l'entreprise ? C'est la question que pose Blandine Laperche dans le chapitre 6. Balayant les théories économiques de l'entreprise, elle montre que les éléments du développement durable apparaissent comme des objectifs inédits, comparés aux objectifs traditionnellement mis en avant dans les théories néoclassiques, managériales ou institutionnalistes, qui restent centrées sur les résultats internes de l'entreprise. Pourtant la pratique et l'analyse de la responsabilité sociale des entreprises ne sont pas nouvelles. Si leur popularité s'accroît aujourd'hui, c'est parce qu'elles s'inscrivent dans les rapports de force entre capital et travail à l'heure où l'entreprise a acquis une place centrale dans le fonctionnement des économies. Une vision nouvelle de l'entreprise, plus sociologique et politique devient nécessaire pour comprendre l'articulation entre le développement durable et les résultats de l'entreprise.

La participation des citoyens est aussi indissociable de toute analyse et de toute mise en œuvre pratique du développement durable. Anne-Marie Crétiéneau étudie dans le chapitre 7 les modalités d'émergence d'un développement durable par le bas, tiré donc par des citoyens s'organisant autour de microprojets et prenant des décisions destinées à assurer leur survie. Cette participation des citoyens est d'autant plus nécessaire que le sentiment d'impuissance quant à la maîtrise du développement global se développe dans les pays développés et que le « local » a acquis récemment un poids important dans la problématique du développement. Anne-Marie Crétiéneau s'interroge au travers d'exemples sur les moyens et incitations au développement durable et sur les politiques d'accompagnement des initiatives, tout en présentant les freins et obstacles qui montrent la nécessité d'un passage d'une écologie scientifique qui accorde sa confiance aux experts à une écologie politique et citoyenne.

L'économie de la fonctionnalité, qui a pour objectif de substituer la vente de services à celle de biens durables et de biens intermédiaires existe d'ores et déjà comme le montrent quelques cas souvent mis en exergue (Xerox, Michelin). Elle met en avant le potentiel de protection de l'environnement offert par la dématérialisation de l'économie (même si cette dématérialisation n'est pas une panacée, comme souligné dans les chapitres précédents). Mais pour qu'une économie de la fonctionnalité se généralise, les comportements des entreprises, des administrations et des ménages doivent évoluer, explique Jacques Poirot dans le chapitre 8. Selon l'auteur, cette nouvelle forme d'économie sera facilement acceptée par les administrations et les entreprises clientes qui, déjà, ont externalisé un certain nombre d'activités. Pour les producteurs, l'entrée dans cette nouvelle économie ne pourra se faire que si la rentabilité est suffisante et les risques économiques sont quelque peu maîtrisés. Les individus et les ménages, plus attachés à la possession de leurs biens, seront plus difficiles à convaincre. Les politiques publiques devront s'adapter, afin d'encourager la prestation de services au détriment des ventes de biens durables et de biens intermédiaires.

La troisième partie s'intéresse aux enjeux posés par la question environnementale et analyse les perspectives possibles, tant sur le plan technologique que sur celui de la régulation. Laure Dolique, dans le chapitre 9 présente les deux grands défis du 21e siècle, le changement climatique et la pénurie énergétique, qui constituent des risques globaux, touchant toutes les parties du monde et toutes les populations. Ces deux risques globaux sont étroitement liés au modèle économique et social, puisque la croissance économique est corrélée à la consommation énergétique aggravant ainsi de jour en jour le risque climatique et puisque de surcroît l'énergie utilisée, d'origine fossile, est une ressource épuisable et en cours accéléré de raréfaction. Face à ces menaces d'un genre nouveau, ce ne sont pas les avancées technologiques ou la main invisible du marché qui permettront de trouver de nouvelles opportunités, mais c'est un développement alternatif, en rupture avec le paradigme hérité des révolutions industrielles, qui est nécessaire. Laure Dolique présente les ingrédients de ce projet politique, qui pour sauvegarder ces biens publics mondiaux et promouvoir un autre développement ne renonçant ni au marché ni au progrès, nécessite une régulation multilatérale.

C'est aussi une réflexion et une régulation multilatérale qui est nécessaire pour faire face aux problèmes nationaux, régionaux et internationaux de la gestion de l'eau, explique Patrick Matagne dans le chapitre 10. Partant du cas de la France, Patrick Matagne étudie les relations public/privé dans la gestion des ressources naturelles et plus particulièrement de l'eau. Si comme le montre le cas du Grenelle de l'environnement en France, les politiques publiques se préoccupent de plus en plus des questions environnementales, le recours au secteur privé apparaît fondamental pour apporter expertise et moyens financiers, tant en France qu'aux échelles européenne et internationale où les partenariats publics/privés se généralisent. Cependant ces partenariats consacrent souvent la « marchandisation » de l'eau, dominée par quelques grands groupes internationaux, et s'avèrent préjudiciables à la gestion équitable et solidaire de cette ressource. D'autres partenariats public/

privé peuvent toutefois exister, où l'État joue réellement un rôle d'organisateur, de régulateur et de contrôleur. Ceci nécessite de considérer l'accès aux ressources et en particulier à l'eau, comme un droit humain fondamental.

Dans le chapitre 11, Éliane Jahan explique que les biocarburants peuvent constituer une alternative énergétique prometteuse, notamment dans les pays où l'agriculture a une place importante comme la France. Mais, généralisée à l'ensemble de la planète, cette stratégie n'est pas sans risques. La production de biocarburants se heurte à des limites techniques et physiques. La capacité de production est limitée par la surface agricole mobilisable et compte tenu de l'état actuel des techniques, le risque est grand de voir se développer des pratiques peu respectueuses de l'environnement, une intensification du déboisement et une conversion des cultures alimentaires en cultures énergétiques. Il en résulterait des externalités négatives sur l'environnement, une concurrence entre production alimentaire et énergétique et une hausse des prix des matières premières agricoles, qui altérerait en retour la rentabilité des biocarburants tout en pénalisant les pays les plus pauvres dépendants de l'extérieur pour leurs approvisionnements agricoles. Le développement des biocarburants nécessite donc une régulation, tant au niveau national que mondial, pour qu'ils puissent offrir une stratégie énergétique alternative au cours des décennies à venir.

Les différents chapitres ci-dessus aboutissent à l'idée qu'une régulation multilatérale apparaît fondamentale pour le développement d'une nouvelle économie plus durable. Mais quelle doit être son orientation ? C'est la question posée par Dimitri Uzunidis et André Gabus dans le chapitre 12. Les auteurs montrent en effet que la contrainte environnementale est l'impulsion essentielle à la conception et à la diffusion de technologies plus respectueuses de l'environnement. Celles-ci toutefois s'avèrent insuffisantes pour assurer le renversement de tendance nécessaire pour contenir le changement climatique. Les approches théoriques contemporaines d'inspiration libérale ou keynésienne, mettent l'accent sur les défaillances du marché, les jeux d'intérêts contradictoires et la nécessité de transposer les fonctions de l'État dans un cadre transnational. Mais selon les auteurs, une nouvelle société plus durable naîtra de la reconsidération de l'environnement comme un « bien commun de l'humanité » et d'une nouvelle vision de l'économie dont le rôle serait de répondre à des besoins collectifs plutôt qu'à des intérêts privés.

Références

Bonnafous-Boucher, M., Pesqueux, Y. (2006), *Décider avec les parties prenantes. Approche d'une nouvelle théorie de la société civile*, Paris, La Découverte.

Brundtland, G. H. (1987), *Our Common Future*, Oxford University Press, Oxford.

Donaldson, T., Preston, L. E. (1995), "The Stakeholder Theory of the Corporation : Concepts, Evidence and Implications", in *Academy of Management Review*, vol. 20, n° 1, p. 65-91.

Gabas, J.-J., Hugon, P. (2003), « Les BPM : un renouveau théorique pour penser l'action publique à l'échelle mondiale ? », in *Politiques et management public*, vol. 21, n° 3.

Innovations, Cahiers d'Économie de l'Innovation, n° 29, (2009-1), Cahier spécial : Développement durable et innovation. La responsabilité de l'entreprise.

Kaul, I., Grunberg, I., Stern, M. A. (1999), *Global public goods. International cooperation in the 21st century*, Oxford, Oxford University Press.

Marché et Organisations, n° 8 (2009). Cahier spécial : Développement durable et responsabilité sociale des acteurs.

Passet, R. (1998), « Le développement durable : de la transdisciplinarité à la responsabilité », in *Mélanges en l'honneur d'Henri Bartoli, L'économie une science pour l'homme et la société*, Paris, Publications de la Sorbonne.

Sachs, I. (1993), *L'écodéveloppement : stratégie de transition vers le XXIe siècle*, Paris, Syros.

Stiglitz, J. (2002), "Knowledge as a Global Public Good", World Bank, www.worldbank.org/knowledge/chiefecon/articles/undpk2/.

Première partie

Penser le développement durable

CHAPITRE 1

Les approches du développement durable

Des théories aux politiques

Andrée KARTCHEVSKY et Muriel MAILLEFERT

Introduction

En 1987, pour le compte de l'ONU, le rapport Brundtland donne la définition, considérée comme la première au niveau international, du développement durable « répondre aux besoins présents sans compromettre la capacité des générations futures à satisfaire les leurs » ; définition par laquelle équité intergénérationnelle et contraintes technologiques sont soulignées. Deux ans plus tard, plus de soixante définitions sont recensées par J. Pezzey dans son travail pour la Banque mondiale[1]. Que révèle cette inflation ?

En matière de développement durable (DD), deux approches essentielles marquent les divergences théoriques au sein de la discipline économique : celles qui s'intéressent à des formes et des contenus multidimensionnels du développement durable (approches hétérodoxes pour faire court), et celles mettant en avant les interactions entre croissance et environnement (approches en termes d'économie standard). Les approches standard s'ancrent dans une notion spécifique de la durabilité, nommée « soutenabilité ». Cette notion de *sustainability* qu'elle retient fait référence à la « soutenabilité faible »[2], laquelle s'inscrit dans la théorie néoclassique de la croissance. Le bien-être nécessite une croissance soutenue, les critères d'optimalité étant alors les mêmes qu'il s'agisse de production, d'environnement ou de répartition. La notion de durabilité se veut en revanche plus transversale, voire pluridisciplinaire ; dès lors le croisement de différents critères tels efficacité, équité ou viabilité en constitue l'originalité.

[1] J. Pezzey a publié un premier document de travail pour la Banque mondiale en 1989. Ce document a été retravaillé et réédité. La version définitive est datée de 1992. C'est cette version qui figure en bibliographie.

[2] La notion de soutenabilité faible suppose une substitution possible entre les différentes formes de capital, dont fait partie le capital naturel. Il existe donc une possibilité d'arbitrage sur les ressources en fonction de critères économiques.

Chaque courant est loin d'être homogène, autant dans ses principes théoriques que dans les préconisations de politique publique[3]. Nous n'avons pas choisi de nous situer dans une logique de discussion des contenus des différents corpus : notre position se situe à l'interface d'une analyse des concepts et de leur utilisation en termes de politique économique. Nous nous proposons ainsi d'interroger, à la lumière d'une analyse rétrospective de certains aspects des concepts de croissance et de développement, la potentialité de la notion de DD à renouveler, autant sous l'angle théorique qu'empirique, la vision de l'analyse économique en la matière et sa capacité à articuler théorie et aspects appliqués.

Dans cette perspective, deux grandes orientations se dessinent. Une première lecture du DD, qui peut être qualifiée d'approche économique, est fondée sur le triptyque modèles/politiques publiques/indicateurs. Elle reprend la démarche de l'analyse économique sans la transformer radicalement. À l'inverse, l'approche en termes de durabilité, fondée sur le triptyque acteurs/modes de gouvernance/évaluation subjective (au sens de Perret, 2001), propose une démarche nouvelle, qui articule lecture théorique, action pratique et évaluation des modèles.

Vu sous cet angle, le potentiel de renouvellement de l'analyse théorique en matière de DD nous apparaît très contrasté : les approches issues du corpus standard nous semblent proposer un simple amendement des théories antérieures, sans remettre en question leur logique interne. Les approches en termes de développement ou les approches critiques de la notion de croissance, complexes et contradictoires n'offrent pas, de leur côté, de lien simple ou évident avec la notion de DD. C'est finalement plutôt du côté des pratiques, c'est-à-dire des acteurs et des modes de gouvernance que la notion de développement durable porte un potentiel réellement novateur, en mettant en avant, et en favorisant, des processus d'action et de décision différents du point de vue des acteurs et des instruments.

I. De la croissance au développement : de la filiation de la durabilité

Parler de croissance ou de développement en économie implique de s'interroger sur la question de « l'avenir du capitalisme ». L'histoire de la pensée économique enseigne que cette question a toujours constitué une interrogation majeure en économie, plutôt placée d'ailleurs, sous le

[3] On trouve aussi bien des travaux sur l'histoire du concept (Vivien, 2003), que sur son contenu ou son périmètre (Rotillon, 2007), son applicabilité à l'échelle des pays développés (Godard, 2004), ou encore la définition de règles de politique économique (Constanza et Daly, 1992).

signe du pessimisme. Les classiques, surtout anglais, l'ont illustrée de différentes manières : divergence de taux de croissance entre population et richesse chez Malthus, rareté croissante des ressources exploitables en agriculture chez Ricardo ou encore état stationnaire à long terme de l'économie chez Mill (Blaug, 1986). Ces visions pessimistes ont été contrebalancées par l'optimisme des classiques français, confiants dans les mécanismes autorégulateurs du marché. Ces conclusions ont été renforcées par les travaux des économistes marginalistes, dont l'apport se situe essentiellement sous l'angle de l'assise formelle et de l'explicitation des hypothèses de validité du modèle et de leurs limites.

Pour les théories standard, le DD est en quelque sorte pensé dans la continuité de la croissance : il s'agit d'un amendement des conditions de la croissance plutôt qu'une remise en question des conditions de la croissance. Du point de vue de l'opérationnalité, des concepts proches de ceux utilisés pour la mesure de la croissance sont mobilisés. Enfin, les questions du pilotage du DD restent incertaines, entre un pilotage qui reste assez macroéconomique, par les États appliquant des instruments incitatifs (Rotillon, 2007) et l'émergence de formes de pilotages plus décentralisées (Pezzey, 1992).

A. Les approches standard : le développement durable comme poursuite de la croissance

Au-delà de la définition de référence du rapport Brundtland (1987), beaucoup d'auteurs francophones ou anglophones s'accordent à trouver la notion de développement durable complexe, floue et délicate à instrumenter et mesurer (Pezzey, 1992 ; Daly, 1996 ; Vivien, 2005).

Néanmoins, du point de vue de l'analyse économique, la notion de DD – et notamment celle du rapport Brundtland, qui s'appuie sur les besoins humains – se trouve dans une filiation de pensée assez clairement tracée aux yeux des économistes, celle des théories de la croissance et de ses extensions. Sans aller jusqu'à une « sixième étape de la croissance » à la Rostow (Vivien, 2007), l'idée d'une évolution des concepts de la croissance vers le développement puis vers le développement durable apparaît comme une hypothèse plausible pour l'analyse économique. Reste à en comprendre les déterminants et implications[4].

D'un point de vue statique, les limites de validité du modèle de marché – celles des conditions dites de concurrence pure et parfaite – sont bien connues et ont été abondamment discutées par la suite dans le cadre

[4] Il est à noter dès à présent que l'ajout du terme de durabilité au terme de développement tend à centrer les questions du développement autour des problématiques environnementales, même si ce ne sont pas les seules possibles.

de ce qu'on appelle désormais les « défaillances du marché » – constituées par les externalités, les biens collectifs et les rendements croissants. Ce qu'on appelle communément les « biens environnementaux » ont la particularité de pouvoir relever simultanément de ces trois domaines, ou à tout le moins, de l'un d'entre eux.

La question des « biens environnementaux » ne s'est d'ailleurs pas posée à l'origine, sous cette forme dans la pensée économique, mais sous celle des biens dits libres pour lesquels l'offre apparaît surabondante par rapport à la demande. Le mécanisme de prix est inopérant pour ces biens (comme l'eau) dont le prix est nul et la demande « trop » élevée (Faucheux et Noël, 1995). C'est l'apparition d'une rareté – par exemple sous forme d'une limite dans l'accès à une ressource – qui permet, ou restaure, la pertinence d'une analyse économique et d'un mécanisme éventuel de régulation.

L'exemple des biens libres apparaît pertinent pour la question des ressources naturelles, mais ne concerne pas l'ensemble des « biens environnementaux ». Il est habituel de différencier le traitement de cette question à partir de trois corpus d'analyse. Les deux premiers se rapportent à la question des prélèvements et des rejets, et définissent respectivement l'économie des ressources naturelles et l'économie de l'environnement (Faucheux et Noël, 1995). Le troisième concerne la thématique des biens collectifs qui peut s'appliquer à plusieurs domaines – y compris celui concernant les biens environnementaux notamment sous l'angle des externalités – incluant celui des biens publics mondiaux, dont certains s'adressent directement au domaine environnemental et d'autres à un ensemble plus large relevant justement de la thématique du développement durable (Kaul *et al.*, 1999 ; Hugon, 2002)[5].

C'est néanmoins le cadre dynamique, c'est-à-dire dédié aux problèmes de la croissance, qui permet d'aborder de manière directe la question dite des limites[6]. Cette thématique, très récente dans le corpus standard, est associée à la question de « l'épuisement des ressources » (Rotillon, 2007). Elle est traitée dans le cadre d'une relecture et d'un amendement du modèle canonique de la croissance, le modèle de Solow (1974). L'épuisement des ressources y est considéré comme un phénomène à la fois acceptable (absence d'irréversibilité) et économiquement pertinent, puisque les ressources (supposées substituables) sont assimilées à du capital. Il convient alors de définir des règles

---

5 Les BPM concernent l'environnement, la santé, la connaissance et l'information, la paix et la sécurité.

6 C'est d'ailleurs le cadre explicite des trois rapports Meadows.

permettant de réguler la rareté croissante de certaines ressources (épuisables ou non renouvelables), pour déterminer des règles de gestion optimale et assurer leur remplacement, le cas échéant, par d'autres (*cf.* le modèle d'Hotelling et la règle d'Hartwick).

La durabilité[7] est donc introduite par une contrainte supplémentaire sur les ressources, et les remèdes aux limites de la croissance doivent être recherchés du côté de la substitution et du progrès technique (exogène ou mieux, endogène). Cette confiance dans le progrès technique est d'ailleurs partagée par nombre d'économistes (et s'étend aussi parfois au cadre de la question du développement sous la forme du transfert de technologie)[8], même si cet optimisme doit être tempéré par l'existence d'effets négatifs divers comme ceux liés à l'effet rebond (Godard, 2004)[9].

Dans ce contexte, le critère de durabilité prend plusieurs formes : il peut concerner la croissance (*sustainable growth*), le développement (*sustainable development*) ou encore l'utilisation des ressources (*sustainable resource use*). Néanmoins, la durabilité n'est pas l'objectif recherché, c'est plutôt une contrainte sur la croissance (Pezzey, 1992, p. 10). Cette contrainte entraîne cependant des modifications substantielles des modèles. Car les considérations de durabilité obligent également, du fait de l'introduction de fonctions d'utilité intergénérationnelles, à traiter, au moins implicitement, des considérations d'équité.

Les modèles de durabilité se différencient également des modèles de croissance antérieurs par le besoin explicite d'une régulation de l'utilisation des ressources. À cet égard, Pezzey préfère assez nettement (et assez logiquement) une régulation à la Coase par l'attribution de droits de propriété (aux pollueurs ou aux pollués suivant le cas), plutôt que des taxes à la Pigou qu'il mentionne incidemment. Rotillon (2007), au contraire, insiste sur des formes de régulation de l'environnement se rapportant bien plus au gouvernement (régulation macroéconomique par les normes ou les incitations) qu'à la gouvernance.

Le lien implicite entre croissance (ou production) et environnement que privilégie la pensée standard est toutefois loin d'être univoque.

---

7 Contrairement au choix de F.-D. Vivien (2005), nous préférons le terme de « durabilité » à celui de « soutenabilité », dérivé du terme anglo-saxon.

8 Les mécanismes de flexibilité dans le cadre du protocole de Kyoto ont pour certains d'entre eux (comme le mécanisme de développement propre) vocation à promouvoir le transfert de technologie entre les pays de l'annexe I et les autres pays.

9 L'effet rebond exprime l'idée que le gain d'efficacité lié à la technologie (et l'économie de ressource induite) peut être plus que compensé par une augmentation de la demande. Le cas de l'automobile en est un bon exemple. Malgré le progrès technique, les nuisances globales augmentent.

Alors que la littérature sur la taxation ou les externalités suppose toujours que produire plus nuit à l'environnement – le but de la politique publique étant justement de neutraliser ce lien[10] – les modèles dynamiques montrent que croissance et environnement peuvent devenir complémentaires à long terme, soit du fait de la possibilité de substituabilité des formes de capital, ou encore via un argumentaire autour de la courbe de Kuznets environnementale (Grossman et Krueger, 1995)[11]. Le temps permet la réalisation des différents ajustements tels que l'internalisation des externalités, la modification des comportements de consommation ou l'évolution technologique. La croissance reste donc la condition nécessaire – mais sans doute pas complètement suffisante à long terme – de la durabilité, qui consiste à obtenir à la fois la préservation de l'environnement et une augmentation du bien-être des individus. En somme, la thèse optimiste est réaffirmée par extension à une nouvelle dimension de la croissance.

Qu'en est-il de l'opérationnalité ? J. Pezzey est très prudent sur ce point, les modèles n'ayant selon lui qu'une vocation « de suggestion ». Néanmoins des indicateurs existent, même s'ils sont très hétérogènes (OCDE, 2002). Dans le cas de la croissance, c'est généralement le PIB ou le PIB par tête qui est choisi (Rotillon, 2007 ; Gadrey, 2007), même si le PIB monétaire résulte au total d'une évaluation complexe d'autres effets comme c'est le cas dans le rapport Stern[12] (Gadrey, 2007). D'autres critères plus ponctuels et plus dédiés peuvent également être utilisés pour instrumenter, par exemple, les différentes formes de durabilité (Rotillon, 2007 en propose quelques uns), mais ils concernent alors des variables spécifiques aux modèles : par exemple un indicateur d'élasticité de substitution pour la durabilité faible ou de capital critique pour la durabilité forte. Il convient toutefois de bien différencier les variables cibles des modèles, des indicateurs opérationnels qui instrumentent la politique publique, et qui sont le plus souvent centrés sur le PIB.

Les théories standard restent ainsi centrées sur la croissance. Est-ce le cas de théories du développement ? Comment associent-elles développement et développement durable ? Dans développement durable,

---

[10] Cet élément différencie l'approche standard de l'idée d'un découplage, qui supposerait d'affaiblir le lien entre production et nuisances environnementales.

[11] L'augmentation du PIB modifie le lien entre croissance et environnement pour certains types de biens environnementaux, allant dans le sens d'une meilleure prise en compte des effets négatifs de l'économie sur l'environnement.

[12] Le rapport Stern différencie les aspects physiques, les impacts et les coûts. La démarche est donc bien plus complexe que ne le laisserait supposer une lecture en termes de PIB.

d'emblée le terme de développement retient l'attention tant la panoplie de théories économiques dans lesquelles il puise est largement déployée, obligeant progressivement à prendre en compte les limites des concepts utilisés. En effet, plusieurs périodes caractérisent les théories du développement : l'une assimile développement et croissance (renvoyant à celle du revenu moyen par tête) ; une seconde met l'accent sur les différences non seulement entre pays riches et pays pauvres, mais encore et surtout au sein de ces derniers sur leurs « écarts culturels ». Enfin, en troisième lieu, l'économie du développement revient en force à l'économie politique, dépassant ainsi les lignes de partage précédentes, le développement étant dès lors l'affaire de tous. Le mot « durable » qui lui est associé pour le propos qui nous intéresse, n'est pas moins empreint d'ambiguïté. Ainsi, complexité et flou entourent cette notion de développement durable que d'aucuns voudraient élever au statut de concept.

B. Les approches en termes de développement : des liens incertains avec le développement durable

Si l'idée de développement est véhiculée au départ comme une nécessité pour la paix et un combat, elle retournera vers la question fondamentale en économie politique, à savoir « Nature et causes de la richesse des Nations ». Dans la toute première période, au lendemain de la Seconde Guerre mondiale, le développement est défini par rapport à la croissance, mais le postulat de la spécificité est déjà posé. Autrement dit, il y a particularité du processus de développement par rapport à celui de la croissance. Et à partir de cette spécificité, l'ambition sera d'élever le développement au statut de concept. Les années 1970 marquent un tournant dans la pensée ; celle-ci se fragmente en plusieurs voies : ainsi pour certains, l'économie du développement devient une pensée militante dans le contexte de dénonciation de l'impérialisme (*cf.* les travaux de la CEPAL entre autres) ; pour d'autres l'objet de la recherche se focalise sur la pauvreté qui s'approfondit dans les pays du Tiers monde ; enfin d'autres encore vont privilégier une approche en termes de diversité et envisager l'étendue des activités informelles.

Concernant la première période, les « pères fondateurs » sont Singer et Prebish d'une part, Arthur Lewis de l'autre ; les premiers analysent la détérioration continue des termes de l'échange au détriment des pays sous-développés, traçant ainsi le sillon pour les théories de la dépendance ; le second en s'intéressant au surplus de main d'œuvre ouvrira la voie aux thèses consacrées à la croissance. Au fond, la question (qui deviendra récurrente) est de savoir qui de l'État ou de l'entrepreneur privé est le plus adéquat pour mettre en œuvre le développement.

Concernant les théories se focalisant sur la croissance, tous les modèles privilégient le capital comme facteur de croissance mais proposent des politiques économiques différentes ; telles celles qui consistent à rompre les « cercles vicieux » du sous-développement (Nurkse), celles qui préconisent une croissance équilibrée (Nurkse) ou au contraire déséquilibrée (Hirschman, Myrdal), d'autres en étudiant les conditions d'un « décollage » proposent une théorie des « stades » (Rostow).

Pour leur part, les approches (déjà) hétérodoxes mettent en avant que le sous-développement est le produit de la subordination et non un « retard » lié à une histoire. À cet égard, trois courants se dégagent avec l'école latino-américaine de la dépendance, le tiers-mondisme qui renvoie aux théories de l'impérialisme et enfin la planification du développement.

Pour ce qui est de la deuxième période, la croyance en la croissance, comme première et dernière instance de tout développement se délite. En effet, ce sont dorénavant les expériences plus ou moins réussies d'industrialisation qui sont l'objet de réflexion et d'évaluation. Ceci permet aux « experts » de revenir sur les rôles respectifs de l'État et du marché, sur la question d'un nécessaire (ou pas) protectionnisme, ou encore sur celle de la répartition des revenus avec en point de mire le problème de la pauvreté et de l'extension des activités informelles ainsi que celui de la maîtrise des technologies. Bien évidemment, la crise asiatique de 1997 va bousculer à son tour le « fondamentalisme du marché » qui avait largement pris le pas sur les courants nourris de la tradition keynésienne, aidant ainsi dans leur recherche de légitimité des propositions voire des politiques économiques qui intègrent une dimension « humaine », qui cherchent à concilier efficacité et équité, qui se repositionnent dans une perspective de long terme et justifient l'interventionnisme étatique.

Sans rechercher l'exhaustivité dans cette revue, ce que nous souhaitons mettre en évidence c'est le parcours original, non dénué de fractures, de la pensée en économie du développement, parcours qui va de l'accumulation du capital dans des économies « en retard » (avec à la clé la croissance comme condition première et dernière) jusque des hypothèses moins économicistes et à vocation universelle (notions de capital humain, question des biens et des droits, prise en compte de l'incertitude, etc.).

Sur le plan appliqué, depuis quelques décennies, une certaine dissociation s'est effectuée entre progressions du niveau de vie et satisfaction des individus ; ceci a entraîné la recherche d'indicateurs alternatifs soit au PNB dans un premier temps, soit au PIB de manière plus récente et plus systématique ; toujours est-il que leur construction n'est pas aisée.

L'OCDE a entraîné dans son sillage une initiative internationale « Mesurer et favoriser le progrès des sociétés » qui a pour objectif d'aller au-delà des indicateurs économiques habituels (Déclaration d'Istanbul 30 juin 2007). La démarche insiste sur un éventuel hiatus entre croissance et progression du bien-être et sur le fait que les politiques publiques centrées sur la croissance comme objectif fédérateur se confrontent à leurs propres limites.

Tout d'abord il convient d'envisager l'hypothèse selon laquelle la croissance n'est pas synonyme de progrès pour mieux mettre en évidence les apories du PIB. La puissance du PIB tient à l'unité de compte qu'est la monnaie et à la convention que ce qui compte, c'est ce qui est comptable, c'est-à-dire la richesse est monétaire. Le PIB cependant ne mesure que la richesse produite, il ne reproduit nullement les externalités, en l'occurrence l'incidence hors marché de cette production, il ne nous dit rien quant à la manière dont cette richesse est répartie (inégalités) ou à quelle fin (de « progrès ») elle est utilisée. La production non marchande lui échappe ainsi que les externalités positives des activités de production. En revanche, les flux négatifs liés à la dégradation du patrimoine n'étant pas décomptés, les dépenses de réparation sont, elles, comptabilisées comme des contributions positives.

Des propositions de corrections existent, notamment de déplacer la ligne de partage entre production finale et consommation intermédiaire de manière à reporter dans le décompte certaines dépenses contre-productives ou non productives sur le plan du bien-être, soit en élargissant le périmètre du PIB afin de monétariser des éléments non marchands, soit en prenant en compte les flux négatifs liés à la dégradation des patrimoines non productifs de manière à imputer les externalités négatives. À cela s'ajoutent l'institution et la prise en compte d'indicateurs sociaux.

Pour faire un inventaire de ces indicateurs, il convient de les classer en monétaires d'une part et composites d'autre part, en globaux ou dédiés. Dans les monétaires globaux, on trouve notamment l'IPV (Indicateur de Progrès Véritable), l'IBED (indicateur de bien-être économique durable), dans les composites l'IDH (du PNUD), le BIP 40 ou encore l'HPI (*Happy Planet Index*) des Amis de la Terre, l'IBEE (indice de bien-être économique) de Osberg et Sharpe étant pour sa part monétaire et composite. Qu'en est-il du PIB et des indicateurs de bien-être monétaires ? S'agit-il de nouveaux PIB ?

Dès le début des années 1970, Nordhaus et Tobin ont montré que les conventions comptables ne sont pas immuables et peuvent évoluer de concert avec les conceptions de la richesse. Leur démarche a inspiré l'élaboration des IBED. Mais la limite commune aux différents IBED est la justification des variables considérées comme participant négativement au bien-être économique durable. De même, l'indicateur de niveau de vie de Fleurbaey et Gaulier bouscule la démarche d'extension du périmètre du PIB dans la mesure où plus le nombre et l'hétérogénéité des variables augmentent, plus cela implique des hypothèses fortes quant aux conventions de calcul de leur équivalent monétaire.

L'incomplétude du PIB appelle-t-elle des indicateurs composites ? La méthodologie de ces derniers ne résout pas le problème normatif en ce sens qu'il faut fixer les dimensions et les variables entrant dans la composition de l'indice et leur attribuer une pondération, c'est-à-dire décider de ce qui contribue au bien-être et dans quelle proportion. Dans ce cadre, le PNUD attribue une importance égale au PIB/habitant, à l'espérance de vie et au niveau d'instruction dans la composition de l'IDH, précisant de plus qu'au-delà de 40 000$ par an, l'IDH n'augmente plus ; L'OCDE pour sa part met en avant l'hypothèse d'un rendement décroissant de l'accumulation de richesse (conférence de presse de l'OCDE 07/02/06). De fait, cela revient à dire, et ce n'est pas sans importance, que les consensus en matière de représentation économique évoluent.

Puisque progrès et bien-être semblent fondamentalement des notions normatives, il convient de se demander s'il est possible de recourir à une norme absolue et à des critères universels pour les mesurer. Osberg et Sharpe reprennent la question à leur compte en ajoutant à l'article 25 de la Déclaration Universelle des Droits de l'Homme (qui stipule que tout individu a droit à un niveau de vie suffisant et à la sécurité économique) un indice de répartition des revenus et d'accumulation du capital (productif, naturel, social et humain) pour leur IBEE ; le BIP 40 se définit comme spécifique à un pays, il introduit donc une notion de relativité, tout comme l'IPH du PNUD ou d'autres encore. Mais au total, qu'ils soient composites ou synthétiques, ces indicateurs se heurtent au problème fondamental de leur légitimité ; à savoir qu'ils doivent pour cela reposer sur des conventions partagées, largement et démocratiquement, d'évaluation du progrès. On en revient donc à la question du lien entre théories et pratiques, lien qui semble avoir évolué avec la prise en compte des enjeux liés à la durabilité.

II. Du développement à la gouvernance : la durabilité comme pratique

Selon Édgar Morin (non daté), la société industrielle vit sur le mythe selon lequel le développement réduit les antagonismes et assure le bonheur. Autrement dit, la croissance étant posée comme finalité, la logique du développement se réduit à une logique de la croissance tournant sur elle-même et trouvant sa justification dans sa propre cohérence. Il convient donc de porter un regard critique sur la croissance, en insistant sur le caractère réducteur du seul principe de croissance comme facteur de développement. C'est ce que mettent en avant les approches critiques du développement. Ces approches font la transition entre les représentations traditionnelles des liens entre croissance et développement, et des représentations nouvelles, encore en émergence, qui déplacent les enjeux du côté des pratiques et des acteurs.

A. Vers une approche critique plus globale du développement

Les approches que nous allons mentionner tiennent une place particulière, à la charnière des approches traditionnelles, orthodoxes ou hétérodoxes. Souvent portées par des individualités fortes, elles se démarquent par l'acuité de leur vision critique sur le plan de la méthodologie, en étant moins convaincantes, cependant, sur le plan des préconisations. L'une des figures emblématiques de cette pensée est A. O. Hirschman (1984), qui affirme ainsi :

> Deux constatations sont à l'origine du présent essai. La première est que la science sociale de notre temps n'est pas parvenue à élucider la question des conséquences politiques de la croissance économique. La seconde est que ces conséquences sont souvent désastreuses, etc.

Hirschman (1964) considère en fait le phénomène du développement comme discontinu dans l'espace. Ceci l'amène à proposer l'hypothèse d'une « croissance déséquilibrée » : des industries motrices telles la sidérurgie ou encore la mécanique doivent donner l'impulsion parce que ce sont celles qui peuvent générer le plus « d'effets de liaison » tant en amont qu'en aval. Hirschman comme d'autres théoriciens de la croissance déséquilibrée (nous songeons ici notamment à François Perroux), prend en compte les besoins sociaux et simultanément affirme qu'il faut se fier à la science économique et non au marché, ainsi qu'au progrès technique, pour satisfaire ces besoins. De même, il propose de remplacer le critère de rentabilité de l'investissement par un indicateur financier de « productivité marginale sociale », lequel intègrerait les coûts indirects de cet investissement en infrastructures économiques et sociales et les économies externes qui en résulteraient pour les différents secteurs. Il s'agit donc d'examiner la situation politique et économique de chaque pays, et la capacité de l'État à résoudre les problèmes. À travers cette démarche holiste, la théorie du développement devient institutionnaliste à de nombreux égards et se démarque de celle de la croissance vue comme un changement quantitatif[13].

Des auteurs comme Myrdal (1968) ou Hirschman (1964 ; 1984) affirment ainsi la nécessité d'une démarche holiste. C'est à travers des thèses structuralistes que la théorie du développement est postulée comme spécificité, et qu'elle acquiert un contenu institutionnel et se démarque véritablement de la théorie de la croissance. C'est une démarche qu'A. Sen, plus tard, reprendra d'une certaine manière à son compte. En effet, il s'agit pour lui de renoncer au fétichisme de la mesure, et donc aux approches en termes d'utilités.

> Concevoir le développement en termes de libertés substantielles des gens modifie notre compréhension du processus de développement et nous renseigne sur les moyens à mettre en œuvre. L'évaluation consiste, dès lors, à estimer quelles entraves aux libertés affectent les membres d'une société donnée (Sen, 2000, p. 42).

Ceci conduit à dire que la croissance économique n'est qu'un moyen au service des finalités. Il importe donc de ne pas les confondre et de ne pas inverser l'ordre des priorités. Le reconnaître est un vrai risque tant théorique que pratique, car cela soulève bien sûr le problème des modalités des fins recherchées ; autrement dit le risque – majeur, s'il en est – de ne pas trouver d'accord, de consensus, ni même de compromis à leur sujet.

Georgescu-Roegen (2006) pour sa part, rappelle, à juste titre, que Schumpeter avait d'ores et déjà constamment mis en garde contre la confusion entre croissance et développement. Ce qui conduit le premier à dire que tout progrès n'est pas forcément signe d'amélioration. Ainsi dans le passé, le développement a généralement induit la croissance, et cette dernière n'est survenue qu'en association avec le développement. De plus, le développement n'est pas une caractéristique inévitable de l'histoire ; il dépend de divers facteurs (par exemple l'introduction d'innovations) mais aussi, ce qui est original dans le raisonnement, d'accidents. Ce point mérite d'être souligné car il rompt avec une conception largement répandue d'une évolution linéaire. Enfin, pour Georgescu-Roegen, d'un point de vue purement logique, il n'y a nul lien nécessaire entre développement et croissance ; on pourrait parfaitement concevoir le développement sans la croissance.

Concernant les hypothèses des tenants de la décroissance contemporains, Serge Latouche (2003, p. 30) écrit :

---

[13] *Cf. La stratégie du développement économique*, Paris, éditions Ouvrières, 1964 (éd. originale 1958, New Haven Yale, University Press).

> [...] le contenu implicite et explicite du développement, c'est la croissance économique, l'accumulation du capital avec tous les aspects positifs et négatifs que l'on connaît : compétition sans pitié, croissance sans limite des inégalités, pillage sans retenue de la nature. Le fait d'ajouter le qualificatif durable ou soutenable ne fait qu'embrouiller un peu plus les choses.

Les trois objections principales des « objecteurs de croissance » sont les suivantes :

- Le développement (entendu selon la définition de S. Latouche) génère de par ses propres ressorts une augmentation des inégalités dont les corollaires sont une ponction exorbitante sur les ressources naturelles et une déliquescence inéluctable des rapports sociaux.
- De même, il entraîne une production accrue de biens et services sans que le bien-être ne progresse dans les mêmes proportions.
- La pression sur les ressources naturelles est telle que l'équité intergénérationnelle est fortement hypothéquée.

Si les approches précédentes adoptent un point de vue critique sur les concepts de croissance ou de développement, le premier rapport Meadows, daté de 1972, a souvent été considéré comme la première alerte sérieuse sur le mode de croissance. Centré sur la question des ressources, il se situe plutôt dans la filiation de l'analyse économique de la croissance, même s'il en identifie les limites.

S'il est possible d'effectuer diverses lectures du rapport, il apparaît néanmoins clairement que la question démographique est centrale, ainsi que celle de l'inégalité de la répartition du surplus entre les différents pays. Les auteurs du rapport partent en effet de la fameuse « équation d'impact », équation mesurant l'impact de l'activité économique sur l'environnement par la combinaison de trois variables, la population, la consommation par tête et la technologie. Seule cette dernière, la technologie, est susceptible de limiter l'impact des activités humaines sur l'environnement naturel.

De manière plus précise, le rapport de 1972 fait écho aux hypothèses de Malthus sur les liens entre croissance de la population et prélèvement sur les ressources, en montrant que dans certains cas, le taux de croissance démographique est incompatible avec le stock de ressources, notamment énergétiques. Il propose ainsi différents scénarios à l'horizon 2000, le résultat le plus intéressant *a posteriori* étant l'intuition de la stagnation en longue période du continent Africain, alors même que les résultats du continent asiatique ont été largement sous estimés.

Le rapport de 1972 attribue largement les limites de la croissance économique à une croissance démographique incompatible avec les prélèvements en ressources, compte tenu d'une répartition donnée des richesses à l'échelle des grands ensembles économiques. Bien que prépondérant, le facteur quantitatif de la croissance est explicitement associé à un facteur qualitatif de répartition des richesses à l'échelle mondiale. La thématique des limites est reprise et approfondie dans le rapport de 2004, avec un accent délibérément bien plus fort mis sur les enjeux d'environnement et de développement durable. À cette fin, les auteurs s'appuient sur une comparaison explicite entre les ressources disponibles et la capacité à les utiliser et les régénérer ; dès lors un arbitrage entre croissance de la population, croissance de la richesse par tête et maintien de la viabilité écologique est à effectuer. À cet égard, l'indicateur utilisé est plus franchement tourné vers la question de l'environnement, puisqu'il s'agit de l'empreinte écologique.

Pour les auteurs, une « révolution durable » (*sustainability revolution*) est indispensable pour ne pas dépasser les limites de la planète : la boucle reliant production et croissance est devenue une boucle « non vertueuse » du fait des externalités négatives liées aux impacts sociaux et environnementaux. Ces effets sont largement involontaires, mais vont devenir contraignants, même si, à court terme, ils n'apparaissent pas de manière visible (les auteurs emploient le terme *overshoot*). C'est pourquoi ils misent, cette fois, sur une réduction quantitative « nécessaire » – et pas seulement qualitative – de la croissance de la production industrielle, de la consommation et par voie de conséquence, de l'empreinte écologique, rejoignant ainsi, par un autre chemin, les partisans de la décroissance.

Une autre idée est plus clairement explicitement énoncée : les auteurs défendent la thèse que la croissance actuelle, contrairement à l'hypothèse de la théorie standard, ne résout pas la pauvreté mais au contraire, peut l'accroître, du fait de l'organisation de la redistribution des richesses entre les pays et à l'intérieur des pays. Une « trappe à pauvreté » peut s'installer, conduisant à privilégier la consommation au détriment de l'investissement, maintenant ainsi les populations dans une situation de précarité, alors même que les comportements vis-à-vis de l'éducation, de la santé, etc. ne se modifient pas. La boucle négative reliant croissance de la population et croissance de la pauvreté se perpétue, à la fois du fait de l'organisation structurelle et des comportements individuels.

Sur le plan théorique, référence est explicitement faite aux travaux de John Stuart Mill sur l'état stationnaire, dans lesquels l'auteur souligne les limites d'un monde de concurrence et promeut des dimensions non économiques du bien-être (Vivien, 2007). Les leviers d'action, néanmoins, restent assez conventionnels, notamment du point de vue de l'économie où la seule piste proposée est l'internalisation des coûts environnementaux et sociaux dans les prix des ressources et des biens et la mention du progrès technique et de la remédiation (pour l'agriculture et les sols). La place du marché comme instrument de régulation, bien que critiquée, reste prépondérante. La part d'autres éléments de régulation possibles n'est pas interrogée de manière approfondie, alors même qu'une évolution fondamentale des comportements (de production, de consommation et d'échange) est souhaitée.

Au total, si le rapport illustre bien l'idée d'une dynamique insoutenable de la croissance, le lien entre l'analyse des comportements économiques et les objectifs de soutenabilité reste à un niveau très général d'énoncé d'objectifs (réduction de la pauvreté, du chômage, satisfaction de besoins non matériels), sans que les voies d'accès à la soutenabilité telle que proposée dans les scénarios soit approfondie ou instrumentée de manière convaincante. Or, il nous semble que c'est justement à ce niveau, celui des pratiques et de la mise en œuvre, que se situe le potentiel véritablement novateur de la durabilité.

B. À la recherche de formes de durabilité : au-delà des théories, les pratiques d'acteurs et la gouvernance

La conférence de Stockholm a initié un nouvel espace de débat pour traiter des questions de croissance, d'environnement et de développement durable. Un quart de siècle après, il est désormais avéré qu'il y a prise de conscience de l'existence de problèmes collectifs, à l'échelon mondial, dont les enjeux posent de manière récurrente la nécessité d'actions elles-mêmes collectives. D'où l'émergence d'acteurs divers à côté des chercheurs, initiateurs du débat : les États bien sûr, mais aussi les ONG, des collectivités locales, ou encore le secteur privé à propos duquel nous reviendrons.

L'affirmation d'une solidarité mondiale s'est exprimée en particulier avec l'avènement de la notion de biens publics mondiaux et de celle, corrélative, au moins aussi importante, de droits économiques, sociaux et culturels[14]. Par rapport à ces derniers, autrement dit dans l'hypothèse de droits universellement reconnus et au-delà de leur garantie en tant que droits fondamentaux et civiques, l'accès aux biens publics de base permettrait au niveau mondial d'étoffer de façon décisive le principe de démocratie d'un contenu économique et social fort.

Bien évidemment, se pose la question des niveaux de négociations. Qu'en est-il des instances qui les conduisent ? Les institutions internationales constituent un élément fondamental de la gouvernance mon-

[14] Il s'agit en l'occurrence de lutter contre la pauvreté persistante et l'exclusion, et de promouvoir un objectif d'équité au niveau international.

diale, néanmoins leur légitimité fait l'objet de critiques frontales à plusieurs égards : ainsi elles sont souvent jugées illégitimes car outrepassant leur mandat par rapport aux accords internationaux qui les ont mis en place avec des fonctions plus ou moins précises ; plus grave, il leur est reproché d'imposer des conditionnalités d'une grande rigidité sous tendues implicitement par un modèle de développement économique et social standardisé[15] ; de surcroît elles ne seraient pas toujours sous contrôle de gouvernements démocratiques. Finalement, il semble qu'elles ne puissent puiser leur légitimité que de leur efficacité et de l'équité en termes de représentation des pays membres au sein des débats (un homme, une voix ?).

Trois approches principales se dégagent quant à la gouvernance mondiale dans ce contexte. Une première se veut une vision réaliste des relations internationales en faisant de l'État-nation le principal acteur en la matière. Cette vision est véhiculée par l'approche des relations diplomatiques classiques. Une seconde, d'inspiration néolibérale, prône un modèle de coopérative des États-nations. Cette inspiration néolibérale est aussi institutionnaliste en ce qu'elle fait des institutions l'acteur central de la coopération ; c'est sur la base de leurs intérêts communs bien compris que les États sont conduits par les institutions à coopérer. C'est une théorie du choix rationnel qui fonde cette approche des relations internationales, les institutions étant en mesure de réduire l'asymétrie d'information et encore de garantir la production de biens publics. Le troisième courant affirme pour sa part que la gouvernance est une fonction éminemment sociale qui doit dès lors être mise en œuvre, notamment au niveau international, indépendamment des gouvernements. Autrement dit, la régulation des affaires mondiales peut être effectuée par des acteurs tant privés que publics associés à des institutions internationales, nationales voire régionales.

La diversité de ces approches conduit à dire que l'architecture institutionnelle internationale est à bien des égards déséquilibrée et sans doute incomplète, l'efficacité de l'ensemble ne pouvant se suffire de l'efficience de chacune de ses composantes.

Un deuxième acteur est celui, d'importance bien moindre, de la coopération décentralisée. Les villes, les départements, les régions peuvent contribuer à des actions de développement à l'international. Un outil d'appui peut-être l'adoption de schémas dans le cadre de démarches

---

[15] Dans le cas de l'accès à l'eau potable en Afrique, C. Baron (2008) montre que le référentiel dominant est celui lié au marché qui repose sur l'hypothèse que l'eau a un prix (fondé sur un coût de production). De cette façon, les acteurs locaux n'ont qu'une faible marge d'adaptation pour développer des stratégies autonomes d'acceptation, de contournement ou encore de refus.

d'Agenda 21. Cet engagement vient s'ajouter à celui de l'État central et l'enrichit. C'est une coopération qui offre un triple intérêt et peut être amenée à se développer :

- elle est adaptée aux projets de taille moyenne ;
- elle stimule les initiatives citoyennes telles la mobilisation des compétences des retraités, les congés solidarités etc.
- elle diversifie les sources de financement public.

Néanmoins ce type de coopération présente un risque non négligeable, à savoir le désengagement de l'État. Or il convient d'insister sur le fait que la coopération décentralisée n'a pas vocation à pallier les carences de l'État. En particulier l'enjeu financier est considérable, comme en témoigne, par exemple le rapprochement entre les apports potentiels des différents acteurs. Ainsi, les programmes d'aide publique au développement (APD) s'élevaient en 2004 à 78 milliards de dollars (chiffre OCDE)[16]. La Banque mondiale a chiffré en 2005 le montant des transferts qui pourraient être opérés entre les pays de l'OCDE et les pays en développement et intermédiaires par l'achat de bons carbone pour respecter les accords de Kyoto (sous l'hypothèse d'un prix des bons compris entre 5 et 10 dollars la tonne) à une fourchette comprise entre 12 à 25 milliards de dollars d'ici 2012[17]. Parallèlement, la CNUED a chiffré le coût de mise en œuvre du programme Agenda 21 défini au sommet de la Terre en 1992 à 600 milliards de dollars par an pour la période 1993-2003 (Glémarec, 2005).

Ces chiffres, qui ne sont que des ordres de grandeur, ont comme mérite principal de relativiser à la fois l'échelle des besoins et celle des acteurs : il est clair que l'action publique, même sous sa forme actuelle plus réduite, reste essentielle comme moteur fondamental de l'adoption, par les pays en développement, d'objectifs de DD. À l'inverse, sa diminution fait passer au second plan les ambitions de durabilité :

> En l'absence de transfert de ressources financières additionnelles entre le Nord et le Sud, le concept de développement durable mondial a rapidement perdu de sa crédibilité comme courant dominant de la coopération internationale (Glémarec, 2005, p. 158).

Qu'en est-il de l'acteur plus spécifiquement privé ? Les entreprises sont également devenues des acteurs mondiaux du développement du-

---

16 http://www.oecd.org/document/3/0,3343,fr_2649_201185_34700680_1_1_1_1,00.html.

17 Le texte laisse supposer qu'il s'agit d'une estimation effectuée dans le cadre des mécanismes de flexibilité du protocole de Kyoto, et principalement du mécanisme de développement propre. Le cours de la tonne de CO_2 affiché par *powernext* – pour les échanges à l'échelle du marché européen – est de quelques centimes d'euros en mars 2008 contre une valeur estimative espérée de 15 à 30 euros.

rable et ce en dépit du paradoxe que constituent les exigences de rentabilité de court terme imposés par les marchés financiers et la concurrence internationale. Plusieurs sources d'impulsion soutiennent, promeuvent cette trajectoire :

- les entreprises elles-mêmes à travers le principe de responsabilité sociale de l'entreprise (RSE) qui manifeste leur capacité et leur volonté de prendre en compte les demandes sociales ;
- les initiatives publiques internationales. Ainsi le *Global Reporting Initiative* propose des indicateurs destinés à établir des rapports d'activité non financiers ; le Global Compact énonce dix grands principes concernant les droits de la personne, les droits du travail, les droits de l'environnement ; l'OCDE pour sa part a formulé un certain nombre de principes à l'intention des firmes multinationales ;
- le sommet de Lisbonne en 2000 a inscrit la RSE au premier rang de ses priorités ;
- les demandes fortes des citoyens en matière de santé, de gestion des risques.

La visibilité de l'action des entreprises, leur sensibilité aux effets de réputation et aux campagnes des mouvements de citoyens et d'ONG les amènent à s'efforcer d'appliquer à l'échelle internationale les normes sociales (ou environnementales) qui sont exigées dans les pays développés.

La « mode » de la RSE et les mesures fiscales incitatives (loi du 1er août 2003 relative au mécénat) s'associent pour renforcer l'implication des entreprises.

Le rapport de l'ORSE de 2005 montre que, si les entreprises inscrivent effectivement leur démarche de développement durable dans une logique de performance financière et n'ont pas vocation à faire du *charity business*, ces partenariats ont pour autant deux intérêts particuliers : ils permettent d'interpeller les Pouvoirs Publics sur leurs responsabilités et ils créent de nouvelles formes de dialogue social dans l'entreprise. Par ailleurs l'ORSE a insisté sur l'importance pour les entreprises d'impliquer les syndicats dans les démarches de partenariats avec les organisations non gouvernementales (ONG) de façon à ce que tous partagent les mêmes valeurs au sein du groupe concerné. Le rôle des ONG est d'autant plus important qu'elles ont souvent été à l'origine de la reconnaissance de problèmes engendrés par de nouveaux processus économiques et délaissés par des acteurs plus puissants tels les États : ainsi lors de l'Uruguay Round ou à Seattle, les ONG ont pointé un élément majeur : à savoir que les accords de libéralisation concernent des domaines de choix collectifs plus larges que les seules questions de tarifs douaniers ou de règles de concurrence.

Le développement durable impose aux entreprises des revendications souvent antagoniques de performance. Cet aspect transparaît nettement dans les rapports d'activité des grandes entreprises : les variables financières sont *a priori* objectives, en revanche ce qui relève du social ou de l'environnement est particulièrement ambigu, pris entre la volonté de promouvoir une image profitable et l'exposé en matière de responsabilité sociale notamment. Étant donnés les conflits d'intérêts attachés au développement durable, il n'est pas invraisemblable de dire que les décisions entrepreneuriales gagneraient à être prises dans les marques déterminées par les acteurs publics.

Conclusion

Pour G. Rotillon (2007), la notion de développement durable (celle de la théorie néoclassique) s'est construite autour de questions sur la nature de la croissance (notamment en termes de disponibilité des ressources), interrogeant plus la poursuite de la croissance que ses limites. La vision standard du développement durable imagine la durabilité comme une contrainte supplémentaire sur la croissance, qui permettrait d'endogénéiser un facteur jusque là ignoré : les ressources naturelles. Au contraire, la vision critique du développement durable fondée sur le triptyque environnement-économie-social se détache – au moins dans les intentions – de cette approche intégratrice propre à l'économie et envisage le DD comme issu d'une forme alternative de croissance. C'est peut-être là le point de divergence entre les approches standard du développement durable qui sont au fond, la continuation de la croissance par d'autres moyens (à cause de l'hypothèse de substituabilité) alors que les théories du DD fondées sur les théories du développement (plutôt d'origine critique), en mettant l'accent sur les critères d'équité s'interrogent sur une autre croissance, c'est-à-dire les moyens de la croissance fondée sur une autre finalité.

Outre ces divergences théoriques, les forums internationaux ont permis de souligner les difficultés liées aux modes de gouvernance, point fondamental, nous semble-t-il, de la durabilité. Ceux-ci sont divers ; les trois principaux sont les suivants :

- Les États, tout d'abord, qui multiplient les accords. Deux types de regroupements se développent plus particulièrement : les *coalitions of the willing* (les coalitions de volonté) qui se forment entre un nombre restreint de pays ; et par ailleurs les rassemblements régionaux et/ou internationaux dédiés. La légitimité de ce dernier type de gouvernance dépend du pouvoir de mandat des États-nations qui en font partie ainsi que de l'exercice de leur autorité quant à la garantie apportée à leurs propres citoyens en matière d'accès aux droits et biens publics fondamentaux et essentiels.

- Une seconde modalité (la plus répandue) est celle des réseaux et les partenariats public/privé. Elle rassemble des acteurs très hétérogènes : cela va des gouvernements aux ONG, aux entreprises en passant par les collectivités locales ou encore les institutions financières internationales. Leur objectif commun est de produire des normes grâce à un consensus entre les différents acteurs. Il convient de noter que des initiatives privées se développent aussi de manière purement volontaire et en créant des institutions de marché. De plus, ce développement s'est souvent produit pour pallier l'incurie ou le blocage politique.

- Enfin des initiatives privées se développent en marge de l'État. Leur réussite est liée à la confiance que se font les membres ainsi qu'aux modalités de gestion des asymétries de pouvoir. Néanmoins une question pour le moins épineuse se pose : à savoir que tous les acteurs ne rendent pas des comptes aux mêmes types de *stakeholders*, ce qui veut dire que leurs responsabilités ne sont pas identiques. Et enfin, les mécanismes de contrôle et de surveillance constituent autant de problèmes du fait du manque de légitimité démocratique de ces réseaux.

Un demi-siècle d'hégémonie de l'idéologie de la croissance en matière de développement a abouti à des échecs tant sociaux qu'environnementaux manifestes. En effet, il convient de souligner que le développement durable est envisagé avec réticence, voire suspicion, par nombre de pays du Sud. Ainsi, il est avéré que les grandes entreprises du Nord ont fait du DD une marque de communication. Ainsi l'ORSE a relevé 42 agences de notation sociétale au niveau mondial : 40 au Nord, 2 au Sud (Afrique du Sud, Corée). Il faut aussi souligner que les normes élaborées en vue de la prise en compte du DD dans l'activité économique le sont dans les pays développés. Ceci rend plus crédible encore l'argument selon lequel il s'ensuivrait un protectionnisme masqué.

Portée par les rhétoriques d'abord nationalistes accordant un rôle majeur aux États et territoires nationaux, puis par les rhétoriques « globalisantes » visant l'intégration à un marché mondial sans frontières (alors même que le global n'homogénéise pas tous les espaces mais qu'il s'ajoute à l'imbrication des échelles héritées du passé), la « modernisation » du Sud n'est pas vraiment au rendez-vous. Si depuis une décade ou un peu plus elle s'appuie sur une revalorisation de la dimension locale, parallèle à l'affaiblissement des États, il semble que ce soit plutôt pour y promouvoir des règles de bonne gouvernance adossée à la marchandisation et aux intérêts des acteurs globaux.

L'approche des stratégies d'adaptation des acteurs de la société civile invite à découvrir ou redécouvrir les rapports, étroits s'il en est, entre satisfaction des besoins vitaux et production du territoire, de l'identité et du lien social ainsi qu'à s'interroger sur les conditions du développement et de la prise en compte du bien-être.

Bibliographie

Baron, C., « Approches socio-économiques de l'eau : les apports d'une analyse en termes de gouvernance locale. Quelques enseignements tirés de cas de villes africaines et marocaines », in *Séminaire gouvernance*, IFRESI, Lille, 7 février 2008.

Blaug, M., *La pensée économique. Origine et développement*, Paris, Economica, 4e éd., 1986.

Costanza, R., Daly, H. E. « Natural Capital and Sustainable Development », in *Conservation Biology*, vol. 6 (1), 1992, p. 37-46.

Daly, H., *Beyond Growth, The Economics of Sustainable development*, London, Beacon Press, 1996.

Faucheux, S., Noël, J.-F., *Économie de l'environnement et des ressources naturelles*, Paris, Armand Colin, 1995.

Gadrey, J., « Évaluation des biens environnementaux et nouveaux indicateurs de richesse », in *Cahiers Français*, n° 337, *Développement et environnement*, Paris, La documentation française, 2007, p. 55-61.

Georgescu-Roegen, N., *La décroissance. Entropie, écologie, économie*, Paris, Sang de la terre, 2006.

Glémarec, Y., « Développement durable et organismes intergouvernementaux », in Veyret, Y. (dir.), *Le développement durable. Approches plurielles*, Paris, Hatier, 2005, chap. 6.

Godard, O., « Une évaluation du plan national français d'affectation des émissions de CO_2 », *Séminaire international IFB, CIRAD, IDDRI*, Montpellier, 20-22 octobre 2004.

Grossman, G. M., Krueger, A. B., « Economic growth and the environment », in *Quaterly Journal of Economics*, vol. 110, n° 2, 1995, p. 353-377.

Hirschman, A. O., *La stratégie du développement économique*, Paris, éd. ouvrières (éd. originale 1958, New Haven Yale, University Press), 1964.

Hirschman, A. O., *Les passions et les intérêts*, Paris, PUF, 1980.

Hirschman, A. O., *L'économie comme science morale et politique*, Paris, Gallimard-Seuil, 1984.

Hugon, P., « Les biens publics mondiaux : un renouveau théorique pour penser l'action publique à l'échelle mondiale ? », Séminaire *FORUM Paris X Nanterre*, 21/11/2002.

Kaul, I., Grunberg, I., Stern, M. A., *Global Public Goods : International Cooperation in the 21st Century*, Oxford, Oxford University Press, 1999.

Latouche, S., « L'imposture du développement durable, ou les habits neufs du développement », in *Mondes en Développement*, vol. 31, n° 121, 2003, p. 23-30.

Lewis, A. W., *Economic Development with Unlimited Supplies of Labour*, Manchester, The Manchester School of Economic Studies, 1954.

Meadows, D., Randers, J., Meadows, D., Behrens, W., *The Limits to Growth*, New York, Universe Books, 1972.

Meadows, D., Randers, J., Meadows, D., *Limits to growth. A 30 year Update*, New York, Chelsea Green Publishing, 2004.

Morin, E., *Le développement de la crise du développement*, document de travail non publié, non daté.

Myrdal, G., *Asian Drama. An Inquiry into the Poverty of Nations*, New York, Pantheon, 1968.

Nurkse, R., *Problems of Capital Formation in Underdeveloped Countries*, New York, Oxford University Press, 1953.

OCDE, *Aggregated Environmental Indices Review of Aggregation Methodologies in Use*, Working Group on Environmental Information and Outlooks, 2002. http://www.olis.oecd.org/olis/2001doc.nsf/LinkTo/env-epoc-se(2001)2-final.

Perret, B., *L'évaluation des politiques publiques*, Paris, La Découverte, 2001.

Perroux, F., *L'économie des jeunes nations. Industrialisation et groupements de nation*, Paris, PUF, 1962.

Pezzey, J., « Sustainable development concepts. An economic analysis », *World Bank Environment Paper n° 2*, 1992.

Pigou, A. C., *The Economics of Welfare*, London, Macmillan, 1962 [1920].

Prebisch, R., *The Economic Development of Latin America an its principal problems*, New York, Nations unies, 1950.

Rostow, W. W., *The Stages of Economic Growth*, Cambridge Mass., Cambridge University Press, 1960.

Rotillon, G., « Les différentes approches du développement durable », in *Cahiers Français*, n° 337, *Développement et environnement*, Paris, La documentation française, 2007, p. 11-17.

Sen, A., *Un nouveau modèle économique*, Paris, Odile Jacob, 2000.

Singer, H., « The distribution of gains between investing and borrowing countries », in *The American Economic Review*, vol. 40, 1950.

Solow, R., « The economics of resources or the resources of economics », in *The American Economic Review*, vol. 64, n° 2, 1974, p. 1-14.

Vivien, F.-D. « Jalons pour une histoire de la notion de développement durable », in *Mondes en Développement*, vol. 31, n° 121, 2003, p. 1-21.

Vivien, F.-D., *Le développement soutenable*, Paris, La Découverte, 2005.

Vivien, F.-D., « Que peut dire l'économie au sujet du développement soutenable ? », *Chaire environnement et économie*, ULB, 15 mars 2007.

CHAPITRE 2

La physiocratie et l'économie de la nature

Une contribution au développement durable

Romuald DUPUY

Introduction

Les physiocrates prétendaient au 18e siècle avoir établi la « science nouvelle de l'économie politique ». Quesnay, chef de file de la physiocratie, fut principalement connu pour avoir élaboré le tableau économique préfigurant les schémas de reproduction de Marx et l'analyse input/output de Leontief. Ainsi s'effacèrent très rapidement les fondements de la théorie physiocratique basés sur une économie de la nature et la productivité exclusive de l'agriculture. On considéra sans doute cette approche comme une composition d'idées arriérées issues des vestiges de l'Ancien Régime. Les physiocrates n'auraient qu'entraperçu les prémices d'un capitalisme triomphant qu'Adam Smith aurait mieux fait apparaître en saisissant les progrès de l'industrie et de la division du travail. Mais l'idée d'une économie fondée sur la nature apparaît aujourd'hui moins archaïque avec les nouvelles préoccupations écologiques et la notion de développement durable, donnant alors à la physiocratie une nouvelle actualité. Sans doute il y a encore un intérêt pour les économistes d'aujourd'hui à relire *La Philosophie rurale* de Mirabeau et Quesnay. L'objectif de ce texte est de montrer quelle est la contribution de la physiocratie au développement durable, et d'établir comment les physiocrates ont pu anticiper cette notion.

Le développement *durable* ou *soutenable* se définit selon le rapport Brundtland (1987) comme un développement qui permet « de répondre aux besoins présents sans compromettre aux générations futures à satisfaire les leurs ». Le développement est dit durable parce qu'il maintient dans le temps le bien-être retiré de l'activité économique. Le développement durable implique un principe de soutenabilité qui consiste à joindre à la perspective de croissance la préservation des équilibres naturels et l'équité sociale. Le terme de soutenabilité n'est lui-même pas sans équivoque puisqu'il recouvre des approches théoriques très différentes. La soutenabilité faible représente un prolongement de la pensée néoclassique et des théories traditionnelles de la croissance économique. De son côté, la soutenabilité forte engage une rupture épistémologique avec l'approche économique traditionnelle et insiste sur les aspects bioéconomiques de l'activité productive. C'est sur ce dernier point que nous établirons un parallèle avec la pensée physiocratique tout en montrant que le projet physiocratique dépasse bien le problème de compréhension des mécanismes économiques, mais qu'il s'inscrit dans une vision de la société. Il ne s'agit pas de plaquer directement les concepts du développement durable sur la physiocratie, mais plutôt de faire dialoguer des auteurs d'époques différentes, en montrant que les problèmes du rapport de l'homme à la nature, de la soutenabilité de l'économie étaient dans une certaine mesure déjà posés au 18e siècle, période où les pays d'Europe étaient sous la menace permanente de crises alimentaires.

Dans un premier temps nous montrerons comment la physiocratie fonde l'origine de la morale et de la société sur la nature. Dans un deuxième point nous exposerons comment les physiocrates conçoivent la soutenabilité de l'économie. S'ils envisagent la croissance économique comme un mode de développement économique et social, celle-ci n'est pas sans fin.

I. La nature à l'origine de la morale et de la société

Pour comprendre la pensée physiocratique et son rapport à la nature, il faut en revenir à l'influence de la pensée cartésienne et des naturalistes de l'époque sur celle de Quesnay. Elle explique en grande partie le physicalisme de l'économie politique physiocratique et le lien entre nature, morale et économie.

A. Du rapport entre l'homme et la nature chez les physiocrates

Au 18e siècle, les ouvrages d'économie sont en général de deux ordres : ceux qui traitent du commerce, et sont des ouvrages en réalité à vocation politique, et ceux qui sont orientés vers des problématiques agronomiques. Dans ce dernier cas, l'économie est souvent liée à des conceptions naturalistes. L'étude de l'économie consiste en l'observation des plantes et des techniques agricoles. Elle se rapporte à une économie de la nature décrite par les naturalistes de l'époque : « Par économie de la nature, on entend la très sage disposition des êtres naturels, instituée par le Souverain créateur, selon laquelle ceux-ci tendent à des fins communes et ont des fonctions réciproques » (Linné, 1749, p. 57). La nature est un système donné par une puissance supérieure où les forces se compensent entre elles. La compréhension de la nature s'inscrit dans le cadre d'une théologie naturelle (Deléage, 1991, p. 32).

Mais il est possible de disposer de cette économie naturelle au profit du bien-être des hommes :

> Il faut que par le moyen de la Chimie, de la Physique et de la Docimasie[1], il (l'homme) sache fondre, séparer et épurer tous les métaux, construire des machines qui puissent être mises en mouvement par le vent ou par l'eau, et inventer enfin toutes sortes d'instruments nécessaires ou utiles à la culture et à la conservation de tout ce que l'économie embrasse (Linné, 1752).

L'économie signifie le bon agencement de la nature. La connaissance des lois naturelles est nécessaire à la bonne organisation des différents éléments et en la bonne gestion du système. La nature est soumise à des lois physiques sans réel but et il ne saurait y avoir d'autres lois. Ainsi il y a identité entre la nature et l'artificiel de sorte qu'on peut traiter la nature et les biens artificiels comme des choses à notre disposition (Larrère, 2001, p. 98) ; et d'affirmer comme l'indique Descartes de se « rendre comme maîtres et possesseurs de la nature » (Descartes, 1637, p. 634). Les hommes sont libres d'utiliser la nature comme bon leur semble, celle-ci n'ayant ni finalité ni but, c'est une manne, une ressource mise à la disposition des hommes. On sait que cette conception de la nature a abouti avec la théorie néoclassique à extraire la théologie naturelle pour ne retenir que l'aspect mécanique de l'équilibre. La nature est alors considérée comme un bien substituable à d'autres biens, l'unique critère étant celui fourni par un calcul d'optimisation.

Quesnay, médecin du Roi, intègre dans son analyse à la fois la dimension physiologique tirée de sa formation médicale et une dimension naturaliste qu'il retire de ses conversations avec Buffon[2]. Pour Quesnay, l'homme se situe à l'intérieur d'un système naturel dont l'équilibre est maintenu stable par la destruction et la reproduction des différents éléments de ce système. Ainsi on peut passer de manière logique de l'économie naturelle à l'économie animale pour finir par l'économie agricole. L'agriculture devient l'activité essentielle des hommes. Quesnay considère l'économie comme le bon agencement de la nature profitable à l'homme à laquelle il intègre une dimension morale. Cette morale s'établit dans le cadre de la compatibilité des actions humaines à la loi naturelle : « c'est dans cette correspondance que consistent, dans l'ordre naturel, les règles de notre conduite, nos intérêts, notre science, notre

1 Partie de la chimie qui enseigne à connaître la nature et les proportions des métaux utiles contenus dans les mélanges naturels ou artificiels.

2 Christensen (1994, p. 270-271) souligne les réunions dans l'entresol du Château de Versailles entre Quesnay, Buffon, D'Alembert, Diderot et toutes les grandes figures intellectuelles de l'époque ; et estime que Quesnay reprend explicitement la théorie des molécules organiques de Buffon lorsqu'il emploie le terme de régénération ou génération dans ses écrits économiques.

bonheur, notre malheur, et les motifs qui forment et dirigent nos volontés » (Quesnay, 1756, p. 69). Ainsi la connaissance de la nature n'a plus seulement pour fonction de découvrir les règles physiques mais aussi les règles morales. L'agir humain n'est pas indépendant de la nature, et la nature n'est plus sans but car elle doit régler les actions humaines.

Si pour Quesnay les hommes sont libres, il existe des différences entre la loi naturelle et leurs actions. Le désordre et la souffrance résultent de cet écart possible entre les comportements humains et la loi naturelle. En agissant librement, ils doivent faire bon usage de leur liberté. Se dessine ici un principe de responsabilité qui doit être régulé par le droit. L'action humaine se déploie dans un ordre naturel qui la dépasse et qu'elle ne peut transgresser sans se nuire à elle-même. L'homme réagit avec son milieu, et son action est potentiellement destructrice si elle ne se conforme pas aux équilibres naturels. L'homme vit dans la nature et non pas hors d'elle.

La préservation de l'écosystème rejoint le principe de l'équilibre naturel développé par Linné. Mais les physiocrates vont plus loin et estiment que la différence homme/animal n'est qu'une question de degré et non de nature. L'homme conscient de lui-même et agissant avec une intelligence supérieure n'en est pas moins un animal comme les autres, une composante d'un système plus large. Dans sa *Philosophie de l'Univers*, texte tardif et souvent mal connu, Dupont analyse de manière plus profonde les rapports de l'homme à l'animal. La diversité des espèces s'établit selon un équilibre naturel :

> Les espèces se balancent par leur instinct opposé. Celles qui paraissent destructives sont conservatrices d'autres espèces. L'horrible et féroce Araignée est une gardienne naturelle des raisins, des melons, des figues, et des pêches. Les jardiniers en connaissent le prix, et se fâchent lorsqu'on en tue une (Dupont de Nemours, 1793, p. 83).

Les araignées sont autant utiles au jardinier qu'à l'ensemble des espèces, et permettent la permanence de l'ordre naturel et économique. La préservation de l'écosystème garantit la permanence des espèces, et une rupture de cet équilibre aurait pour effet de les anéantir. Ce qui est vrai dans l'ordre naturel pour les animaux l'est aussi pour les hommes, ces derniers n'étant qu'une espèce parmi d'autres. Le jardinier a donc intérêt à préserver les araignées qui protègent sa production des animaux parasites en maintenant un équilibre naturel entre les espèces. Les physiocrates incorporent l'homme dans l'équilibre de la nature ; c'est un individu agissant dont l'action n'est pas certaine et disposant d'une capacité de nuisance en rompant les équilibres naturels.

L'homme n'est plus cette créature parfaite qui dispose de la nature, il n'agit plus en surplomb guidé par une main divine et bienfaitrice, il est en mesure d'altérer l'ordre naturel et social. La rupture de l'équilibre naturel provoquée par les passions et la déraison conduit aussi au dérèglement de la société en remettant en cause son existence. Les hommes doivent maintenir des rapports constants avec la nature, et l'économie doit se tourner vers l'agriculture et la satisfaction des besoins essentiels afin de réduire la disette et la famine[3]. La régulation et la résolution des discordances des comportements avec la loi naturelle n'est possible qu'à travers une théorie du droit qui constitue le point d'articulation entre la nature, l'économie et la société.

B. La Physiocratie et les principes du droit : la nature et la société

Quesnay conçoit l'économie politique comme une science synthétique qui essaie de résoudre des problèmes politiques et moraux de son époque. L'économie politique est une science morale et politique comme l'indique le nom de l'organe de presse de la Physiocratie dirigé par l'abbé Baudeau, *Éphémérides du citoyen ou Bibliothèque raisonnée des sciences morales et politiques*.

La société se régule en suivant les principes du droit naturel qui sont au cœur de l'analyse économique. D'ailleurs, Dupont de Nemours reprochait à J.-B. Say de ne pas saisir cet aspect fondamental de l'économie politique : « Vous avez trop rétréci la carrière de l'Économie politique en ne la traitant que comme la *science des richesses*. Elle est une science *du droit naturel* appliqué, comme il doit l'être, aux sociétés civilisées » (Dupont de Nemours, 1815, p. 369). La critique de Dupont a une portée considérable car elle repousse l'idée de concevoir l'économie comme indépendante de la nature et du droit naturel. Le problème de l'économie politique dépasse la seule question de la richesse. Elle ne saurait être une véritable science en ne tenant pas compte des problèmes politiques et moraux qui la composent. Et comme l'affirme C. Larrère (1992, p. 195) « si la physiocratie est la science des richesses, elle ne peut l'être qu'en se maintenant dans la globalité du projet du droit naturel ». Cette approche juridique de l'économie permet de relier la loi naturelle à la société, mais aussi de légitimer la structure sociale d'Ancien Régime.

---

[3] On retrouve aussi cette idée chez Marx lorsqu'il écrit que « l'homme vit de la nature – ce qui signifie que la nature est son corps et qu'il doit maintenir des rapports constants avec elle pour ne pas mourir » (Marx, 1844, p. 62). Lorsque l'homme détruit la nature, il réduit ses capacités d'existence puisqu'il est lui-même une composante de la nature : « Dire que la vie physique et intellectuelle de l'homme est liée à la nature ne signifie rien d'autre que la nature est liée à elle-même, car l'homme est une partie de la nature » (*ibid.*, p. 62).

La théorie du droit naturel des physiocrates repose sur une théorie des droits de propriété dont le premier droit consiste en la préservation de l'intégrité physique de l'individu, ou propriété personnelle. La société se doit de subvenir au minimum aux besoins vitaux des individus. C'est par cette nécessité que les physiocrates expliquent la formation de la société civile selon différentes étapes : dans un premier stade où les sociétés sont peu développées, l'activité de la chasse et de la cueillette permet tout juste une subsistance aléatoire rendant la vie des hommes précaire et incertaine. Les physiocrates distinguent ce stade des sociétés primitives des sociétés organisées et sédentaires établies autour de l'agriculture. Dans une deuxième étape, l'agriculture apparaît avec la propriété foncière[4]. Selon les physiocrates, l'émergence de l'agriculture de la propriété foncière est une étape efficace permettant de mieux assurer la sauvegarde de la propriété personnelle. Enfin dans une dernière étape, avec le développement de la complexité des rapports sociaux et de la hiérarchie sociale, apparaît la nécessité d'instaurer une institution tutélaire permettant la sauvegarde des droits de propriété.

Dans cette société civile, ceux qui détiennent la propriété foncière sont en haut de la hiérarchie sociale, puisqu'ils détiennent la terre, bien essentielle à la formation des richesses et de la production des subsistances. Le pouvoir considérable des propriétaires fonciers est alors contrebalancé par leur responsabilité et leur devoir supérieur envers la société. Pour cette raison, seuls les propriétaires fonciers devront payer l'impôt[5]. La théorie de la propriété est à l'origine de la structure politique et de la hiérarchie sociale, elle caractérise du même coup l'objectif et la légitimité du pouvoir politique :

> Le fondement de la société est la subsistance des hommes, et les richesses nécessaires à la force qui doit les défendre : ainsi il n'y aurait que l'ignorance qui pût, par exemple, favoriser l'introduction des lois positives contraires à l'ordre de la reproduction et de la distribution régulière et annuelle des richesses du territoire d'un royaume. Si le flambeau de la raison y éclaire le gouvernement, toutes les lois positives nuisibles à la société et au souverain, disparaîtront. Il s'agit ici de la raison exercée, étendue et perfectionnée par l'étude des lois naturelles. Car la simple raison n'élève pas

---

4 Dans ce stade embryonnaire de la société civile le travailleur des terres se confond avec le propriétaire foncier. Ainsi, il n'existe pas de lien de subordination entre travailleurs et propriétaires.

5 C'est uniquement sur ce point où l'on peut estimer que les physiocrates font œuvre de justice sociale. L'impôt est à la charge des propriétaires fonciers qui détiennent le fonds de richesse de toute la nation ; il est en conséquence légitime pour Quesnay que les propriétaires fonciers contribuent aux dépenses de l'État. Cela ne signifie pas que l'impôt est redistributif car il n'a pas pour but de déranger l'ordre social inégalitaire de l'Ancien Régime.

l'homme au-dessus de la bête ; elle n'est dans son principe qu'une faculté ou une aptitude, par laquelle l'homme peut acquérir les connaissances qui lui sont nécessaires, et par laquelle il peut, avec ces connaissances, se procurer les biens physiques et les biens moraux essentiels à la nature de son être (Quesnay, 1767, p. 122).

L'objectif premier de la société, et de l'institution tutélaire qui la dirige, est de fournir les biens de subsistance nécessaires à la préservation des propriétés personnelles, et secondairement de veiller au confort de la population. Ainsi le droit à la survie, que l'on pourrait extrapoler comme un droit à l'alimentation, constitue le principal objectif du gouvernement. Pour les physiocrates, c'est dans la réalisation de cet objectif que s'opère le lien nature, société et politique.

La mise en avant du premier besoin comme lien fondamental entre l'homme et la nature est très présente chez Marx qui affirme que « le travail, l'activité vitale, la vie productive apparaissent d'entrée à l'homme comme un simple moyen un besoin – le besoin de conserver son existence physique » (Marx, 1844, p. 63). Pour Marx, la rupture essentielle provient du renversement opéré par le travail aliéné. L'homme en se désengageant du lien naturel entre besoin et nécessité vitale commence à produire des biens et besoins non essentiels, et constitue ainsi un rapport social de domination de l'homme sur l'homme. Dans ce cas l'homme n'est plus libre en s'aliénant par son travail et produit des inégalités sociales. Mais pour Marx, comme pour les physiocrates, il convient de libérer les hommes de cette contrainte du besoin vital par le développement des forces productives. À la différence de Marx, les physiocrates voient dans cette émancipation le développement de la propriété privée, car la nécessité de subvenir aux premiers besoins vitaux implique l'acquisition de biens. L'apparition de l'agriculture, de la propriété foncière et de l'institution tutélaire sont les conséquences logiques de cette émancipation. Néanmoins pour les physiocrates le bien social essentiel est celui de la sauvegarde des propriétés personnelles, principe primordial du droit naturel et objectif absolu des responsables politiques, car tous les individus sont égaux devant le droit naturel.

Cependant, il ne faudrait pas tirer des conclusions trop rapides qui feraient des physiocrates les champions d'une doctrine égalitaire. Il ne faut pas oublier que les physiocrates se situent toujours dans le cadre d'une société divisée en ordre telle qu'elle apparaît dans la société d'Ancien Régime. Quesnay, dans le chapitre III de son article *Droit naturel*, estime que la répartition sociale est un fait naturel, les droits de propriété étant répartis de manière inégale selon les capacités de chacun. Les individus sont dotés de capacités physiques ou intellectuelles inégales, et auront à leur disposition des quantités différentes de biens

(Quesnay, 1767, p. 115). On trouve ici les jalons de ce qu'on pourrait appeler une forme de darwinisme social qui vise en réalité à justifier la hiérarchie sociale de l'Ancien Régime. L'approche des physiocrates n'explique pourtant pas ce qui pousserait des hommes à s'aliéner comme le dit Marx ni même à faire société. Quesnay invoque la sociabilité naturelle des hommes pour expliquer ce qui les pousse à former une société, mais c'est là une vision faible des rapports sociaux. La pitié, la tendresse, le sentiment de bienfaisance ne peuvent caractériser à eux seuls le principe d'assistance. C'est parce que certains individus disposent de droits de propriété plus importants qu'ils en obligent d'autres à travailler pour eux, et pour ainsi dire, ce n'est pas la bonté morale qui explique le lien social.

Derrière cet argument moral, que les physiocrates n'invoquent pas d'ailleurs de manière systématique, il faut bien comprendre la motivation politique. Quesnay et ses disciples raisonnent avec leur temps, et leur but n'était pas de renverser la société d'ordre de l'Ancien Régime mais plutôt de la réformer. Il existe bien chez eux un principe d'égalité devant le droit naturel, mais ce principe n'implique pas l'équité sociale, car leur théorie du droit naturel repose sur une théorie de la propriété. Dire qu'il existe une égalité de droit n'indique pas quel est le contenu du droit, et n'implique aucunement une égalité de fait ou un principe de justice sociale. On peut dire qu'il y a ici une divergence de fond avec la notion de développement durable dont le but est de redistribuer de manière plus juste la richesse créée.

Si les physiocrates n'ont pas d'objectif de justice sociale, ils donnent une dimension morale à la nature. L'action morale s'évalue au regard de la loi naturelle. Les hommes n'ont plus vocation à disposer de la nature, et le respect des équilibres naturels s'intègre dans les activités humaines. Si pour autant ils décrivent une société d'ordre conforme à celle de leur temps, les physiocrates inscrivent l'homme et son activité économique dans le cadre de la reproduction et des équilibres naturels.

II. La physiocratie et la soutenabilité de l'économie

La doctrine économique des physiocrates s'appuie sur la définition du produit net. À partir de cette approche, qui est loin de faire l'unanimité à l'époque, ils établissent une définition soutenable de la croissance, et déduisent des mécanismes de décroissance de l'économie.

A. Le produit net des physiocrates

L'économie physiocratique est tournée vers l'agriculture. La thèse agraire des physiocrates s'est formée en réaction au colbertisme[6]. Pour eux la richesse provient exclusivement de la terre, car elle seule est en mesure de dégager un produit net. Les physiocrates classent les activités économiques en deux sortes : l'activité productive est représentée par l'agriculture, et les activités stériles et improductives sont représentées par l'industrie, le commerce et tous les autres services. Le terme « productif » est employé de manière particulière : l'activité productive est celle qui dégage un produit net grâce à la nature. On peut déceler au moins deux définitions du produit net chez les physiocrates.

La *première définition* traite le produit net comme la différence entre la valeur vénale et la valeur fondamentale (Quesnay, 1763, p. 650-651). La valeur vénale est établie par les prix des blés sur le marché, alors que la valeur fondamentale est le coût de production. Quesnay fonde son raisonnement sur la nécessité de la hausse du prix des grains qui résultera de la libéralisation des exportations et favorisera l'accroissement du produit net et des reprises (dépenses avancées pour la production) des fermiers. Ces derniers pourront alors faire des investissements et favoriser la production des blés assurant ainsi l'approvisionnement des denrées de subsistance. Cette hypothèse du gain liée à la libéralisation du marché des grains est purement circonstancielle. Quesnay estime, comme il est convenu à l'époque, que la France est *naturellement* une nation agricole et que ses blés sont d'une qualité telle qu'ils sont toujours préférés sur le marché. Par conséquent, il s'agit simplement de profiter d'un avantage *naturel* des capacités du territoire français.

La *deuxième définition* explique la spécificité de l'activité agricole par rapport aux autres activités économiques et est d'ordre ontologique. C'est le « travail » de la nature qui est la source de la formation de la richesse ; le travail de l'homme ne faisant qu'optimiser ce processus naturel. Les productions de la terre sont des productions qui se reproduisent à elles-mêmes, et qui produisent plus qu'elles ne reçoivent. Il y a un double effet : un effet de régénération – ce qui est planté dans la terre réapparaît – et un effet de surplus où la terre redonne plus que ce qu'elle n'a reçu. Dans ce dernier cas apparaît un produit net. Grandamy donne une explication écoénergétique de cette définition : « Le produit net, c'est de l'énergie biologique » (Grandamy, 1973, p. 28). Les plantes dégagent et transforment l'énergie du soleil en énergie carbone par photosynthèse. Cette énergie est alors transmise à l'homme sous forme

---

6 Dans ses textes, Quesnay oppose régulièrement Sully, défenseur des thèses agraires, à Colbert partisan de l'industrie et de la grande manufacture.

de nourriture[7]. Cette interprétation fait écho à l'analyse écoénergétique de Podolinsky, auteur marxiste qui envisageait le travail comme dépense d'énergie, et estimait qu'il fallait développer l'agriculture, ressource essentielle de l'énergie humaine et au développement des forces productives (Deléage, 1991, p. 68)[8]. Cette explication semble excessive, car Quesnay n'envisage jamais le travail sous l'angle écoénergétique.

La définition du produit net comme résultat de la productivité exclusive de l'agriculture repose en réalité sur deux éléments : le premier relève de la manière dont on calculait la productivité agricole à l'époque. On observait combien de grains récoltés pour un grain semé[9]. Cette évaluation grain pour grain était sans doute familière à Quesnay qui avait suivi les progrès de l'exploitation agricole achetée pour son fils[10]. Le deuxième élément correspond à l'idée que la terre est la source de la richesse. Quesnay s'inscrit dans le courant de W. Petty qui associe la notion de richesse à celle de la terre et de la population. Petty affirmait que « le travail est le père et le principe actif de la richesse, de même que la terre en est la mère » (Petty, 1662, p. 77).

La terre joue un rôle essentiel dans la formation de la valeur économique, à tel point que Petty distinguait la valeur intrinsèque de la terre qui dépendait de la fertilité des sols, de la situation géographique, de la géologie, de sa valeur extrinsèque définie de manière subjective par la quantité de monnaie, les préférences de consommations, etc. On trouvait dans la terre cet étalon fiable en dehors des subjectivités humaines. On sait que cette idée fut reprise de manière abondante, puisqu'on en retrouve trace d'abord chez Cantillon avant qu'elle réapparaisse sous la plume des physiocrates. Ces auteurs montrent, comme le souligne Georgescu-Roegen (2006, p. 66), que « la nature elle aussi joue un rôle important dans le processus économique ainsi que dans la formation de la valeur économique ». Il estime que le processus de production est un

---

7 Il faut remarquer que cette approche écoénergétique a été très critiquée par Georgescu-Roegen (2006) (voir aussi Y. Duplan, 2001 pour un résumé de l'approche écoénergétique et bioéconomique). En effet, pour Georgescu-Roegen cette définition écoénergétique du processus économique ne prend pas en compte la dynamique physique de la loi d'entropie. Ainsi ce n'est pas tant la quantité d'énergie incorporée qui compte mais les déchets inutilisables de l'activité productive qui se diffusent dans un écosystème clos.

8 Voir aussi sur ce point Vivien, F.-D., *Économie et écologie*, Paris, La Découverte, 1994.

9 Voir sur ce point G. Béaur (2000, p. 148).

10 Quesnay, anobli en 1752, eut le droit d'acquérir des terres nobles. Il fit acheter à son fils, auquel il prêta les fonds, le domaine de Beauvoir en 1755. Ainsi Quesnay suivit les progrès de l'exploitation sans s'y impliquer personnellement (voir J. Hecht, 2005).

processus physique qui dépend des lois physiques et naturelles (Harribey, 1998, p. 68). Il existe dans ce cas une filiation de pensée qui relie les physiocrates aux tenants de la soutenabilité forte comme Georgescu-Roegen ou Daly. Pour ce dernier, l'économie doit être comparée au métabolisme d'un organisme (Daly, 1992, p. 182), parce que l'économie immergée dans l'écosystème suit les mêmes règles de la thermodynamique. Même si les physiocrates ne connaissaient pas la physique moderne Cleveland (1999) estime qu'ils auraient anticipé les principes de la thermodynamique[11].

La dimension bioéconomique du produit net est indéniable et représente ce que les écologistes peuvent reconnaître sans mal comme la productivité nette des écosystèmes (Deléage, 1991, p. 37). En ce sens, la valeur de la production brute chez les physiocrates s'écrit de la manière suivante : PB = AN + AP + PN, où AN sont les avances annuelles[12] mises en jeu pour la production, AP la quantité de capital fixe annuellement dépensée[13], PN le produit net dégagé, et PB la production brute appelée aussi *reproduction totale*. Le produit net est le surplus dégagé par la production et la rémunération du propriétaire foncier en échange de la location de sa terre au fermier. Les avances annuelles et primitives sont les dépenses faites par le fermier pour la production.

Si le travail est un principe actif, il n'en est pas moins une dépense. Les avances annuelles se composent de dépenses en salaire (AN_{sal}), qui sont de pures dépenses, et des dépenses composées des semences (AN_{sem}) qui ont un pouvoir de régénération. On peut écrire $AN = AN_{sal} + AN_{sem}$, ce qui donne l'équation de la reproduction totale $PB = AN_{sal} + AN_{sem} + AP + PN$. La productivité exclusive de l'agriculture provient de la combinaison de travail et de terre, c'est-à-dire de AN_{sal} et AN_{sem}, et permet le renouvellement des productions. En réalité, le travail est un facteur secondaire, certes non négligeable, mais qui ne fait qu'accompagner le processus naturel de production :

> Ainsi l'origine, le principe de toute dépense, et de toute richesse, est la fertilité de la terre, dont on ne peut multiplier les produits que par ses produits

11 Goergescu-Roegen affirme que la décroissance est inévitable car le processus économique résulte d'une transformation de valeurs de basse entropie (matières-énergies utilisables) en valeurs de haute entropie (déchets inutilisables).

12 On peut considérer qu'elles sont essentiellement constituées de salaires en nourriture et de semences nécessaires à la production.

13 Cette quantité de capital fixe se nomme avances primitives pour les physiocrates. Le fermier investit sur 10 ans de capital fixe 5 fois plus de capital fixe que d'avances annuelles. Ainsi en référence à la Formule de 1766, lorsque le fermier dispose de 2 milliards d'avances annuelles, il a investi 10 milliards d'avances primitives. Pour Quesnay l'amortissement étant de 10 %, la quantité d'avances primitives dépensée annuellement (AP) est de 1 milliard.

> mêmes. C'est elle qui fournit les avances au cultivateur qui la fertilise, pour la faire produire davantage. L'artisan n'y peut contribuer que par la formation de quelques instruments nécessaires pour remuer la terre, et qu'au défaut d'artisan, le cultivateur formerait lui-même. Qu'importe qui en soit l'ouvrier, il faut que la terre ait produit d'avance ce qu'il a consommé par sa subsistance : ce n'est donc pas son travail qui a produit cette subsistance. La consommation de la subsistance n'a rien produit non plus, puisque cette consommation n'est qu'un anéantissement de richesses produites d'avance par la terre (Quesnay, 1766c, p. 973).

Le travail de l'ouvrier agricole dont la contrepartie est le salaire n'est qu'une consommation de subsistance, et en lui-même, il « n'est qu'un anéantissement de richesses produites ». Mais dans l'agriculture l'action combinée du travail et de la nature permet à chaque période de production de reconstituer l'ensemble des avances et de *renouveler* l'ensemble des richesses anéanties au cours de la production. Le travail et les dépenses en capital fixe viennent *catalyser* le processus naturel et biologique de production à l'œuvre dans la nature. Au contraire dans l'industrie, la dépense, quelle qu'en soit l'origine, est une pure consommation (salaires et matières premières) ; et si cette dépense satisfait des besoins utiles, elle grève la richesse créée par l'agriculture, car elle est une ponction sur la valeur de la production agricole[14]. L'activité industrielle consiste en une *addition* de richesse ou une *réunion* de matières premières (Quesnay, 1766c, p. 972). De ce fait, l'industrie ne peut dégager un produit net. L'industrie est stérile car elle est incapable de régénérer la matière qu'elle utilise.

La théorie économique physiocratique est avant tout une théorie productive fondée sur le caractère renouvelable des productions agricoles. Elle s'appuie sur la fonction biologique de la reproduction cellulaire, c'est une *bioéconomie* fondée sur la fertilité de la terre. La nature est créatrice de quelque chose indépendamment de l'action de l'homme, mais son pouvoir de régénération et de duplication peut être augmenté par le travail et le capital fixe (capital artificiel). Le *capital naturel* n'est pas un bien comme un autre et jouit d'une spécificité particulière, à savoir, celle de pouvoir renouveler ses productions. Les physiocrates sont les premiers à avoir intégré ce principe dans l'analyse économique,

---

[14] Il s'agit d'une opposition entre la fécondité de la terre et la stérilité de l'industrie. Baudeau résume cette argumentation de la manière suivante : « On appelle cet art *stérile*, infécond ou non productif par opposition à l'art fécond ou productif, parce qu'en effet il s'exerce sur les productions naturelles, non pour aider et pour augmenter leur fécondité ; non pour qu'elles se reproduisent et se multiplient, mais au contraire pour les rendre elles-mêmes prochainement et immédiatement utiles aux jouissances des hommes, aux dépens de cette même fécondité, qui périt sous la main de l'art stérile » (Baudeau, 1771, p. 4).

et à montrer que la production et la création de richesses sont des phénomènes physiques. Pourtant, cela n'empêche pas les physiocrates d'envisager l'économie sous l'angle de la croissance.

B. La croissance : entre nécessité et limite

Les physiocrates sont des théoriciens de la croissance. Leur but est d'accroître le produit net et les productions agricoles. Ils ont une approche productiviste de l'économie mais celle-ci se comprend d'autant plus avec le contexte de l'époque. La fin du 17e siècle est marquée par la grande famine de 1693-1694 et le début du 18e par celle de 1709-1710. Si par la suite il n'y eut plus de famines en France, la disette fut toujours possible.

Les physiocrates ont comme objectif d'assurer une quantité de production agricole suffisante afin d'éviter les famines et les disettes. La croissance économique, sous-entendue la croissance des productions agricoles, est bénéfique car elle permet la survie de la population et assure les propriétés personnelles. Dans ces conditions la croissance économique a un sens moral puisqu'elle satisfait les principes du droit naturel. La croissance économique a une autre justification, d'ordre politique cette fois : la croissance de la production des blés doit assurer la stabilité politique du régime monarchique en évitant les révoltes, car la légitimité du souverain repose sur sa capacité à protéger la nation et ses sujets. En effet, si les moyens de subsistance de la population ne sont plus assurés la légitimité du pouvoir disparaît.

Dans ces conditions, la croissance suppose une grande agriculture intensive en capital fixe afin d'accroître la productivité en économisant du travail et des ressources en blé. En substituant différents capitaux, on économise l'utilisation de ressources naturelles indispensables. L'augmentation de la productivité permet d'accroître la production, et de mieux préserver les propriétés personnelles et la stabilité politique du régime monarchique. La doctrine physiocratique conjugue les impératifs moraux, les impératifs politiques et les mécanismes économiques.

Si les physiocrates font état de la nécessité de la croissance celle-ci ne se fait pas de manière erratique. Elle s'effectue toujours selon un ordre où la croissance de l'agriculture entraîne celle des autres secteurs d'activité et non l'inverse. Dans le cas contraire, lorsque les propriétaires fonciers consomment plus de biens de luxe (produits industriels) que de produits agricoles, ils provoquent, selon Mirabeau et Quesnay, une dégradation du produit net et une diminution des productions agricoles.

W. Eltis [1999] a montré, à partir d'une étude des tableaux économiques de la *Philosophie rurale*[15] (1763, p. 308-309 ; p. 314-315), l'effet sous-optimal du déséquilibre de la demande et la baisse du produit net qui en résulte. L'approche keynésienne qui est retenue par cette analyse se concentre essentiellement sur les effets de la demande, mais ne tient pas suffisamment compte du caractère spécifique du processus de production tel qu'il est développé à partir de la définition physique du produit net. La surconsommation de biens de luxe ne compense pas la baisse de la demande vis-à-vis du secteur agricole à cause de la nature stérile de l'industrie. En conséquence, l'augmentation de la demande en biens industriels ne permet pas la croissance du produit net global. L'industrie ne peut renouveler ses productions qui sont totalement détruites lors de la consommation, et constituent une ponction sur la richesse créée par l'agriculture. En ce sens, on peut estimer que ce phénomène de décélération de la croissance résulte d'un effet contraire au processus productif naturel à l'œuvre dans l'agriculture.

Cette « décroissance » de l'économie ne peut être reliée directement au concept de décroissance développé par Georgescu-Roegen. Toutefois, et c'est là un parallèle intéressant, on peut noter que pour ces auteurs très éloignés dans le temps, la surconsommation est incompatible avec une approche bioéconomique de la production. Lorsque Quesnay décrit, avec son tableau économique, la circulation du produit, il se contente de constater la diminution du produit net[16] mais n'envisage jamais cette dégradation comme un objectif à atteindre. Bien au contraire, la diminution du produit net est à ses yeux le résultat d'une mauvaise politique économique.

Si pour les physiocrates la consommation est une des fonctions motrices de l'activité économique, elle en est aussi sa limite. La croissance ne saurait être « soutenable » sans que les propriétaires fonciers modèrent leurs excès de consommation. Pour permettre l'abondance des productions agricoles, il est nécessaire de ralentir l'appétit de consommation des propriétaires, et de prendre en compte les impacts de cette consommation excessive sur la société. La surconsommation de biens de luxe est contraire au bien-être de la société, puisque d'une part, elle

---

[15] Cet ouvrage de 1763 est le fruit d'une collaboration étroite entre Mirabeau et Quesnay, ce dernier ayant lui-même rédigé le chapitre VII. À travers plus de 400 pages, l'ouvrage étudie diverses situations économiques où le Tableau économique, dans une forme plus simplifiée que le célèbre zigzag, constitue le principal outil d'analyse.

[16] Il faut attendre la fin du 19e siècle avec P. Geddes (1885) pour voir réanimer l'utilisation du Tableau économique dans le sens d'un bilan écologique. L'auteur écossais conçoit un tableau économique « à la manière de F. Quesnay » pour retracer les flux entrants de matières premières et les flux sortants de déchets.

s'oppose aux intérêts des propriétaires fonciers eux-mêmes par la baisse du produit net, et d'autre part, elle est contraire à l'intérêt de la population par la diminution de biens de subsistance qu'elle engendre. Pour les physiocrates, le bien-être ne consiste pas à la satisfaction toujours croissante des besoins mais en celui de la sauvegarde des propriétés personnelles.

Indépendamment du problème de la consommation excessive de biens de luxe, l'activité économique ne peut croître indéfiniment. Une fois l'ensemble des terres arables utilisées par l'agriculture, la production se stabilise. La croissance de la production et les échanges économiques sont limités par le stock de ressources naturelles utilisables : « Les nations ne peuvent participer au commerce de l'univers qu'en raison des productions que leur territoire fournit » (Quesnay, 1766a, p. 871). Il existe ici une parenté directe avec le développement durable dans le sens où les physiocrates tiennent compte du caractère fini des ressources disponibles. Dans le même temps, ils conditionnent la croissance démographique à celle de croissance économique : « [...] l'accroissement de la population dépend préalablement de l'accroissement des richesses [...] » (Quesnay, 1757, p. 296). Il arrive un moment dans l'évolution des sociétés où le produit net ne plus croître car la production agricole atteint ses capacités limites, et ce malgré l'utilisation de techniques sophistiquées[17].

Lorsque le revenu des propriétaires (le produit net) ne peut plus s'accroître (Quesnay, 1766b, p. 554), l'économie atteint son plus haut degré et la société son état maximum de prospérité. La perspective de cet état stationnaire ou de croissance nulle renvoie à la doctrine de l'état stable défendue par Daly. Les physiocrates proposent une évolution de l'économie vers un état stationnaire qui apparaît, d'une part, lorsque l'ensemble des terres arables sont utilisées, d'autre part, lorsque la proportion des dépenses du revenu des propriétaires fonciers se répartit de manière égale entre la consommation en biens de subsistance renouvelables et la consommation de biens de luxe. Du point de vue physiocratique, une économie soutenable serait celle qui consiste à maintenir un équilibre entre les productions renouvelables du secteur agricole et les coûts et bénéfices attendus des productions du secteur stérile. L'état stationnaire des physiocrates est pour eux dans la logique des choses, c'est un horizon dicté par la loi naturelle.

Le caractère renouvelable des productions agricoles ne suffit pas à rapprocher directement les physiocrates des partisans de la soutenabilité

---

17 On trouve ici les prémices de la notion d'état stationnaire exposées par Ricardo et Malthus qu'ils décrivent comme la concomitance de la croissance démographique, de la hausse des prix des biens de subsistance et des rendements décroissants des terres.

forte, mais ils ont ouvert la voie en mettant en avant une approche bioéconomique de la production et l'effet négatif d'un excès de consommation. Pour autant, les physiocrates n'évoquent jamais la question des déchets et de la dégradation de l'écosystème, mais pour eux la consommation reste une destruction de richesse et d'une certaine manière consacre une dépréciation des capacités productives de la nature. On peut reprocher aux physiocrates leur démarche productiviste, mais elle se comprend aisément, comme on l'a montré plus haut, par la situation alimentaire tendue de l'Europe du 18e siècle. La spécificité de leur thèse consiste à différencier les secteurs d'activité par la dimension bioéconomique de la production. La nature joue le premier rôle dans l'activité productive, le problème restant alors de modérer la consommation de biens non essentiels, mais parfois utiles, permettant de soutenir la production agricole.

Conclusion

Les physiocrates ont élaboré une approche de l'économie fondée sur la nature et qui gagnerait à être réévaluée. Ils ont mis l'accent sur les rapports de l'homme et la nature et l'ont placé au centre du développement économique et social. Cette vision de l'homme dans la nature participe d'une reconfiguration de la pensée occidentale à travers la théorie de l'histoire naturelle et qui correspond en un nouveau langage, en une nouvelle manière de voir le monde. L'économie politique n'est pas apparue subitement au 17e et au 18e siècle, mais s'insère dans un dispositif épistémologique rigoureux et général (M. Foucault, 1966, p. 178-179) développé à cette époque ; il y a donc porosité entre l'économie politique et l'histoire naturelle. Dès lors, Quesnay s'inspire de Linné et de Buffon pour décliner dans l'analyse des sociétés les mécanismes de la nature : la nature est à l'origine de la formation de la société, du droit et de la richesse. Mais tout système de pensée subit des variations inévitables, et c'est à ce moment de l'histoire des idées que se forment des courants différents où les uns verront dans la nature une simple manne de ressources mises à disposition, les autres y verront un bien très particulier et rare et l'origine des processus économiques.

Les physiocrates se trouvent précisément à ce moment charnière, ainsi ont-ils des approches ambivalentes tantôt s'éloignant du développement durable, tantôt s'en rapprochant. L'équivoque conduit les physiocrates à formuler deux approches du produit net, l'une se définit en fonction du marché alors que l'autre se réfère à la spécificité biologique de la production. Ce dernier point est crucial, car il rapproche les physiocrates des partisans de la soutenabilité forte comme Goergescu-Roegen ou Daly. Bien sûr, il ne s'agissait pas dans ce texte d'établir une égalité de termes entre des auteurs d'époques si différentes, mais il fallait remarquer la similitude sur la manière d'envisager la production comme un processus physique.

S'il est possible d'exprimer encore un parallèle entre la pensée physiocratique et le développement durable il faut le situer au niveau du développement économique et social. Les physiocrates ont envisagé de construire un développement économique et social durable vers un état stationnaire qui consistait à satisfaire la subsistance des hommes en garantissant leurs droits naturels. La croissance n'est alors qu'un moyen de cet objectif et ne peut se faire au détriment de la reproduction des biens de subsistance. La croissance économique est cependant limitée par l'étendue du territoire, par la fertilité des terres et des techniques utilisées. L'économie atteint alors un état stationnaire qui résulte du meilleur compromis possible entre le bien-être, la satisfaction des besoins essentiels et les exigences politiques. Les physiocrates ont posé les premiers jalons d'un développement durable en recherchant dans la nature les principes de la production et en recherchant dans les principes du droit une coordination de l'économie et de la société.

Bibliographie

Baudeau, N., *Première introduction à la philosophie économique ou analyse des États policés*, 1771, rééd. A. Dubois, Paris, Geuthner, 1910.

Béaur, G., *Histoire agraire de la France au XVIIIe siècle*, Paris, SEDES, 2000.

Brundtland, H., *Our Common Future*, Oxford, Oxford University Press, 1987.

Christensen, P. P., [1994], "Fire, motion, and productivity : the proto-énergetics of nature and economy in François Quesnay", in P. Mirowski (ed.), *Natural Images in Economic Thought : Markets Read in Tooth and Claw*, Cambridge, Cambridge University Press, 1994.

Cleveland, C. J., "Biophysical economics : from physiocracy to ecological economics and industrial ecology", in K. Mayumi, J. M. Gowdy (ed.), *Bioeconomics and Sustainability. Essays in Honor of Nicholas Goergescu-Roegen*, Cheltenham, Edward Elgar, 1999.

Daly, H. E., *Steady-State economics, second edition with new essays*, London, Earthscan Publications, 1992.

Deléage, J.-P., *Histoire de l'écologie : une science de l'homme et de la société*, Paris, La Découverte, 1991.

Descartes, R., Discours de la méthode, 1637, in *Descartes, Œuvres philosophiques*, Tome I, F. Alquié (dir.), Paris, Garnier, 1963.

Duplan, Y., Vers la bioéconomie : la soutenabilité, document de travail n° 61, *Centre d'Économie et du Développement* de l'Université Montesquieu Bordeaux IV, 2001.

Dupont de Nemours, P.-S., [1793], *Philosophie de l'Univers*, Paris, à l'imprimerie de Du Pont.

Dupont de Nemours, P.-S., « Lettre adressée à J.-B. Say du 22 avril 1815 », in *Œuvres diverses de J.-B. Say*, Collection des principaux économistes, Eugène Daire (dir.) 1848, rééd. Osnabrück, Otto Zeller, 1966.

Eltis, W., « The first growth model : Quesnay's (and Mirabeau's) Dynamic Tableaux in Philosophie rurale », colloque international, 17-18 septembre 1999.

Foucault, M., *Les mots et les choses*, 1966, rééd., Paris, Gallimard, 2004.

Geddes, P., "An analysis of the principles of economics", in *Proceeding of the Royal Society of Edinburgh*, 1884, rééd. Londres, William and Norgate, 1885.

Georgescu-Roegen, N., *La décroissance : entropie, écologie, économie*, Paris, Sang et la terre, troisième édition revue et augmentée, 2006.

Grandamy, R., *La physiocratie : théorie générale du développement économique*, Paris, Mouton, 1973.

Harribey, J.-M., *Le développement soutenable*, Paris, Economica, 1998.

Hecht, J., « La vie de François Quesnay », in C. Théré, L. Charles et J.-C. Perrot (dir.), *F. Quesnay œuvres économiques complètes et autres textes*, Paris, INED, 2005.

Larrère, C., *L'invention de l'économie au XVIII*[e] *siècle*, Paris, PUF, 1992.

Larrère, C., « Comment peut-on, aujourd'hui penser les rapports de l'homme et de la nature », in Trois essais sur l'éthique économique et sociale, Conférences-débats organisées par le groupe Ethos de l'INRA Le Croisic, 26-29 octobre 1999, Paris, INRA, 2001.

Linné, C., « L'économie de la nature », 1749, in *L'équilibre de la nature*, trad. B. Jasmin avec introduction et notes de C. Limoge, Paris, Vrin, 1972.

Linné, C., « Principes de l'économie, fondés sur la Science naturelle et sur la Physique », in *Journal Économique ou Mémoires*, notes et avis sur l'Agriculture, les Arts, le Commerce et tout ce qui peut y avoir rapport, ainsi qu'à la conservation, et à l'augmentation des Biens et des Familles, etc., Paris, Boudet, mai 1752.

Marx, K., « Ébauche d'une critique de l'économie politique », 1844, Manuscrits Parisiens de 1844, in *Œuvres Économie II*, Maximilien Rubel (dir.), Paris, Gallimard, 1968, rééd. 2007.

Mirabeau, Victor Riquetti Marquis de, *La Philosophie rurale ou économie générale et politique de l'agriculture, réduite à l'ordre immuable des lois physiques et morales, qui assurent la prospérité des Empires*, Amsterdam et Paris, 1763.

Petty, W., « Traité des taxes et contributions », 1662, in *Les œuvres économiques de Sir William Petty*, trad. fr., 2 vol., Paris, V. Giard & E. Brière, 1905.

Quesnay, F., « Évidence », 1756, in F. Quesnay *œuvres économiques complètes et autres textes*, C. Théré, L. Charles et J.-C. Perrot (dir.), en 2 vol., Paris, INED, 2005.

Quesnay, F., « Hommes », 1757, in F. Quesnay œuvres *économiques complètes et autres textes*, C. Théré, L. Charles et J.-C. Perrot (dir.), en 2 vol., Paris, INED, 2005.

Quesnay, F., « Philosophie rurale, Chapitre VII », 1763, in F. Quesnay œuvres *économiques complètes et autres textes*, C. Théré, L. Charles et J.-C. Perrot (dir.), en 2 vol., Paris, INED, 2005.

Quesnay, F., « Remarque sur l'opinion de l'auteur de l'esprit des lois », 1766a, in F. Quesnay *œuvres économiques complètes et autres textes*, C. Théré, L. Charles et J.-C. Perrot (dir.), en 2 vol., Paris, INED, 2005.

Quesnay, F., « Analyse de la Formule Arithmétique du Tableau Économique », 1766b, in F. Quesnay *œuvres économiques complètes et autres textes*, C. Théré, L. Charles et J.-C. Perrot (dir.), en 2 vol., Paris, INED, 2005.

Quesnay, F., « Sur les travaux des artisans », 1766c, in F. Quesnay *œuvres économiques complètes et autres textes*, C. Théré, L. Charles et J.-C. Perrot (dir.), en 2 vol., Paris, INED, 2005.

Quesnay, F., « Droit naturel », 1767, in F. Quesnay œuvres *économiques complètes et autres textes*, C. Théré, L. Charles et J.-C. Perrot (dir.), en 2 vol., Paris, INED, 2005.

Vivien, F.-D., *Économie et écologie*, Paris, La Découverte, 1994.

CHAPITRE 3

La logique économique, la durabilité et l'immatériel

Geneviève AZAM et Marlyse POUCHOL

Introduction

Dans la *Condition de l'homme moderne*, ouvrage écrit vers la fin des années 1950 alors qu'elle réside aux États-Unis, Hannah Arendt met en évidence les caractéristiques de l'époque moderne, époque qui a commencé au 17e siècle (Arendt, 1983, p. 12). Le processus de perte de durabilité des objets qui s'engage à partir de cette époque constitue, pour elle, un motif d'inquiétude dans la mesure où la longévité de certaines choses, plus élevée que celle des hommes, constitue la matérialisation d'un lien entre les générations. Si la durabilité des objets permet d'établir ce qu'elle appelle un *monde commun* aux hommes du passé et du présent susceptible d'accueillir les nouvelles générations, sa perte ouvre à un autre monde. Le monde moderne est autre chose que l'époque moderne précise Arendt : « le monde moderne dans lequel nous vivons est né avec les premières explosions atomiques ». Cet événement considérable que fut l'explosion de la première bombe atomique à la fin de la Seconde Guerre mondiale a fait subitement apparaître que les hommes étaient devenus capables de détruire leur environnement naturel. La perte de durabilité n'atteint plus seulement le monde fabriqué par les hommes, elle touche à celle de la planète dont l'existence les a précédés. Cet événement signifie que l'on ne peut pas exclure que les hommes soient en quelque sorte devenus capables de faire tourner la Terre autrement, et cette éventualité signifierait que nous nous serions évadés de la condition humaine proprement dite pour laquelle la nature est une donnée et non une fabrication. La préoccupation écologique qui soulève plus spécifiquement le risque encouru par la planète s'insère, si l'on veut bien y regarder de plus près, dans le problème de nature politique, soulevé par Arendt, qui a trait au manque de persistance du monde humain installé sur la Terre.

L'expression : « développement durable » qui se trouve dans le rapport Brundtland de 1987 reflète, à l'origine, un souci pour les générations futures. L'accélération de la crise écologique, l'épuisement de ressources non renouvelables, la dégradation des écosystèmes et l'irréversibilité de certaines dégradations, au moins à l'échelle humaine, lui ont fait prendre de l'ampleur. Le succès remporté par l'expression « développement durable » montre à quel point la question des conditions de la vie sur la Terre est devenue une nouvelle sorte de préoccupation partagée par un nombre de plus en plus élevé de personnes. Si la préoccupation de « préservation » est désormais dominante, il n'y a toutefois pas accord sur ce qu'il convient de préserver. Pour les uns, il s'agit avant tout de préserver le processus de développement, mis en cause par l'épuisement énergétique notamment, en supposant que ce processus est le moyen du maintien des conditions de la vie sur Terre dans un contexte où la population ne cesse d'augmenter. Dans ce cas, les espoirs seront mis dans les découvertes technologiques susceptibles d'inventer de nouvelles sources d'énergie. À l'opposé, pour d'autres, la préservation des conditions de la vie implique, au contraire, une mise en cause du processus de développement, voire l'arrêt d'un développement source de pollution et de conflits, si bien que l'expression : « développement durable » serait à considérer comme une contradiction dans les termes[1]. De façon moins radicale et plus pragmatique, le développement durable s'impose aujourd'hui comme un impératif renvoyant à une tentative de conciliation entre la poursuite d'une logique économique d'accumulation et la préservation de l'environnement[2].

Cette contribution construite à partir de l'idée de durabilité vise à montrer comment l'analyse de l'époque moderne proposée par Arendt peut apporter une compréhension de la nature des problèmes que nous affrontons aujourd'hui. D'une manière ou d'une autre la préoccupation du développement durable soulève la question « des excès de l'économie », c'est-à-dire de la place prise par l'économie au détriment de la politique et nous invite à jeter un regard critique sur la façon dont les économistes appréhendent les choses matérielles. Arendt nous livre, précisément, un autre regard sur les objets, elle révèle l'importance de leur durabilité en mettant en évidence la part d'humanité qu'ils contiennent, cette part que précisément la discipline économique a dû exclure

---

1 Pour Serge Latouche (2005) : « le contenu implicite ou explicite du développement c'est la croissance économique » (p. 55) et « la signification historique et pratique du développement, liée au programme de la modernité, est fondamentalement contraire à la durabilité. Il s'agit d'exploiter, de mettre en valeur, de tirer profit des ressources naturelles et humaines » (p. 72).

2 Sur les façons d'envisager les relations entre économie et écologie : Vivien F.-D. (1994, 2005).

pour se fonder comme une science quasi naturelle. La première partie se propose de présenter ce que peuvent être les apports d'Arendt pour poser la question du développement durable. Elle se limitera à mettre en évidence l'articulation entre le souci de la durabilité des choses et du monde, principal sujet d'inquiétude d'Arendt, et celui de la durabilité de la planète comme entité physique. La seconde partie cherche à tirer les conséquences de ce regard arendtien sur les objets pour la compréhension d'un monde où il semble que la matérialité des choses économiques ait tendance à disparaître. Après la célébration de la société post-industrielle et les espoirs de rupture avec le paradigme énergétique de la société industrielle, *L'immatériel*, voilà ce qui surgit comme la grande nouveauté. André Gorz (2003), lecteur inspiré d'Hannah Arendt, en fait le titre de son ouvrage, dont le sous-titre, *Connaissance, valeur et capital*, donne une idée de l'imbroglio que recouvre la notion d'immatériel.

La prégnance de cet *immatériel*, qui invite à donner de l'importance aux connaissances humaines en même temps qu'aux machines à traiter et à communiquer des informations – les deux constituant un ensemble de moyens de production – pourrait, selon Yann Moulier Boutang (2007), indiquer une nouvelle grande transformation aussi radicale que celle des enclosures décrite par Polanyi. D'autres, comme Jeremy Rifkin (2005), mettent plutôt l'accent sur *la nouvelle culture du capitalisme* dans lequel les marchés ont tendance à être remplacés par les réseaux et la propriété privée par un droit d'accès. De façon plus pratique, certains voient dans cette *ère informationnelle* dans laquelle règne l'immatériel une belle occasion de redynamiser la croissance d'un pays sans nuire à l'environnement. Peut-on vraiment considérer que cette émergence de l'immatériel soit un moyen de concilier le maintien de la logique économique et la préservation de la planète ?

I. La perte de durabilité du monde

Pour Arendt, le monde n'est pas la Terre. Le monde est le produit des hommes. Cet artifice humain doit son existence aux objets fabriqués qui durent plus longtemps que la vie des individus et peuvent se transmettre d'une génération à l'autre. En revanche, la Terre désigne cet habitat naturel qui est donné aux hommes et qui ne relève pas de leur création. Par la vie et ses nécessités, « l'homme reste un enfant de la nature » lié à tous les organismes vivants, tandis que « l'artifice humain du monde sépare l'existence humaine de tout milieu animal » (Arendt, 1983, p. 9). Cette double appartenance induit que ce sont les hommes qui, dans leur vie quotidienne, établissent le lien entre le monde et la Terre. L'inquiétude d'Arendt porte sur la perte de durabilité du monde plus que sur la préservation des conditions de la vie sur Terre, cependant les deux ne sont toutefois pas sans rapport.

A. La dépréciation du monde commun et l'approche économique

Le monde, nous rappelle Arendt, a une fonction spécifique tout autre que celle qui consiste à assurer les conditions matérielles de l'existence. Le rôle le plus important de cette « patrie artificielle » (Arendt, 1983, p. 171) est « d'offrir aux mortels un séjour plus durable et plus stable qu'eux-mêmes ». Au milieu de ces objets, les hommes sont chez eux. Ils y découvrent leur dépendance à l'égard du concret, toutefois, ces produits de l'artifice humain ont une importance plus grande que les services qu'ils rendent. Le monde est meublé de choses durables qui sont tout aussi bien des objets dont on fait usage que des œuvres d'art qui n'ont strictement aucune utilité. La durabilité des œuvres d'art est « d'ordre plus élevé » ; « elle peut atteindre la permanence à travers les siècles ». Ce sont ces œuvres d'art, mieux que les outils, qui attestent de façon spectaculaire que le monde des objets constitue « la patrie non mortelle d'êtres mortels ». Leur permanence rend tangible « un pressentiment d'immortalité, non pas de l'âme ni de la vie, mais d'une chose immortelle accomplie par des mains mortelles » (Arendt, 1983, p. 188). Le monde artificiel est « ce que nous avons en commun non seulement avec nos contemporains, mais aussi avec ceux qui sont passés et ceux qui viendront » (Arendt, 1983, p. 66). Et c'est cet intérêt pour des choses communes, partagé par des hommes extrêmement différents les uns des autres, qui atteste de l'existence d'une communauté humaine au cours du temps, tandis que la diversité des points de vue et leur expression lui confère sa réalité. Arendt ajoute que la reconnaissance de l'existence de ce monde commun est fragile, car il « ne peut résister au va-et-vient des générations que dans la mesure où il paraît en public. » Autant dire que la durabilité du monde humain ne tient pas seulement à la qualité intrinsèque des choses, elle tient aussi à la façon de les considérer tout comme à l'intensité du regard qui est jeté sur elles.

L'insignifiance croissante du monde moderne dont nous parle Arendt tiendrait au mépris qui recouvre cette forme d'immortalité terrestre que seul un domaine public durable peut conférer. Une des atteintes à la durabilité du monde serait précisément venue des attaques portées contre le domaine public à l'époque moderne. Ces attaques se manifestent en particulier dans la façon dont Adam Smith et la discipline économique vont réduire le domaine public à un élément du fonctionnement d'une société négligeant ainsi son rôle dans la lutte contre la destruction du temps. La discipline économique invente une nouvelle sorte de société humaine qui n'a pas grand-chose de politique car elle tire son unité de l'idée que les hommes en relation d'échange marchand contribuent incidemment à une production collective d'outils favorable à l'ensemble comme à chacun d'entre eux. Sous cet aspect, la société devient un ensemble économique dans lequel le domaine public n'est plus qu'un organe ayant pour fonction d'assumer la permanence du processus de production. La production, celle des choses nécessaires à la vie comme celle des outils acquiert une importance plus grande que par le passé, tandis que tout ce qui n'est pas travail ou fabrication se trouve déconsidéré. Parallèlement, l'intérêt porté aux objets ne tiendra plus à leur faculté de durer mais à leur capacité à alléger la peine des hommes ou à accroître leur productivité.

Ravalées à la catégorie de moyens de servir une fin, les choses durables ne valent qu'en tant qu'outil rendant des services au processus vital de l'homme et de la société. Le regard utilitariste sur les choses qui, de fait, élimine les œuvres d'art de son champ d'étude constitue, au sens littéral du terme, une vision étriquée et réductrice du monde humain. Ce qui va désormais compter c'est le maintien du processus vital et non la préservation du monde, ce qui explique la dépréciation du domaine public propre à cette pensée de l'économie. Au lieu « d'entourer soigneusement l'artifice humain des remparts contre les forces élémentaires de la nature » (Arendt, 1983, p. 167), il va s'agir de favoriser son intrusion ; car le regard économique, préoccupé de l'abondance, saisit avant tout la nature comme un réservoir d'énergie et de puissance qui, introduit dans le monde humain, peut décupler sa force productive. Outre qu'il rend incompréhensible l'importance du domaine public, le problème de ce nouveau regard sur le monde et la nature, est avant tout qu'il laisse libre cours à l'épanouissement de la logique du capitalisme qui, pour sa part, comme l'explique Arendt, a d'abord porté atteinte au domaine privé.

B. Le processus de croissance du capitalisme et l'expropriation du monde

L'analyse des temps modernes menée par Arendt prend en compte les changements attribuables au capitalisme qu'elle saisit sous un éclairage particulier. À l'instar de Marx, elle relie l'apparition du capitalisme à une accumulation primitive de capital permise par l'expropriation des biens de l'Église suivie de l'expropriation de la paysannerie. Mais si Marx met en évidence l'appropriation des moyens de production, Arendt met l'accent sur l'expropriation. « L'expropriation, consistant à priver certains groupes de leur place dans le monde et à les exposer sans défense aux exigences de la vie, a créé à la fois l'accumulation originelle de la richesse et la possibilité de transformer cette richesse en capital au moyen du travail » (Arendt, 1983, p. 286). Arendt insiste sur le caractère indissociable de l'accumulation du capital et de l'expropriation (Arendt, 2007, p. 25), et souligne qu'il ne s'agit pas seulement d'un événement originel et inaugural. L'expropriation est le phénomène qui fournit le carburant nécessaire à la poursuite de la mise en valeur du capital et ce phénomène se renouvelle au cours de l'histoire. Le capitalisme correspond à un processus d'expansion pour l'expansion qui s'immisce dans les activités de production et qui est susceptible de s'étendre à d'autres domaines si rien n'est là pour lui faire obstacle et endiguer les forces économiques mises en mouvement.

L'implantation de capitaux européens en Afrique (Arendt, 1984) à la fin du 19e siècle, qui, de fait, prive la population des pays africains de leur place dans le monde, a ainsi étendu le processus d'accumulation en offrant un débouché à l'argent superflu né de la surproduction de capital en Europe. Cela signifie que l'impérialisme ne s'analyse pas comme une expansion d'origine politique et qu'il ne saurait se réduire à la construction d'un empire. Ce phénomène est issu des milieux économiques pour lesquels l'expansion signifie l'élargissement de la production industrielle et des marchés. Hannah Arendt s'inspire de l'analyse de Rosa Luxembourg dont la thèse centrale est que le capitalisme poursuit son mouvement de croissance en s'emparant des éléments qui ne sont pas encore sous son influence.

> Une fois que ce processus s'est généralisé dans le territoire national dans son entier, les capitalistes sont contraints d'avoir des vues sur d'autres parties de la terre, des territoires précapitalistes, pour les attirer dans le processus d'accumulation du capital qui, pour ainsi dire, se nourrit de tout ce qui est extérieur (Arendt, 2001, p. 49).

Le capitalisme, condamné à l'expansion, est contraint de chercher en permanence des exutoires en dehors de lui-même. Ainsi, disait Cecil de Rhodes : « si je le pouvais, j'annexerais les planètes » (Arendt, 1982, p. 13). Et cette dynamique, qui n'est pas minée par des contradictions internes, a toutes les chances de se poursuivre tant qu'aucun obstacle ne se dresse contre sa logique expansionniste. Le problème qui apparaît clairement au stade de l'impérialisme est que ce mouvement détruit aussi les bases qui auraient pu permettre de poser des limites à cette expansion.

> Le développement prodigieux de toutes les forces industrielles et économiques entraîna l'affaiblissement constant des facteurs purement politiques, tandis que, simultanément, les forces purement économiques prédominaient de façon toujours croissante dans le jeu international du pouvoir (Arendt, 1987, p. 83).

L'expansion nécessaire à la mise en valeur du capital a fini par s'imposer comme but politique suprême changeant ainsi de manière radicale le fondement des communautés nationales. S'il subsiste des valeurs politiques communes au sein des pays colonisateurs, il est clair que l'expansion impérialiste ne les étend pas à tous les peuples.

L'excroissance de l'économie ne conduit pas seulement à une perversion de la politique, elle porte aussi atteinte plus profondément encore au monde commun en sapant la durabilité des objets. La prospérité de l'Allemagne après la Seconde Guerre mondiale, que l'on a appelé « le miracle allemand », a constitué, pour Arendt, un exemple extrême de ce qui nourrit l'expansion économique : « l'expropriation des gens, la destruction des objets et la dévastation des villes aboutissent finalement à stimuler un processus, ne disons pas de rétablissement, mais d'accumulation de richesse plus rapide et plus efficace ». De façon moins radicale, il est clair que l'obsolescence accélérée des biens est devenue un moyen de poursuivre l'accumulation, si bien que la destruction de la durabilité des choses est à la fois le vecteur de croissance économique et celui de la destruction des liens entre les générations. La prospérité du capitalisme « ne dépend ni de quoi que ce soit de stable et de donné, mais simplement du processus de production et de consommation » (Arendt, 1983, p. 284). Ainsi un des grands changements introduits par le capitalisme est que

> dans les conditions modernes ce n'est pas la destruction qui cause la ruine, c'est la conservation, car la durabilité des objets conservés est en soi le plus grand obstacle au processus de remplacement dont l'accélération constante est tout ce qui reste de constant lorsqu'il a établi sa domination (*ibid.*).

Ainsi, pour Arendt, le processus d'expansion a toutes les chances de se poursuivre et ce sont moins les conditions de la vie qui posent problèmes que la persistance de l'humanité des êtres. Comme « le processus ne peut continuer qu'à condition de ne laisser intervenir ni durabilité ni stabilité de ce monde », le maintien du processus « n'est possible que si l'homme sacrifie son monde et son appartenance au monde » (Arendt, 1983, p. 288).

L'histoire plus récente montre à quel point Arendt a vu juste. S'il est vrai que la durabilité et la stabilité du monde sont les ennemis du processus, il ne faut pas s'étonner qu'aujourd'hui ce qui reste d'un domaine public dont le rôle est notamment d'assurer une continuité du monde pour les nouvelles générations puisse être considéré comme un obstacle à la poursuite de ce mouvement. Le capitalisme d'aujourd'hui peut bien défaire les réalisations du capitalisme d'hier. La déréglementation commencée dans les années 1980 qui introduit de multiples insécurités et renvoie les individus à eux-mêmes fait la promotion du nomadisme et renouvelle une expropriation qui assure la poursuite du mouvement d'expansion d'un capital. L'ode à la modernisation imposant le changement comme impératif catégorique ne saurait masquer que la modernisation dans ce contexte ne relève pas de l'invention authentique. Il ne s'agit pas de la création de quelque chose de neuf, de surgissement du radicalement nouveau n'ayant jamais existé ; la modernisation signifie d'abord « déconstruire », faire table rase des choses existantes pour les remplacer par des choses à contenu technologique plus avancé certes, mais destinées à assurer des fonctions similaires en amplifiant encore la dépossession. Étant donné son exigence de renouvellement perpétuel, le capitalisme aura tendance à solliciter les inventions des scientifiques, ce qui conduit à situer le pouvoir de changement dans la technologie aux dépens d'un autre pouvoir qui réside dans l'action concertée des hommes et dont la nature proprement politique a été déconsidérée.

C. La perte du monde commun et le triomphe de l'animal laborans

La caractéristique de l'époque moderne, telle que la saisit Arendt, réside dans l'« aliénation par rapport au monde » (Arendt, 1983, p. 286). Elle signifie que les hommes sont privés d'un monde commun, mais cette perte n'est pas seulement attribuable à la destruction de la durabilité des objets. Pour dresser le bilan de l'étendue de cette perte, Arendt introduit des distinctions qui ont l'avantage de mettre en évidence non seulement une transformation du mode de production des choses mais également un changement de rapport aux objets et à leurs usages qui est tout à fait préoccupant. Arendt distingue, *l'œuvre*, activité qui contribue à l'édification du monde et le *travail*, occupation nécessaire au maintien de la vie qui est perpétuellement à renouveler. Elle voit advenir une « société de travailleurs », une société dans laquelle les activités de tous les individus sont consacrées au maintien de la vie et relèvent alors d'un processus de régénération sans fin de l'espèce humaine. Quelle que soit leur nature, tous les objets peuvent devenir aussi périssables que les produits de consommation. Quelle que soit leur particularité, toutes les activités, dès lors qu'elles deviennent un moyen d'obtenir un revenu, seront perçues comme du travail et elles acquerront sa caractéristique, c'est-à-dire celle d'une activité qui ne laisse rien derrière elle et qui n'a pas d'autres sens que celui de « nourrir son homme ».

Arendt étend la distinction de *l'œuvre* et du *travail* à une opposition entre *l'homo faber*, constructeur du monde, qui a besoin d'outils adéquats pour fabriquer son œuvre, et *l'animal laborans* intégré dans un processus de travail pour lequel les outils n'ont qu'une seule vocation : celui d'alléger la peine des hommes qui signifie aussi augmenter la puissance de leur force de travail. L'abondance de produits de consommation qui en résulte ne peut être mise à l'actif du capitalisme sans observer, qu'en contrepartie, ce mode de production impose « l'idéal de *l'animal laborans* » : l'idéal d'un personnage qui a été « expulsé du monde dans la mesure où il est enfermé dans le privé de son corps, captif de la satisfaction de besoins que nul ne peut partager et que personne ne saurait pleinement communiquer » (Arendt, 1983, p. 133-134). Cet idéal se trouve plus spécifiquement exposé dans les écrits de Bentham. Son principe « du plus grand bonheur pour le plus grand nombre » qui propose une conception d'un bien-être social résultant des satisfactions des individus, introduit, en effet, une autre vision des choses comparée à celle ce que l'on trouve dans une philosophie proprement utilitariste. Pour Bentham, ce n'est plus exactement l'utilité intrinsèque des choses ou encore leur qualité propre à accomplir certaines fonctions qui compte, leur vertu tient au bonheur engendré par leur consommation, ce qui est tout à fait subjectif.

Outre que la liste des choses procurant du bonheur n'a pas de raison d'être limitée à des objets matériels mais peut tout à fait contenir des services et prestations de tout genre, il faut aussi comprendre que les jugements de valeur sur les choses se trouvent complètement déconsidérés. Ce n'est pas plus la beauté que l'utilité des objets qui compte ; ce ne sont pas les sens, que ce soit la vue ou l'un des autres organes de perception, qui se trouvent mobilisés pour les apprécier ; tout tient dans les sensations déclenchées et celles-ci sont intimes, non communicables, variables selon les personnes. Le « "bonheur", somme des plaisirs moins les peines, est un sens interne qui perçoit les sensations et n'a aucun lien avec les objets de-ce-monde » (Arendt, 1983, p. 348). Dans cette comptabilisation benthamienne, il est tout à fait clair que les objets ne constituent pas un monde commun, ils ont, au sens plein du terme, perdu leur objectivité. Le monde commun cède la place à un point commun imaginé par le théoricien qui le déduit de sa logique. Tout ce que les hommes ont en commun tiendrait à « l'identité de leurs natures qui se manifeste dans le fait que tous calculent et tous sont affectés par la douleur et par le plaisir » (*ibid.*). On ne peut pas exclure, et c'est là l'inquiétant pour Arendt, que ce genre d'être imaginé par Bentham finisse par exister pleinement dans une société où l'isolement et la réduction à soi-même s'imposeraient comme une règle de vie à respecter pour tous. Dans ce cas, c'est le besoin d'un monde d'objets plus durables que les individus eux-mêmes qui aurait disparu.

La sensation étant le véritable service fourni par la consommation des choses, la satisfaction de *l'animal laborans* exige un processus de production perpétuel, d'autant plus que, comme le signale Arendt, c'est moins le bonheur que l'absence de souffrance qui est le véritable critère de ce genre d'état social. L'absence de souffrance ouvre incontestablement des horizons encore plus considérables à l'accumulation du capital s'appuyant sur la technologie et la science.

> Un des signaux d'alarme les plus visibles indiquant que nous sommes peut-être en voie de réaliser l'idéal de *l'animal laborans*, c'est la mesure dans laquelle toute notre économie est devenue une économie de gaspillage dans laquelle il faut que les choses soient dévorées ou jetées aussi vite qu'elles apparaissent dans le monde pour que le processus ne subisse pas un arrêt catastrophique (Arendt, 1983, p. 151).

L'animal laborans est condamné à consommer pour pouvoir travailler, tout comme on peut dire qu'il lui faut travailler pour consommer. La catégorie des fins et des moyens propre à forger les repères de *l'homo faber* s'est dissipée. Ce qui compte est la perpétuation de cet enchaînement qui s'apparente alors à un processus d'auto engendrement similaire à ceux que l'on trouve dans la nature et pour lequel la question de savoir si c'est la graine qui engendre l'arbre ou l'arbre qui produit la graine n'a pas de sens. Dès lors que le processus vital s'empare des objets et les utilise à ses fins « l'instrumentalité productive et limitée de la fabrication se change en instrumentalité illimitée de tout ce qui existe » (Arendt, 1983, p. 176).

La destruction du monde commun qui inquiétait Arendt parce qu'elle y voyait la raison de l'absence d'opposition à la montée du totalitarisme se double aujourd'hui d'une nouvelle inquiétude pour la durabilité de la planète. L'ennui est que la futilité contrainte de *l'animal laborans* impliquée par une condition isolée qui ne cesse de prendre de l'ampleur ne le dispose pas à des préoccupations qui concernent un avenir dépassant son espérance de vie.

II. L'immatériel et la durabilité de la planète

La perte de la durabilité de la planète n'est plus une simple hypothèse. La nature anthropique des dérèglements écologiques majeurs est désormais reconnue et l'humanité est confrontée à la possibilité de la destruction des conditions matérielles d'une vie humaine et sociale sur la terre et du monde commun au sens d'H. Arendt. Cette inquiétude a ouvert la voie à des politiques de développement durable, caractérisées essentiellement par la recherche d'une efficience énergétique, d'une économie de ressources rares, de la maîtrise des pollutions. Le souci de la durabilité pénètre l'analyse économique et l'économie de l'environnement est mobilisée pour rechercher les solutions économiques au dérèglement écologique. Ainsi, avec les désastres provoqués par l'exploitation sans merci des ressources naturelles, vient le temps d'une « gestion rationnelle » de la nature et de l'invention d'un droit de l'environnement. À partir de ce paradigme économiste, la question majeure réside dans la tentative de conciliation de la croissance et de la durabilité. Dans cette perspective, le développement des activités de services alimente l'espoir d'une croissance qui serait fondée désormais sur le développement de l'immatériel, sur une « économie de l'information », qui permettrait de dématérialiser la production et la consommation et qui les rendraient compatibles avec les équilibres écologiques. C'est l'illusion d'une telle approche que nous analysons maintenant.

A. Vers une société post-industrielle ?

Les premières analyses des transformations du capitalisme dans le sens d'une « immatérialisation » des activités sont antérieures aux préoccupations écologiques et à la définition du développement durable. Dès la fin des années 1960, les travaux de D. Bell et son ouvrage de 1973, *Vers la société post-industrielle*, inaugurent des réflexions qui s'appuient au niveau empirique sur la croissance forte des services dans les sociétés industrielles, aux USA en particulier. D. Bell y soulignait déjà la subordination progressive des éléments matériels de la production à des éléments de plus en plus immatériels et l'émergence de « technologies de l'intellect ». C'est tout le paradigme de la société industrielle qui, selon lui, se trouve ainsi remis en cause et il va jusqu'à pronostiquer, dans un ouvrage ultérieur, l'avènement de la fin des idéologies. En France, Alain Touraine, publie en 1969, *La société post-industrielle, naissance d'une société*. Toujours à partir de la croissance du secteur des services, il analyse également l'émergence d'une société nouvelle, centrée sur l'information et la connaissance. Il en souligne pour sa part les potentialités mais aussi les contradictions et les conflits sous-jacents, et en particulier les risques de confiscation de la démocratie par une « expertocratie ».

Le terme même de société post-industrielle renvoie à la classification des secteurs d'activité de Jean Fourastié et à l'incontestable croissance des services (Gadrey, 2003). Il contient l'idée d'un remplacement de la société thermo-industrielle par une société post-industrielle fondée sur des productions et des services immatériels. Il peut donc donner à penser que le processus de croissance pourrait se poursuivre infiniment sans dommage écologique majeur du fait de la dématérialisation progressive des richesses produites.

Ces travaux fondateurs ont pris une autre dimension avec la place occupée par les technologies de l'information et de la communication depuis les années 1980. J. Rifkin poursuit cette analyse du processus de dématérialisation à partir de la croissance des services engendrée et rendue possible par ces nouvelles technologies. Selon lui le capitalisme est en train de se défaire de son enveloppe matérielle, il se caractérise désormais par l'émergence de « l'âge de l'accès », venant supplanter l'âge antérieur de la propriété individuelle de biens matériels : « Le support matériel devient secondaire par rapport aux services qu'il véhicule » (Rifkin, 2000, p. 116). J. Rifkin nourrit sa réflexion à partir de nombreux exemples, montrant le passage d'un régime de propriété des biens à celui de la location. Le cycle de vie du produit s'en trouve modifié : les services de location vendus par les entreprises assurent une rentabilité d'autant plus forte que les produits loués ont une durée de vie plus longue et s'usent moins rapidement. Ainsi, les services ne sont plus seulement un appendice de la production et de la distribution, ils sont devenus le nouveau moteur du capitalisme par la transformation des biens matériels en services. La croissance de l'immatériel peut être alors saisie comme opportunité pour assurer un développement durable : « Cette nouvelle approche commerciale, qui repose sur l'accès à un service plutôt que sur la vente d'un produit, est porteuse d'un fort potentiel de réduction des coûts écologiques de la production dans de nombreux secteurs industriels » (*idem*, p. 121).

Ces analyses se retrouvent dans l'économie de fonctionnalité, analysée en particulier par plusieurs auteurs autour de Dominique Bourg (2006). Cette économie est conçue comme « substitution de la vente de l'usage d'un bien à la vente du bien lui-même » (*idem*, p. 31) ; c'est la *service economy*. Le raisonnement est construit à partir de plusieurs exemples, Rank Xerox et surtout Michelin. Les auteurs soulignent comment, dans une telle économie de fonctionnalité, l'entreprise qui reste propriétaire du bien pendant tous son cycle de vie, va attacher beaucoup plus d'importance à sa qualité, à son efficacité énergétique, à sa capacité à être recyclé. Ainsi Michelin propose des pneus permettant d'économiser du carburant et un service continu de maintenance pour les entreprises de transports par poids lourds. L'étude montre comment l'efficacité énergétique des pneus et du transport routier s'en trouve améliorée, tout comme l'efficacité économique : « Moins de pneus montés plus un meilleur service équivalent à un accroissement des marges pour Michelin » (*ibid.*). Les auteurs s'appuient également sur l'exemple de Xerox, qui du fait de la vente de services de location a considérablement diminué la quantité de matière à l'unité, tout en augmentant ses marges. C'est plus globalement le défi de l'économie circulaire, ou de l'écologie industrielle (Jorda, Vivien, 2005) qui cherche à reproduire le mode de fonctionnement cyclique des écosystèmes naturels, par le recyclage des déchets, avec notamment le développement des écoparcs industriels (Fan, Bourg, Erkman, 2006).

Nous pouvons dans un premier temps objecter à J. Rifkin que l'approche commerciale qu'il analyse, privilégiant l'accès plutôt que la propriété des biens, certes différente des approches marketing traditionnelles, sous-estime néanmoins les exigences de rentabilité de la production. Elle oublie en particulier l'accélération de l'obsolescence des produits du fait d'une innovation permanente, davantage destructrice de la durabilité que l'usure de produits de mauvaise qualité. Par ailleurs, la préférence pour la location ne traduit-elle pas plutôt la nécessité de s'alléger du poids des choses à l'heure où la mobilité et la fluidité, la désolation au sens d'H. Arendt, sont devenus des impératifs absolus, des motifs supplémentaires de concurrence, et à l'heure où le nomadisme des biens et des personnes s'accorde avec le nomadisme des capitaux ? L'idée de propriété matérielle, corporelle, qui s'ancre en effet sur un temps long, entre en contradiction avec les exigences d'innovation permanente et les impératifs du *just in time*. J. Rifkin écrit lui-même : « La trajectoire du capitalisme a commencé avec la commercialisation de l'espace et de la matière ; elle est en train d'aboutir à la transformation en marchandise de la durée et du temps humain » (Rifkin, 2000, p. 17). J. Rifkin saisit bien par là ce qu'H. Arendt analyse comme l'inclusion dans le processus économique de la totalité de l'expérience humaine. C'est la capacité des hommes à assurer la durabilité du monde qui se trouve soumise aux exigences de fluidité du capital. Voilà pourquoi le développement des services peut être lu comme une nouvelle expropriation, l'ensemble du temps humain étant désormais mobilisé pour assurer la poursuite du processus d'expansion. Les services de location traduisent alors la transformation de l'usage des biens dans le temps en leur consommation immédiate ; ils multiplient les possibilités de leur consommation et de leur consumation et illustrent la victoire de *l'animal laborans* sur *l'homo faber*.

Ces transformations s'accompagnent de l'explosion de la globalisation financière qui déprécie les propriétés corporelles et matérielles en regard des possibilités de gains financiers à très court terme et des paris sur le futur. Il s'agit d'une véritable industrie financière qui, pour produire de l'argent, s'appuie sur les réseaux câblés des marchés financiers internationaux, brasse des capitaux sans commune mesure avec leur base matérielle et met en place une économie de rente qui répartit les plus values boursières en fonction des meilleurs paris. L'économie virtuelle, hors sol, semble prendre le pas sur l'économie réelle, et dans ce mouvement, c'est le travail lui-même et les ressources naturelles qui se trouvent dépréciés et totalement soumis au processus d'entretien de l'expansion capitaliste. Assurer la durabilité physique de la planète supposerait un mouvement inverse de reconnaissance de la base matérielle des sociétés sans laquelle les individus ne peuvent éprouver la possibilité d'avoir un monde en commun durable.

B. La pression sur les ressources naturelles continue

Le développement des services n'entame pas le paradigme productiviste de la société industrielle, il est même étendu à l'ensemble des activités humaines et à l'ensemble des sociétés, car l'impératif catégorique de cette « société post-industrielle » reste toujours la croissance infinie de la production et de la consommation et la maximisation de l'information pour accumuler toujours plus de capital. C'est la raison pour laquelle le développement de l'immatériel ne peut conduire en lui-même, de manière mécaniste, à une réduction de la pression sur les ressources. Il est incontestable que dans une économie de la fonctionnalité, la pression sur les ressources tend à diminuer par unité produite. Mais revenons à l'exemple de Michelin et des transports routiers. Ce que ne peut résoudre l'économie de la fonctionnalité ni aucun procédé technique nouveau, c'est la croissance exponentielle des transports routiers de marchandises, eux-mêmes liés aux stratégies du zéro stock, du *just in time*, de la mobilité des capitaux, engendrant des délocalisations qui provoquent de plus en plus des transports croisés de marchandises identiques. Ces stratégies, elles-mêmes génératrices de nombreux services, y compris des services financiers, ne sauraient être compatibles avec l'économie des ressources et la réduction des pollutions. Dans le cas de Xerox et nombre de produits de ce type, si par unité, la pression sur les ressources est moindre et la durée de vie du produit allongée, l'explosion de leur consommation accroît la pression sur les ressources et engendre des déchets électroniques qui atteignent aujourd'hui des dimensions colossales. À la suite d'un rapport de 2004, le PNUE évalue à 4 millions de tonnes les déchets des équipements électriques et électroniques (DEEE) en 2004[3], déchets dangereux pour l'environnement du fait de la présence de métaux lourds. Toujours selon les Nations Unies, la production d'un ordinateur portable et de son écran nécessite 240 kg de combustible fossile, 22 kg de produits chimiques, 1,5 t d'eau. Autant dire que la promotion de l'e-économie, de l'économie de l'information, n'allège pas la pression sur les ressources, comme semblerait le suggérer la multiplication des services qu'elle permet et la matière grise nécessaire à la fabrication des logiciels. « L'âge de l'accès » suppose un appareillage qui ne permet pas de conclure à la dématérialisation globale des activités.

C'est toujours le paradigme thermo-industriel qui inspire les principes de l'économie circulaire en laissant penser que le déchet pourrait devenir « un nouveau pétrole »[4] moyennant la mise en œuvre de nombreux services de collecte. En France, en 2006, 33 millions de tonnes de déchets ont été recyclées (+ 64 % en cinq ans), 7,7 milliards d'euros de chiffre d'affaires (+ 38 % en cinq ans) ont été réalisés. Les déchets

---

3 Programme des Nations Unies pour l'Environnement, « *La face cachée de l'ascension des technologies de l'information et de la communication* », Genève, 2004.

4 « Le recyclage dans tous ses états », *L'Usine Nouvelle*, Paris, 23 novembre 2006.

deviendraient ainsi matière exploitable. Notons préalablement que tous les déchets ne sont pas ainsi traités. En sont exclus de fait tous ceux qui, tels les déchets nucléaires, sont caractérisés comme pollution irréversible ou trop dangereuse. Mais tout se passe comme si pour les autres déchets, il y avait une réversibilité par un recyclage en boucle des matières et de l'énergie qui finalement autoriserait la poursuite de la production et de la consommation à l'infini, à condition de trouver les techniques adéquates de collecte et de retraitement. L'accumulation des déchets de la civilisation industrielle est certainement un des signes majeurs de la déchéance de *l'homo faber* et l'idée du recyclage enferme l'*animal laborans* dans la circularité de l'entretien, version technicisée des masses de pauvres qui dans les pays du Sud survivent grâce à cette collecte.

Par ailleurs, le recyclage à grande échelle, même s'il est aujourd'hui nécessaire pour éviter l'asphyxie, est illusoire. Cette illusion est fondée sur un principe issu de la physique mécanique selon lequel la matière et l'énergie qui entrent dans un processus productif libèrent une même quantité et qualité de matière et d'énergie (« rien ne se perd, rien ne se crée, tout se transforme »). Selon cette vision, qui marque la pensée économique dominante construite sur le modèle de la physique mécanique, les phénomènes sont réversibles et le déchet peut alors « devenir pétrole ». L'activité économique est alors conçue dans un système clos à énergie constante et la production peut être illimitée. Or l'apport du deuxième principe de la thermo-dynamique, formulé par S. Carnot (1824) et son prolongement en matière économique, modifie radicalement cette manière de voir : dans le processus de production, dans son mouvement, il y a des modifications de qualité de l'énergie, selon un principe de dégradation appelé entropie. L'économiste roumain Georgescu-Roegen montre comment l'économie, comme activité matérielle de transformation d'énergie et de matière, doit être replacée dans la biosphère. Emboîtant le pas des philosophes et physiciens ayant remis en cause une vision du monde dominée par les lois de la mécanique, Georgescu-Roegen s'appuie sur l'idée que les ressources naturelles constituent une énergie utilisable qui se transforme dans la production en énergie dégradée, en particulier sous la forme des déchets. Pour transformer ces déchets, il faut puiser à nouveau et de plus en plus sur le stock terrestre de matières premières épuisables : en ce sens, la dépense de matière et d'énergie n'est pas réversible. L'intérêt de cette approche bioéconomique est de souligner l'illusion du retraitement des déchets pour assurer la durabilité de la planète, si n'est pas posée en même temps la nécessité d'une diminution globale de la pression physique et matérielle sur les ressources terrestres. Et ceci d'autant plus que dans le cadre du modèle productiviste, toute économie permise dans un domaine se traduit par une hausse de la production et de la consommation dans un autre. C'est l'effet W. S. Jevons (1865, *Sur la question du charbon*), du nom de l'économiste britannique qui a montré que l'utilisation d'une technologie plus efficiente en matière d'énergie pouvait se traduire par une augmentation globale de la consommation d'énergie. L'activité industrielle a certes régressé en termes relatifs, mais pas en termes absolus. Pendant les 20 dernières années, elle a augmenté en Europe de 17 % et de 35 % aux États-Unis et les pertes d'emplois industriels dans ces pays sont essentiellement dues à l'externalisation des services et à la délocalisation des activités de fabrication dans les pays à bas coûts de main d'œuvre. De même, la consommation mondiale d'énergie primaire a augmenté. L'espoir d'une pression moindre sur les ressources non renouvelables, fondé sur l'opposition forme-information-matière, est ruiné par la tendance du capitalisme à la recherche d'expansion permanente.

N'est-il pas plus juste de parler d'hypermatérialité selon l'expression utilisée par Bernard Stiegler (2008, p. 111) pour désigner :

> Un processus où l'information – qui se présente comme une forme – est en réalité un train d'états de matière produit par des matériels, par des appareils, par des dispositifs techno-logiques, où la séparation de la matière et de la forme, là aussi, est totalement dénuée de sens ?

La croissance des services marchands (transports, information, communication, services financiers) apparaît alors comme une exigence de fluidification des activités humaines, plus que comme leur dématérialisation. L'utopie d'une délivrance de la matérialité de l'existence dans un monde fluide n'est pas étrangère à la dépréciation du travail concret, comme si dans un monde connecté par des réseaux, les humains étaient devenus « superflus » selon l'expression d'H. Arendt.

C. Vers une économie de l'information et de l'immatériel ?

Les transformations sectorielles des activités, soulignées par les analyses des sociétés post-industrielles, sont aujourd'hui dépassées. En effet, le processus de transformation participe aussi bien « de la production agricole, de l'industrie et des services les plus ordinaires comme des plus sophistiqués, par exemple le fonctionnement ininterrompu des différentes bourses financières mondiales » (Moulier-Boutang, 2007, p. 77-78). Les approches par l'économie de l'information ou l'économie de l'immatériel élargissent la problématique précédente. Que recouvre et signifie cette économie de l'immatériel ? La commission Levy-Jouyet (2006) analyse dans son rapport la situation et les perspectives économiques pour une économie de l'immatériel en France. La phrase choisie en exergue du rapport en résume le contenu et l'intention : « Il est une richesse inépuisable, source de croissance et de prospérité : le talent et l'ardeur des femmes et des hommes ». Ce « capital » humain doit être entièrement mobilisé et instrumentalisé pour aller chercher les points de croissance qui manquent. La connaissance, l'information sont les « nouveaux carburants » de la croissance. Cette analyse s'appuie sur une conception économiste de l'information, à partir de son sens commun de renseignement ; elle est assimilée à la communication, à la connaissance, vue elle-même comme accumulation de savoirs et de droits de propriété intellectuelle monnayables.

C'est une autre perspective que nous proposent les analyses des transformations apportées par le développement de l'immatériel, menées en particulier par J. Robin, A. Gorz et les courants du capitalisme cognitif. Ces approches s'appuient moins sur le développement des services, comme secteur d'activités, que sur les transformations des bases de la création de la richesse. Jacques Robin (1989) insiste sur la découverte du concept d'information dans les années 1940, pour traduire cette grandeur physique d'une troisième dimension qui n'est ni la masse ni l'énergie. Les transformations actuelles sont alors liées, selon lui, au passage d'une « ère énergétique », d'abord à dominante agricole, puis artisanale et enfin industrielle, à une « ère informationnelle ». Ce passage consacre pour cet auteur une rupture radicale entre les technologies de l'ère énergétique et celles de l'ère informationnelle, caractérisées par le fait que les manipulations de la matière requièrent de moins en moins de moyens matériels et des dépenses d'énergie minimes. C'est en référence à ce concept d'information que R. Passet (1996, p. 145) étudie le passage à une croissance dominée par l'informationnel : « La matière et l'énergie ne sont plus ici que les supports nécessaires mais accessoires, d'une production immatérielle, l'information ». Ces analyses rejoignent celles d'A. Gorz, selon lequel le capitalisme est désormais davantage fondé sur la valorisation du capital immatériel et sur les métamorphoses du travail, transformé en « flux continuel d'informations » (2003, p. 15) exigeant une mobilisation totale et une continuelle production de soi. C'est alors l'avènement de la société d'employés, comme l'a analysée H. Arendt, qui loin de construire un monde durable, constitue plutôt le prélude à l'effondrement du monde commun.

Dans le contexte du capitalisme, cette ère « informationnelle » s'est traduite par la globalisation économique et financière et a permis de surmonter la crise du modèle fordiste. La mobilisation du capital humain pour l'expansion suppose la production de soi, dans et hors du travail proprement dit : « La vie devient le capital le plus précieux [...] Le temps de la vie tombe tout entier sous l'emprise du calcul économique » (*idem*, p. 27). Le travailleur doit mobiliser ses capacités cognitives, communicationnelles, imaginatives qui vont entrer dans le flux de la production et de la consommation. La totalité de l'existence est ainsi convoquée pour le souci de la production de soi comme investissement productif :

> Ce ne sont plus seulement l'exploitation des énergies naturelles et la transformation des matières premières qui sont industrielles : c'est la cognition, c'est le façonnage des comportements individuels, c'est la culture commune [...] y compris la reproduction des êtres humains (Stiegler, 2008, p. 97).

Comment alors préserver la durabilité du monde commun, des personnes au-delà des choses, alors que la créativité humaine est aspirée dans le processus du travail ? Les analyses inquiètes d'Arendt prennent tout leur sens.

« L'économie de l'information et de la connaissance », c'est aussi la maîtrise de la biosphère, du vivant et des biens environnementaux. L'épuisement des ressources non renouvelables, la destruction des qualités propres de l'atmosphère et le dérèglement climatique, les pollutions multiples, ont renouvelé les analyses néoclassiques de l'environnement et mis en avant les défaillances du marché et la nécessaire « internalisation » des externalités négatives. Ces dernières sont dues à l'écart entre les coûts privés assumés par l'entreprise et les coûts sociaux que les activités engendrent. Il s'agit donc de fixer un prix pour ces externalités. Les propositions déduites du « théorème » de Coase (1996, p. 120) conduisent à privilégier la mise en place de droits de propriété bien définis sur les biens et services environnementaux, le prix établi sur les marchés devant permettre une internalisation des coûts et la réalisation de l'équilibre écologique. Cette dernière vision s'accorde avec l'idée que, pour être bien gérés et alloués, les biens environnementaux exigent la propriété privée, au lieu d'une propriété commune qui ne peut conduire qu'au gaspillage et à la « tragédie des communs » selon l'article fondateur de G. Hardin (1968, p. 1243-1248).

Dans le cadre du protocole de Kyoto, cette idée a été mise en pratique par l'Union européenne en 2005, avec l'instauration d'un marché des permis de droits d'émission, l'attribution de ces permis ou « droits à polluer », permettant aux entreprises ayant fait des efforts pour réduire leurs émissions de gaz à effet de serre d'être détentrices de titres monnayables sur ce marché. L'idée est que l'arbitrage entre coûts et avantages des activités pourrait se réaliser par le système de marché, il suffirait pour cela de créer un marché pour des choses qui jusqu'alors étaient gratuites et à la libre disposition de tous. Dans la même filiation, le rapport de N. Stern sur le changement climatique préconise, outre le marché des droits à polluer, des droits de propriété sur les forêts, notamment dans les pays du Sud dans lesquels elles restent largement propriété commune, pour en assurer une meilleure gestion et éviter la déforestation. Il en est de même pour l'accès à l'eau.

Cette manière de voir se caractérise par une dépréciation des biens communs. Elle ignore que pour nombre de biens environnementaux, des règles d'usage complexes ont été patiemment élaborées, dont la fonction essentielle est précisément la préservation des ressources. Ces règles d'usage communes deviennent des pesanteurs pour des biens promis à l'échange marchand, et dont la valeur d'usage ou la valeur symbolique deviennent secondes par rapport aux possibilités de valorisation qu'ils contiennent. Ce processus englobe le vivant lui-même et sa capacité de reproduction, soumis à des droits de propriété qui le réduisent à de la matière biologique reproductible et modifiable en laboratoire. Les semences produites industriellement contiennent il est vrai de plus en plus de capital immatériel et de travail immatériel, mais c'est au prix d'une uniformisation et d'une perte de la biodiversité et au prix d'une dévalorisation des savoirs et des pratiques appartenant au monde vécu. C'est également au prix de l'effacement des frontières entre le monde naturel et le monde commun construit par les humains :

> Dès le moment où nous avons commencé à déclencher des processus naturels de notre cru [...], nous n'avons pas seulement accru notre pouvoir sur la nature [...], nous avons capté la nature dans le monde humain en tant que tel et effacé les frontières défensives entre les éléments naturels et l'artifice humain qui limitaient toutes les civilisations antérieures (Arendt, 1972, p. 82).

Pour H. Arendt, cette confusion menace la durabilité du monde des humains, en le projetant dans le flux des éléments naturels.

Conclusion

Les sociétés humaines soumises à la logique économique sont menacées dans leur durabilité. Il y a un demi-siècle, Arendt expliquait en quoi cette logique était dangereuse pour l'existence d'un monde commun. Depuis une trentaine d'années, elle s'est encore approfondie et étendue. La crise écologique met aujourd'hui en évidence des ravages beaucoup plus tangibles. Elle est peut-être une occasion de mettre fin à la transformation de l'économie destinée, *a priori*, à assurer les conditions matérielles de l'existence, en un processus de production et de consommation infini.

L'émergence de l'immatériel, dont il est beaucoup question aujourd'hui, n'introduit pas de possibilité de rupture de cette logique ; elle n'est, en fait, qu'un moyen de poursuivre le même enchaînement de production-consommation, mais à une vitesse supérieure et à l'échelle de l'ensemble de la planète. L'affranchissement de la matérialité reflète une perception de l'économie propre à un monde de la finance qui fait de l'argent avec de l'argent, mais cela ne peut faire oublier le fait que cette finance internationalisée soutient un processus d'accélération de l'obsolescence des choses tangibles.

La crise écologique, dont il est de plus en plus difficile de nier sérieusement la réalité pourrait être le genre d'événement susceptible de stopper ce processus indéfini. La durabilité de la planète ne peut cependant être un objectif suffisant en lui-même. La préservation de l'environnement pour les générations futures n'a un sens humain qu'en tant qu'elle est une condition pour la durabilité du monde. Le processus infernal ne pourra être stoppé qu'en soumettant la logique économique à une finalité humaine. L'existence d'un monde commun n'est réelle que lorsque ce monde contient des réalisations dont les hommes sont suffisamment fiers pour avoir envie de les transmettre aux nouvelles générations. Arendt nous fait comprendre que ce qui manque de façon cruciale aujourd'hui c'est la possibilité d'admirer les réalisations humaines. À ce titre l'explosion atomique est bien l'événement considérable ouvrant l'époque moderne, car depuis lors il n'est plus tout à fait possible d'admirer sans restrictions les réalisations de la techno-science.

Bibliographie

Arendt, H., *La crise de la culture*, Paris, Gallimard, 1972.

Arendt, H., *Les origines du totalitarisme. L'impérialisme*, Paris, Seuil, Points, 1984.

Arendt, H., *Condition de l'homme moderne*, Paris, Calmann-Lévy, 1983.

Arendt, H., *La tradition cachée*, Paris, Christian Bourgois, 1987.

Arendt, H., *Vies politiques*, Paris, Gallimard, Tel, 2001.

Arendt, H., *Édifier un monde*, Paris, Seuil, 2007.

Bourg, D., Rayssac, G.-L., *Le développement durable maintenant ou jamais*, Paris, Gallimard, 2006.

Bourg, D., Buclet, N., « L'économie de la fonctionnalité », in *Futuribles*, n° 213, novembre 2005.

Coase, R. H., « Le problème du coût social », in Généreux, J., *L'économie politique. Analyse économique des choix publics et de la vie politique*, Paris, Larousse Bordas, 1996.

Commission Levy-Jouyet, Économie de l'immatériel, la croissance de demain, 2006.

Fan, X., Bourg, D., Erkman, S., « L'économie circulaire en Chine », in *Futuribles*, n° 324, novembre 2006.

Gadrey, J., *Socio-économie des services*, Paris, La Découverte, 2003.

Gorz, A., *L'immatériel. Connaissance, valeur et capital*, Paris, Galilée, 2003.

Hardin, G., "The Tragedy of the Commons", *Science*, 1968.

Jorda, H., Vivien, F.-D., « L'écologie industrielle : une stratégie pour le développement durable ? », in Maréchal, J.-P., Quenault, B., *Le développement durable : une perspective pour le 21e siècle*, Presses universitaires de Rennes, 2005.

Latouche, S., *Décoloniser l'imaginaire. La pensée créative contre l'économie de l'absurde*, Paris, Parangon, 2005.

Moulier-Boutang, Y., *Le capitalisme cognitif. La nouvelle grande transformation*, Paris, Éditions Amsterdam, Multitudes / Idées, 2007.

Passet, R. *L'économique et le vivant*, Paris, Economica, 1996.

Programme des Nations Unies pour l'Environnement, *La face cachée de l'ascension des technologies de l'information et de la communication*, 2004.

Rifkin, J., *L'âge de l'accès. La nouvelle culture du capitalisme*, Paris, La Découverte, 2005.

Robin, J., *Changer d'ère*, Paris, Seuil, 1989.

Stiegler, B., *Économie de l'hypermatériel et psychopouvoir*, Paris, Mille et une nuits, 2008.

Vivien, F.-D., *Économie et écologie*, Paris, La Découverte, 1994.

Vivien, F.-D., *Le développement durable*, Paris, La Découverte, 2005.

CHAPITRE 4

Le capitalisme dématérialisé, comme développement durable ?

Fabrice DANNEQUIN et Arnaud DIEMER

Introduction

L'avenir du capitalisme et de la croissance économique constitue une des interrogations récurrentes dans la pensée économique, même si les différents auteurs (Malthus, Ricardo, Marx, Schumpeter, etc.) ne mobilisent pas les mêmes principes ou les mêmes concepts (loi de la population, loi des rendements décroissants, baisse tendancielle du taux de profit, disparition de l'entrepreneur, etc.). Il semble toutefois que cette interrogation ait pris une tournure nouvelle suite aux phénomènes de pollution, d'épuisement des ressources naturelles et de risques climatiques évoqués par les différents experts internationaux.

D'une part, le débat entre croissance et développement a été supplanté par l'émergence d'un nouveau concept, le développement durable. Selon Lester Brown (1995, p. XIX), il faut entendre par là un développement « qui reposerait sur une utilisation modérée des ressources non renouvelables, un usage des ressources renouvelables respectant leur capacité de reproduction et une stricte limitation des rejets et déchets à ce qui peut être recyclé par les processus naturels ». D'autre part, certaines voix (Aubertin, Vivien, 1998 ; Gadrey, Jany-Catrice, 2005 ; Bourg, 2007) se sont fait entendre pour constater les limites de la matérialité du capitalisme et souligner le défi de la dématérialisation. Ainsi, de multiples approches pas forcément d'obédience « écologistes », montrent que le capitalisme repose de moins en moins sur un support matériel mais davantage sur les services, la connaissance et l'information. Sans parler d'exhaustivité, citons la société postindustrielle, l'économie de l'information, le capitalisme informationnel, l'économie de la connaissance, l'économie des services, le capitalisme cognitif, le capitalisme technoscientique etc. Le capitalisme se pérenniserait donc par un moteur de son mouvement plus immatériel en reposant sur une économie d'énergie, de matières premières et sur la croissance des services.

D'ailleurs, les deux dimensions sont mises en relation : la hausse des services et de l'immatériel reposerait sur une économie de matière, sur une consommation énergétique plus faible. Nous qualifierons ce « nouveau » capitalisme de « capitalisme dématérialisé ».

On peut néanmoins s'interroger : ce « nouveau » capitalisme constitue-t-il un successeur viable au capitalisme industriel ? Nous nous proposons de répondre à cette question de la manière suivante. Dans un premier temps, nous reviendrons sur ce qui constitue aujourd'hui l'émergence et le développement de l'économie servicielle. Longtemps opposé à la sphère industrielle (secteur tertiaire vs secteurs primaire et secondaire), l'économie des services et l'économie de la connaissance constitueraient aujourd'hui les bases d'un nouveau mode productif, le capitalisme dématérialisé. Nous analyserons la pertinence de ce nouveau concept à la lueur des faits et des débats contemporains. Dans un deuxième et troisième temps, nous examinerons, à partir de deux approches du développement durable, l'écologie industrielle et l'écologie politique, les réponses que peut apporter le capitalisme dématérialisé aux défis environnementaux.

I. La fin du capitalisme industriel ?

Joseph Schumpeter (1947) appréhende le capitalisme comme un système par essence en mouvement qui ne peut être stationnaire. Dès lors, le système productif connaît des changements, voire des mutations engendrées par des innovations enclenchant des ondes longues et le processus de la « destruction créatrice ». Bref, pour exister le capitalisme doit se transformer. Cette transformation sera successivement évoquée ici à travers deux grands ensembles : la tertiarisation de l'économie et l'économie de la connaissance. Ce choix repose sur l'idée que la question de la dématérialisation de l'économie s'entend finalement dans un double sens : un constat et une prescription. En effet, depuis longtemps et pas uniquement chez les économistes, la tertiarisation de l'économie – avec aujourd'hui l'avènement de ce que certains auteurs nomme la « société des services » et « l'économie de la connaissance » – constitue une clé de lecture de l'histoire économique, histoire par ailleurs inachevée. Mobilisant les interrogations afférentes au développement durable, ces deux éléments établissent des pistes à suivre, des agendas pour l'action et les réformes de l'État. La hausse du prix des matières premières – dont celle du pétrole – constitue une menace sur la croissance économique et la pérennité de nos sociétés (Diemer, 2008). Une croissance davantage fondée sur les services et les connaissances serait moins énergivore. La recherche permettrait aussi d'anticiper la fin de la société fondée sur un pétrole abondant et peu coûteux en trouvant des substituts et en accroissant l'efficacité énergétique des économies. Cependant, c'est peut-être aller vite en besogne que de conclure à la fin de l'industrie d'autant plus que définir clairement la frontière entre biens et services n'est pas aisée. Le système productif s'avère de plus en plus complexe en fournissant aux clients non plus des biens ou des services, mais des produits dont le contenu associe souvent différents éléments, dont certains s'avèrent bien peu immatériels.

A. La désindustrialisation comme processus de développement

L'industrialisation et la croissance rapide de pays émergents aussi importants que la Chine et l'Inde représentent une menace pour les pays développés. Comment poursuivre son enrichissement avec la concurrence des BRIC (Brésil, Russie, Inde et Chine), pays non seulement à bas salaire mais aussi dotés d'une capacité technologique (Giraud, 1996) ? Élie Cohen (2008) n'hésite pas à parler de « deuxième vague de désindustrialisation en France depuis 2002 ». Il ajoute que l'on peut « légitimement s'inquiéter de l'accélération de la désindustrialisation en France, d'autant que nous constatons en Europe d'autres pays qui font bien mieux, non seulement en s'industrialisant comme l'Irlande ou l'Espagne, mais en connaissant une désindustrialisation moins marquée qu'en France comme en Allemagne ou en Italie ». Certains répondront qu'historiquement, la désindustrialisation entendue comme la baisse de la part relative des emplois et de la valeur ajoutée de l'industrie dans la richesse totale est un phénomène normal, ce que Cohen fait d'ailleurs en s'inquiétant des lacunes de l'avantage compétitif de la France issue d'un manque de PME innovantes. Ainsi, le tertiaire représente en Chine 31 % de la production et connaît une expansion (Gadrey, 2007). Cette peur, fréquemment partagée, pourrait évoquer d'anciennes théories qui ne voyaient dans l'emploi tertiaire qu'un élément quasiment parasitaire ne produisant pas de richesse. Ainsi chez Smith (1776), une partie des emplois de services (les comédiens, les agents de l'État, les médecins, etc.) était considérée comme improductive, c'est-à-dire non créatrice de valeur.

Si la thèse de la désindustrialisation, généralement appréhendée par la tripartition sectorielle (primaire, secondaire, tertiaire), s'est développée depuis une trentaine d'années, la tertiarisation de l'économie est bien plus ancienne. Les explications ne manquent pas : gains de productivité dans les secteurs différents, processus d'externalisation, place grandissante de l'information etc. Bien entendu, tous les emplois classés dans les services par l'INSEE ne connaissent pas la même croissance. Si les travaux de Marc Porat (1977) et de Manuel Castells (1998) concluent à une prégnance des activités de traitement de l'information, Jean Gadrey (2003) met en avant les activités « relationnelles », c'est-à-dire propres aux domaines éducatifs, sociaux et sanitaires. La croissance du rôle de l'État et la construction de la protection sociale ont été de puissants vecteurs de la tertiairisation de l'économie. La part des services éducatifs et de santé a doublé en 40 ans passant de 12 % à 21 % (Rignols, 2002). En France, les années 1990 se sont traduites par une hausse de leur consommation plus rapide que la consommation effective (Gadrey, 2003). Les TIC constituent sans doute une explication essentielle à ce mouvement qui d'ailleurs se poursuit à un rythme soutenu.

Le PIB contient donc de plus en plus de services tant du point de vue de la consommation finale que de la production. Les services constituent une part croissante des inputs et notamment des consommations intermédiaires. Plus globalement la structure du capital se dématérialise, l'accumulation devient immatérielle, le capital intangible (éducation, formation, R&D, santé) prend de plus en plus d'importance et ce depuis les années 1920 (Foray, 2000 ; Vercellone, 2004). Selon Kendrick (1994), le stock de capital intangible aurait rattrapé celui du capital tangible[1] vers 1973 ; il le dépasserait désormais tout en ne signifiant pas un arrêt de l'accumulation du premier. On retrouve ici un des fondements des économies fondées sur la connaissance. Cette transformation suggère « l'avènement d'une période particulière, tant sur le plan des caractéristiques de la croissance que sur celui de l'organisation des activités économiques » (Foray, 2000, p. 4). Le savoir et son expansion ne constituent pas des nouveautés, mais davantage la conjonction de l'accroissement du capital intangible et la diffusion des TIC. Ces dernières sont à l'origine de la remise en cause du fameux paradoxe de Solow. Après un temps d'apprentissage et d'adaptation, ces nouvelles technologies vont engendrer des gains de productivité, créer de nouvelles industries et de nouveaux modèles organisationnels en favorisant l'externalisation et la constitution d'organisations en réseaux (Currien, 2000). Cependant, et même si les lignes qui précèdent sont bien hâtives, elles achoppent sur le contenu précis de ce qu'on peut nommer services et donc sur la conclusion d'une société post-industrielle ou sur la désindustrialisation qui aboutirait à une dématérialisation de l'économie.

B. L'économie servicielle, l'émergence d'un nouveau capitalisme ?

Si les services possèdent des spécificités et s'avèrent différents des biens, il est bien compliqué de trouver des lois décrivant leur fonction-

[1] La valeur du capital tangible inclut les ressources naturelles. Pour 1990, les valeurs sont les suivantes : capital tangible 28 525 milliards de dollars dont 3 843 de ressources naturelles (soit 13,5 %) ; capital non tangible : 32 819 milliards de dollars, soit 53,5 % du capital total.

nement (Fourastié, 1949). Dans les années 1980, Pascal Petit n'hésitait pas à parler de véritable paradoxe. Si le développement des services est une réalité dans tous les pays industrialisés, il n'existait pas de bonne définition des services, mais plutôt un consensus de classer comme telle, une nébuleuse[2] d'activités économiques :

> Un service se définit comme le contraire d'un bien. Un bien est produit, circule, se stocke, se transforme, se consomme… L'acte de la production est bien défini comme celui de la consommation et ces deux actes sont bien distincts. Par contraste, les services apparaissent immatériels, immédiats, non stockables, sans durée et indissociables de leur consommation etc. Seule la définition négative des services explique le consensus qui permet de classer nombre d'activités économiques etc. comme des transports (1985, p. 24).

Peter Hill a tenté d'apporter un éclairage sur la question en proposant la définition suivante : « un service est une transformation de la condition d'un individu ou d'un bien appartenant à un agent économique quelconque, résultant de l'activité d'un autre agent économique, à la demande et avec l'agrément de premier agent » (1977, p. 315). Hill met ainsi l'accent, non sur le caractère matériel ou immatériel de cet output, mais sur un rapport : le rapport entre le demandeur (le premier agent) et celui qui réalise l'activité de service correspondant à cette demande (le second agent). S'inspirant des travaux de Hill et du triangle des services, Jean Gadrey (1992, 2001, 2003) insistera successivement sur les notions de rapport de service et de disposition d'action. Le service est ainsi « la transformation réalisée avec succès des conditions d'activité et/ou des dispositions d'action du destinataire, associée à l'évaluation de succès » (Gadrey, Zarifian, 2001, p. 99).

La notion de disposition d'action aurait les deux qualités suivantes : elle montre que le service offre un nouveau potentiel aux individus, de nouvelles dispositions pour agir (l'évaluation du service est ici subjective) ; elle permet de nouer un lien avec le concept de compétence. Jean Gadrey aboutira finalement à la définition suivante :

> il y a production économique de services, dans une économie capitaliste, dans les deux cas suivants… a) lorsqu'une organisation A, qui possède ou contrôle une capacité technique et humaine (on parlera aussi de compétences dans ce cas), vend (ou propose à titre gratuit, s'il s'agit de services non marchands) à un agent économique B le droit d'usage de cette capacité et de ces compétences pour une certaine période, pour produire des effets utiles sur l'agent B lui-même, ou sur des biens C qu'il possède ou dont il a la res-

2 Le domaine des services est en effet très hétérogène. Il peut s'agir des services incluant le commerce et la distribution (Petit, 1985), de services à la personne (Heurgon, Landrieu, 2007 ; CERC, 2008), de services aux entreprises (Barcet, Bonamy, 1985) ou de services publics.

> ponsabilité...b) lorsqu'un ménage ou un consommateur final... emploie lui-même un salarié pour s'occuper de ses biens ou de sa personne (ou éventuellement de personnes vis-à-vis desquelles il exerce une délégation de responsabilité : enfants, parents etc.) (2003, p. 20).

Cependant, ces mobilisations de compétences, ces transformations, ces effets utiles produits au cours de la production de services ne prétendent pas au retour d'une quelconque immatérialité au sens strict, immatérialité qui ne peut prétendre à définir tout service. L'économie n'est pas ici virtuelle ou fantomatique, elle engendre des déchets, mobilise de l'énergie et requiert des supports matériels, bref des biens. Alain Gras (2008) constate un lien entre les activités de transport et de communication : le transport matériel accompagne les TIC. La locomotive et le télégraphe ont laissé place à l'Internet, au portable et à l'avion. Les infrastructures essentielles aux communications consomment la plus grande partie de l'énergie. Dès lors, les observations ne conduisent pas à opposer les activités de services aux activités industrielles, mais plutôt à les associer, à les lier. Cette complémentarité trouve un écho dans la thèse du self-service de Gershuny. Ainsi, « la machine à laver permettrait un self-service dans un processus d'utilisation simple. Les outils informatiques, la télévision, le minitel, etc. peuvent permettre aussi un self-service qui nécessite lui-même un accès à une production immatérielle et intellectuelle » (Barcet, Bonamy, 1988, p. 300).

Il en découle deux propositions de nature prospective et normative. Tout d'abord, les services ne vont pas nécessairement ni partout remplacer l'industrie.

> Dans l'ensemble des services, ceux qui sont au sens strict l'objet d'une consommation personnelle sont relativement peu nombreux, il s'agit des services portant sur la personne elle-même. Tous les autres services, s'ils peuvent être financés par des personnes ou des entreprises, se situent dans une relation d'accompagnement d'un bien, d'un acte, d'un processus économique qui donne la fonction finale (Barcet, Bonamy, 1988, p. 296).

Ensuite, les services peuvent permettre la consolidation de l'industrie. On assisterait ainsi à une transformation des modes de production, initiée par l'incorporation de services :

> ce n'est plus un produit matériel que l'on peut utiliser en toute autonomie, ni un simple service, il s'agit d'une marchandise complexe : produits matériels et services (logiciels, abonnements à des réseaux, contrats annexes divers, etc.) que l'on peut se procurer séparément, mais dont aucun ne vaut sans les autres, liés par une combinaison de technologies que maîtrisent et renouvellent sans cesse un petit nombre d'entreprises, ils sont insérés dans des réseaux ou des systèmes qui leur imposent leurs logiques et leurs normes (Beaud, 2000, p. 398-399).

Ce nouveau capitalisme, que Michel Beaud nomme capitalisme technoscientifique, étendrait sa logique au-delà des frontières du capitalisme industriel.

Si les expressions de désindustrialisation, de civilisation tertiaire ou bien encore d'économie fondée sur la connaissance accentuent telle ou telle transformation de l'économie, il ne faut pas oublier que :

> le capitalisme industriel ne disparaît pas : comme toujours dans la grande évolution par stratifications successives des sociétés humaines, les anciennes strates (des capitalismes manufacturier et industriel) vont s'amenuiser, tandis que va se renforcer la nouvelle strate (du capitalisme technologique) (Beaud, 2000, p. 402).

L'industrie demeure un vecteur de l'innovation et du progrès technique. Certes, les services rendus par la nature sont perturbés par l'activité de l'homme et les effets externes sont loin d'être entièrement positifs. Néanmoins, ils peuvent être combattus efficacement par de nouveaux modèles, vecteurs de bonnes pratiques proposées par l'écologie industrielle.

II. L'écologie industrielle et le défi de l'immatériel

La notion « d'écologie industrielle » a été définie en 1989, dans un numéro spécial de la revue *Scientific American* consacrée à la gestion de la planète Terre. Dans un article intitulé « Des stratégies industrielles viables », Robert Frosch et Nicolas Gallopoulos, tous deux responsables de la Recherche chez General Motors, furent conduit à remettre en cause le modèle de développement des économies industrielles et à formuler la notion d'écosystème industriel :

> Dans un système industriel traditionnel, chaque opération de transformation, indépendamment des autres, consomme des matières premières, fournit des produits que l'on vend et des déchets que l'on stocke. On doit remplacer cette méthode simpliste par un modèle plus intégré : un écosystème industriel (1989, p. 106).

Cet écosystème industriel pourrait fonctionner comme un écosystème biologique, c'est-à-dire en circuit fermé.

Dans son ouvrage *Vers une écologie industrielle*, Suren Erkman (1998, p. 22) souligne que l'article de Frosch et Gallopoulos a joué « le rôle de catalyseur ». En effet, très vite, l'écologie industrielle fût présentée comme une réponse pragmatique des industriels aux défis environnementaux. Il s'agissait à la fois de valoriser les déchets (passer des *bads* aux *goods*) ; de boucler les cycles en minimisant les rejets ; de dématérialiser les produits (accroître la productivité des ressources) et de procéder à la décarbonisation de l'énergie (évolution vers un système industriel moins gourmand en énergie fossile). Dans les années 1990, ce nouveau modèle s'est constitué autour de concepts tels que l'écotechnologie, l'écosystème industriel, le métabolisme industriel etc., et a pris position sur un ensemble de sujets, tels que l'essor de l'immatériel.

A. Les fondements de l'écologie industrielle

Il semble que la plupart des auteurs (Schulze, Frosch, Risser, 1996 ; Lifset, 1998 ; Ehrenfeld, 2004 ; Erkman, 1998) qui se rattachent au courant de l'écologie industrielle, soient d'accord sur les quatre idées qui suivent.

- L'écologie industrielle fait appel en priorité à l'écologie scientifique, aux sciences naturelles (le monde biophysique) et aux sciences de l'ingénieur (Schulze, 1996 ; Tilley, 2003). Par écologie scientifique, Suren Erkman (1998, p. 10) entend opposer la démarche du chercheur à la contestation politique :

> Contrairement à la plupart des discussions actuelles sur les questions d'environnement, l'écologie industrielle ne s'aventure pas sur le terrain de l'écologisme politique : elle ne fait preuve ni de catastrophisme, ni de son symétrique inverse, l'optimisme technologique à outrance.

L'écologie serait devenue une véritable science suite à la progression de la thermodynamique[3] des phénomènes irréversibles de Prigogine (1968), à la présentation d'une typologie[4] des écosystèmes par Eugène Odum (1983) et à l'évocation de lois[5] « scientifiquement » vérifiées par Kenneth Watt (1973). L'art de l'ingénieur consiste « à apporter une solution qui marche dans le monde réel, avec toutes les contraintes que cela comporte. De telles contraintes peuvent être concurrentielle, ergonomique, économique et temporelle » (Allenby, Allen, Davidson, 2007, p. 8). Cette réponse des ingénieurs aux défis environnementaux a pris le

---

[3] Les 4 principes de la thermodynamique ont joué un rôle fondamental dans la construction de l'écologie. Se reporter pour davantage de détails, par exemple, à Vivien, 1994.

[4] Odum distingue les écosystèmes naturels *non subventionnés* alimentés par l'énergie solaire ; les écosystèmes alimentés par l'énergie solaire et « subventionnés » par d'autres écosystèmes ; les écosystèmes alimentés par l'énergie solaire mais subventionnés par l'homme (exemple des agro-écosystèmes) ; les écosystèmes urbano-industriels alimentés par les combustibles.

[5] Les écosystèmes sont soumis à 40 principes. Le principe 0 correspond à une description, une analyse et une gestion possible des écosystèmes en fonction des paramètres ressources (dans une vision classique, le fonctionnement est assuré par la matière, l'énergie, l'espace, le temps, la diversité). Les principes I et II sont rattachés à deux lois de la thermodynamique…

nom d'écoefficience et d'écotechnologie[6]. Cette dernière recouvre à la fois

> les techniques intégrées qui évitent la formation de polluants durant les procédés de production, et les techniques en bout de chaîne qui réduisent les rejets dans l'environnement de toute substance polluante générée. Elle peut également englober les nouveaux matériaux, les procédés de fabrication économes en énergie et en ressources, ainsi que le savoir faire écologique et les nouvelles méthodes de travail (COM, 2002, p. 5).

La contribution de l'écotechnologie au développement durable s'appuie aujourd'hui sur les écoindustries. Selon l'OCDE et Eurostat (1999), les écoindustries concernent « toutes les activités qui produisent des biens et services visant à mesurer, prévenir, limiter ou corriger les atteintes à l'environnement touchant l'eau, l'air ou le sol, et les problèmes en rapport avec les déchets, le bruit et les écosystèmes ». Elles englobent plus précisément trois catégories d'activités : la gestion de la pollution de nature préventive et curative ; les techniques intégrées et les produits peu polluants (c'est-à-dire les activités qui améliorent, réduisent ou éliminent de façon continue les incidences des techniques sur l'environnement) ; la gestion des ressources (notamment les énergies renouvelables telles que l'éolien, le solaire et la biomasse).

- Si un système industriel peut fonctionner comme un écosystème biologique, il ne faut pas prendre cette analogie « au pied de la lettre ». En effet, il existerait selon Ayres (1995), des différences importantes entre les organismes biologiques et les unités élémentaires du système industriel, en l'occurrence les entreprises. Si les organismes biologiques sont capables de se reproduire, les firmes ne produisent que des produits ou des services, elles ne peuvent pas produire d'autres entreprises. Par ailleurs, contrairement aux organismes vivants qui évoluent selon un processus temporel long et lent, les entreprises peuvent modifier rapidement leur activité ou/et leurs produits. Levine (2003, p. 33) note une différence fondamentale entre le système biologique et le système industriel : « Les produits, qui sont des biens et des services échangés pour une certaine valeur, sont caractéristiques des systèmes industriels, mais relativement rares dans le système écologique ».

Ainsi pour reprendre les termes de Suren Erkman (1998, p. 9), le système industriel peut être décrit comme « une certaine configuration de flux et de stocks de matière, d'énergie et d'information, tout comme les systèmes biologiques ». Braden Allenby (1994) a exploré le champ de l'écologie industrielle en s'appuyant sur les connaissances propres à

6 Aux États-Unis, l'écologie industrielle et l'écotechnologie font désormais partie du prestigieux MIT.

l'évolution de la vie sur Terre. La terminologie suggérée par Allenby renvoie à la présence d'écosystèmes de type I, II et III. L'écosystème de type I s'appuie sur un processus linéaire dans lequel les matières premières et les déchets sont illimités. Il n'y aucune activité de recyclage. Les produits industriels sont utilisés de façon frivole, puis rejetés dans l'environnement. Dans l'écosystème de type II, les organismes vivants sont interdépendants et forment des réseaux d'interactions complexes. Cet écosystème est plus efficace que celui du type I, cependant il n'est pas viable à long terme : la diminution des ressources (matières premières) contraste avec l'augmentation inexorable des déchets (Jelinski *et al.*, 1992). L'écosystème de type III a évolué jusqu'à fonctionner de manière entièrement cyclique. Seule l'énergie solaire constitue un intrant. La société industrielle « devrait s'approcher autant que possible d'un écosystème de type III » (Erkman, 1998, p. 36).

- Si l'écologie industrielle cherche à s'approcher le plus possible d'un écosystème « viable » à long terme, il devient nécessaire de cerner quantitativement et qualitativement la dimension physique des activités économiques, à savoir les flux et les stocks de matières inhérents à toute activité industrielle (Daniels, 2001, 2002). Cette démarche renvoie à une approche apparue à la fin des années 1980 : l'étude du métabolisme industriel (Ayres, 1989). Le concept de « métabolisme » s'applique généralement à une plante ou un animal. Ayres et Simonis (1995, p. 1) le définissent comme « l'ensemble des processus internes – à la fois physique et chimique – qui fournissent l'énergie et les nutriments requis par un organisme dans les conditions de vie ». Ces processus peuvent être décrits en termes de transformations d'inputs (énergie solaire, énergie chimique, eau, air) en biomasse (la substance de l'organisme vivant) et en déchets. Par analogie, le métabolisme industriel est :

> l'étude des ensembles des composants biophysiques du système industriel. Cette démarche, essentiellement analytique et descriptive, vise à comprendre la dynamique des flux et des stocks de matière et d'énergie liées aux activités humaines, depuis l'extraction et la production des ressources jusqu'à leur retour inévitable, tôt ou tard, dans les processus biogéochimiques (Erkman, 1998, p. 10).

En d'autres termes, c'est tout simplement l'ensemble des transformations physico-chimiques qui permettent de passer des matières premières (biomasse, minéraux, métaux, pétrole) aux biens manufacturés et aux déchets (Lynd, Wang, 2004). Les économistes parlent de processus de production. La transformation des biens en services introduit cependant un second terme économique, la consommation. De là, le métabolisme industriel comprend tous les flux de matière et d'énergie qui permettent au système économique de fonctionner, c'est-à-dire de produire et de consommer (Hertwich, 2005).

La méthodologie du métabolisme industriel consiste « à établir des bilans de masse, à estimer les flux et les stocks de matière, à retracer leurs itinéraires et leur dynamique complexes, mais également à préciser leur état physique et chimique » (Erkman, 1998, p. 56). Au sein même des entreprises, cette comptabilisation est réalisée sous la forme d'une matrice input-output (Leontief, 1936) et d'une analyse de cycle de vie. Ces « bilans environnementaux » permettent de contrôler les échanges, de connaître le niveau auquel ils se produisent, de savoir comment ils se structurent et comment ils déstructurent l'environnement (Esquissaud, 1990). Même si la difficulté de l'étude réside dans la diversité des modalités d'émission des rejets et dans la prise en compte des effets de synergie (interactions entre diverses sources de pollution).

- L'écologie industrielle doit enfin pouvoir mobiliser des disciplines diverses, telles que les sciences économiques, juridiques et sociales. Boons et Roome (2000) insistent sur le fait que l'écologie industrielle étant devenue un phénomène culturel, elle ne peut plus se contenter d'un discours scientifique (l'objectivité du chercheur et de l'ingénieur), elle doit prendre des positions normatives. Ils proposent ainsi « un projet de recherche sur les aspects culturels et idéologiques de l'écologie industrielle » (2000, p. 49). Enfin, Wells et Orsato (2005) avancent l'idée qu'en dépit de ses fondations scientifiques, l'écologie industrielle peine encore à cerner les conditions sociales, environnementales et économiques du développement durable. Un moyen d'enrichir le concept d'écologie industrielle consisterait à se tourner vers les sciences de gestion (la logique de réseaux et la mise en place d'une *supply chain* posent la question des liens, des relations, des mécanismes de coordination et de la compétitivité), vers les sciences économiques (les économies d'échelle et la localisation redéfinissent les termes de la concurrence) et les sciences sociales (Wells et Orsato insistent notamment sur le concept de champ organisationnel, contexte dans lequel les organisations sont socialement imbriquées).

B. La place de la dématérialisation dans le programme de l'écologie industrielle

Dans son ouvrage intitulé *Vers une écologie industrielle*, Suren Erkman (1998, p. 88) note que :

> si l'on veut atteindre un niveau de vie élevé pour une population mondiale en augmentation, tout en minimisant les impacts sur l'environnement, il faudra obtenir plus de services et de biens à partir d'une quantité de matière

identique, voire moindre. Telle est l'idée de base de la dématérialisation, qui consiste, en d'autres termes, à accroître la productivité des ressources.

Les concepts de substitution des facteurs de production, d'écosystème et de métabolisme industriel jouent ici un rôle majeur. À la suite des travaux de Solow (1973, 1974), le progrès technique associé à l'hypothèse de substitution des facteurs de production, ont été présentés comme une source de croissance économique inépuisable. Malgré les critiques de certains économistes, comme Nicholas Georgescu-Roegen, ce mythe continue à perdurer. Les tenants de l'écologie industrielle ne dérogent pas à cette règle. Suren Erkman insiste sur le fait que pour produire des biens, il est nécessaire d'utiliser proportionnellement moins de matière et d'énergie. Une diminution qui provient en premier lieu des progrès technologiques :

> C'est ainsi que le poids moyen de la carcasse métallique des voitures a fortement diminué, grâce à différents polymères plastiques qui remplacent l'acier. L'industrie des télécommunications offre un autre exemple spectaculaire de substitution technologique : 25 kg de fibre de verre suffisent pour fournir des services équivalents à une tonne de cuivre (1998, p. 88).

La société post-industrielle renvoie bien entendu aux services, mais pas à n'importe quelle catégorie de services. Les applications des nouvelles technologies de l'information et de la communication sont présentées comme des outils décisifs dans la lutte contre l'épuisement des matières premières et des déchets. « La substitution informationnelle », aux dires d'Erkman (1998, p. 89) serait même un important facteur de dématérialisation. Les NTIC permettraient d'accroître la rentabilité des entreprises en utilisant au mieux leurs ressources. Les technologies de ce type seraient ainsi capables de supprimer la corrélation entre la pollution de l'environnement et la croissance économique. Les NTIC apporteraient plusieurs contributions à la sauvegarde de l'environnement. Dans un premier temps, elles peuvent directement transformer des produits en services (ainsi un journal deviendrait un service d'information en ligne et un manuel d'instruction, un service interactif d'assistance technique). Dans un deuxième temps, elles peuvent répondre au problème des gaspillages d'énergie et des nuisances environnementales. Dans le cas du secteur des transports, les systèmes de transport intelligent (STI), GPS ou Galiléo (à venir), peuvent réduire les encombrements de la circulation et atténuer leurs incidences sur l'environnement. Dans un troisième temps, le contenu informationnel des produits (notamment logiciels), du point de vue de leur valeur marchande, a augmenté plus rapidement que leur contenu matériel (au début des années 1980, le matériel informatique représentait environ 31 % de la valeur des ordinateurs et le logiciel seulement 20 %, aujourd'hui le rapport est complètement inversé). Dès lors, la valeur ajoutée par une conception améliorée, des caractéristiques et des usages supplémentaires, et le recours à des matériaux plus appropriés pourraient permettre de dissocier la croissance de l'utilisation des ressources. Enfin, le commerce en ligne peut engendrer une re-ingénierie des procédés, susceptible de réduire l'utilisation des matériaux (baisse des stocks et de l'entreposage), du transport (amélioration de la logistique, diminution du nombre de déplacements et de camions circulant à vide, télétravail) et de l'espace industriel (nouvel agencement des bureaux, locaux plus économes en énergie).

Globalement, il semblerait que la mise en place des NTIC et des infrastructures de l'information soient en train de changer les règles de base de la société industrialisée. L'information, sous toutes ses formes (scientifiques, industrielles, techniques, commerciales, brutes, traitées) deviendrait un intrant majeur, voire la substance de base du système productif (les informations brutes ou traitées transitent par des échanges marchands). Le système des services (à la production et à la commercialisation) ne serait plus qu'un sous-système du système d'information (De Bandt, 1985).

Le concept d'écosystème offre quant à lui un cadre théorique intéressant pour analyser et comprendre les nouvelles formes d'organisation et de coordination associées aux activités de services. Les années 1990 ont vu l'émergence et la consolidation de stratégies proactives qui s'inscrivent dans une nouvelle économie de services, dite économie de la fonctionnalité (*Service Economy* ou *Function Economy* en anglais). Cette notion désigne « la production et la vente de solutions globales dont l'aspect fonctionnel repose sur un usage intégré des biens d'équipements et de services associés, et qui autorise la prise en charge des préoccupations du développement durable » (Du Tertre, 2007, p. 241). Les entreprises visent ainsi à privilégier la vente de l'usage des fonctionnalités associées à un bien plutôt que le bien lui-même (Rifkin, 2000 ; Lauriol, 2007). Dans cette perspective, elles sont amenées à optimiser l'utilisation des biens et services producteurs de richesses, en créant la valeur d'usage la plus élevée et la plus durable possible (logique de maintenance), tout en minimisant l'utilisation des ressources et d'énergie engagée dans cette production (logique de recyclage).

L'émergence de ces nouvelles stratégies a modifié la configuration des chaînes productives (nouvelle organisation de la chaîne de valeur) en obligeant les entreprises à rechercher de nouvelles compétences (nature et diversité des activités qui doivent être développées). La chaîne productive de l'économie de la fonctionnalité rompt définitivement avec la logique linéaire de l'économie industrielle (ressources, matières premières, produits finis, déchets) grâce à la mise en place d'une dynamique en double boucle. La première boucle cherche à réutiliser un bien au terme de son utilisation, par le reconditionnement de produits, leur réparation et toutes les formes de conception (innovations). La seconde boucle procède au recyclage des biens arrivés au terme de leur vie. Ces derniers iront rejoindre un nouveau cycle de production dans lequel leurs matières seront réutilisées (Bourg, Buclet, 2005). Il ne s'agit plus d'externaliser l'activité de recyclage mais de l'intégrer dans le coût total du produit, ce qui incite l'entreprise, à concevoir des produits facilement réutilisables au cours de la première boucle. Le recyclage, ainsi conçu, caractériserait le passage d'une société de production à une société de services (Erkman, 1998).

C'est dans ce contexte que la notion d'écosystème peut aider à clarifier les modes d'organisation et de coordination qui prennent forme. Le système produit-service écofonctionnel peut être défini comme « un ensemble de produits et de services intégré et soutenu par un réseau et une infrastructure » (Mont, 2002, p. 237). L'infrastructure représente l'ensemble des opérateurs qui participent à la production de l'offre. Elle est organisée autour d'une entreprise pivot qui conçoit cette offre, la vend et coordonne l'ensemble des opérateurs partenaires qui interviennent comme fournisseurs (exemple de la récupération et du recyclage des pneus chez Michelin). Cette infrastructure s'inscrit dans une forme organisationnelle assimilée à une organisation en réseau (Lauriol, 2007). Les agents économiques y partagent une caractéristique commune (une technologie) et un intérêt à agir conjointement avec d'autres agents pour bénéficier des effets d'externalités positives liés à l'appartenance au réseau. Les sciences de l'ingénieur mais également les sciences des organisations s'intéressent de près au réseau. Pour les uns, il s'agit d'un objet technique qui permet d'interconnecter les industries de réseau (énergie, transport, etc.). Pour les autres, il s'agit de décrire un mode privilégié de relations partenariales (alliances, coopération, coalitions, techniques d'impartition, etc.) entre des entités indépendantes. L'analogie avec l'écologie permet de définir un écosystème d'affaires comme « l'ensemble des relations (verticales, horizontales et transversales) [...] directes ou non, entre acteurs hétérogènes guidés par la promotion d'une ressource commune (standard, savoir faire) » (Guegen *et al.*, 2004, p. 18). Ce nouveau modèle, qualifié également d'écosystème serviciel (Lauriol, 2007), s'appuie sur une logique de double boucle et une offre servicielle qui propose des capacités d'usage plutôt que des biens.

En permettant de comprendre la dynamique des flux et des stocks de matière et d'énergie liés aux activités humaines, le métabolisme industriel donne une cartographie de l'ensemble des composants biophysiques du système industriel. En pratique, cette démarche consiste à établir des bilans de masse décrivant le substrat matériel et immatériel de toute activité socioéconomique et ses interactions avec l'environnement. L'analyse du cycle de vie (*Life Cycle Analysis*, LCA) des produits et des services devient à la fois un outil de diagnostic, d'aide à la décision (stratégies de prévention des entreprises) et une méthode d'évaluation et de suivi permettant de mesurer les progrès réalisés. Elle est généralement couplée avec une autre étude, le coût du cycle de vie (*Life Cycle Costing*, LCC), consiste à mesurer les coûts à chaque étape du cycle de vie d'un produit ou d'un service. Le métabolisme industriel constitue un outil efficace lorsqu'il s'agit d'analyser les effets du passage d'une société de production à une société de services. Il permet de poser les limites de la dématérialisation et de démystifier certaines vérités établies. Erkman (1998) rappelle que les flux de matière et d'énergie associés à la production de papier et au développement de l'informatique ont littéralement explosé. Ainsi contrairement aux prédictions des prophètes de la société post-industrielle, qui annonçaient que

> Les ordinateurs étaient censés reléguer le papier au rang de curiosité historique [...] c'est exactement l'inverse qui s'est produit : aux États-Unis, la consommation annuelle de papier à écrire et à imprimer est passée de 7 à 22 millions de tonnes entre 1956 et 1986 (1998, p. 90).

Cet accroissement des flux de matière et d'énergie se serait même généralisé à tous les pans de l'économie. La dématérialisation n'échappe pas à ce phénomène, elle y contribuerait même. Le tourisme, les loisirs, la santé, l'enseignement, les télécommunications, les NTIC (à l'image des *Box*, sans cesse branchées sur le secteur électrique), les ventes par Internet (par les multiples déplacements occasionnés), etc. génèrent une surconsommation d'énergie. La dématérialisation impliquerait donc une réflexion sur les moyens de rendre les services plus frugaux en matière et en énergie.

Pour conclure, Erkman (1998) nous livre trois réflexions sur les perspectives de la dématérialisation. Il convient tout d'abord d'être extrêmement vigilant lorsque l'on aborde cette notion. La dématérialisation d'un produit peut en effet s'accompagner d'une matérialisation de sa consommation (c'est le cas lorsque l'on achète de plus en plus de biens fragiles et difficilement réparables dans l'espoir de faire des économies de matière et d'énergie). Malgré cet inconvénient, la dématérialisation des produits et des procédés de production devrait s'accélérer sous l'effet de la technologie (nouveaux matériaux) et du recyclage. Les nanotechnologies offriraient un potentiel de dématérialisation encore inconnu. Enfin, la dématérialisation ne doit pas renvoyer au paradigme productiviste (production et consommation de masse) mais plutôt obéir aux préceptes systémiques. Ainsi, avant de produire, « il faut commencer par déterminer la fonction dont on a besoin [...] et concevoir le produit [...] en s'efforçant de minimiser la consommation de matériaux et d'énergie » (1998, p. 93).

III. L'écologie industrielle et le mythe d'un capitalisme dématérialisé

Le courant de l'écologie politique renvoie aux travaux de quelques économistes (Nicholas Georgescu-Roegen, René Passet, Serge Latouche). Il se situe au carrefour de la vision thermodynamique et biologique du monde. La thermodynamique parce qu'elle nous démontre que les ressources naturelles s'épuisent irrévocablement, la biologie parce qu'elle nous révèle la vraie nature du processus économique. Contrairement à l'écologie industrielle, les tenants de l'écologie politique se montrent beaucoup plus sceptiques quant à la capacité du capitalisme dématérialisé à répondre aux défis environnementaux.

A. La vision thermodynamique et biologique du monde

La thermodynamique nous enseigne que, dans le processus de production, la quantité d'énergie est conservée (premier principe de la thermodynamique), mais sa forme – et donc sa disponibilité – a changé. De l'énergie libre (ou énergie utilisable) s'est transformée en énergie liée (ou énergie inutilisable), le deuxième principe de la thermodynamique, principe dit de Carnot-Clausius, est encore appelé loi d'entropie. Ainsi, le processus économique transforme nécessairement de l'énergie (basse entropie) en déchets et rejets (haute entropie). Georgescu-Roegen (1971) a beaucoup fait pour la reconnaissance de la loi d'entropie. Alors que celle-ci concerne habituellement l'énergie, Georgescu-Roegen (1978, p. 361) a étendu cette loi à la matière, en édictant une quatrième loi qui stipule que « dans un système clos, l'entropie de la matière tend continuellement vers un maximum ». L'entropie serait donc une loi à laquelle on ne peut échapper, d'où l'insistance de Georgescu-Roegen (1995, p. 86) sur le caractère irrévocable de cette évolution : « Dans le contexte de l'entropie, chaque action, de l'homme ou d'un organisme, voire de tout processus dans la nature, ne peut aboutir qu'à un déficit pour le système total ».

La biologie souligne que l'homme – comme toutes les espèces naturelles – a toujours utilisé ses organes biologiques afin de puiser la basse entropie de l'environnement. De tels organes propres à chaque espèce vivante sont, selon la terminologie d'Alfred Lotka (1945, 1956), les organes endosomatiques. Mais progressivement, les êtres humains se sont distingués de la plupart des animaux en faisant appel à d'autres instruments qualifiés d'exosomatiques. Avec ces organes détachables, principalement des outils et des équipements techniques énergétivores, l'espèce humaine serait parvenue à accomplir de nombreuses réalisations. L'homme « peut maintenant voler dans le ciel ou nager sous l'eau bien que son corps n'ait ni ailes ni nageoires ni branchies » (Georgescu-Roegen, 1995, p. 116). L'évolution exosomatique aurait toutefois imprimé à l'espèce humaine deux transformations fondamentales et irrévocables. La première se manifeste par le conflit social. La seconde réside dans l'état de dépendance de l'homme vis-à-vis de ses instruments exosomatiques (Dannequin, Diemer, 1999a). C'est en raison de cette dépendance que Nicholas Georgescu-Roegen (1971 ; 1986 ; 1995) considère que la seule voie pour l'humanité consiste à réorienter son développement exosomatique en intégrant les générations futures (Dannequin, Diemer, 1999b). La prise en compte des générations présentes et futures doit se traduire par la mise en place d'un programme bioéconomique minimal (Georgescu-Roegen, 1975 ; 1978), symbolisant la montée des valeurs sociétales et de l'éthique.

B. De la bioéconomie à la décroissance

Le programme bioéconomique suggéré par Nicholas Georgescu-Roegen repose sur huit points : (1) l'interdiction de la guerre et de la production de tous les instruments de guerre ; (2) l'aide aux nations sous-développées pour qu'elles puissent parvenir aussi vite que possible à une existence digne d'être vécue mais dénuée de luxe ; (3) la diminution de la population jusqu'à un niveau où une agriculture organique suffirait à la nourrir convenablement ; (4) une réglementation destinée à éviter tout gaspillage d'énergie (excès de chauffage, de climatisation, de vitesse, d'éclairage etc.) ; (5) une désintoxication de « notre soif morbide de gadgets extravagants, si bien illustrés par cet article contradictoire qu'est la voiture de golf, et de splendides mammouths telles les grosses voitures » (Georgescu-Roegen, 1995, p. 133) ; (6) l'abandon des effets de la mode (« C'est un crime bioéconomique que d'acheter une nouvelle voiture chaque année et de réaménager sa maison tous les deux ans », 1995, p. 134) ; (7) la nécessité que les marchandises restent durables et réparables ; (8) la guérison du cyclondrome du rasoir électrique qui « consiste à se raser plus vite afin d'avoir plus de temps pour travailler à un appareil qui rase plus vite encore, et ainsi de suite à l'infini » (*ibid.*).

Nicholas Georgescu-Roegen reste cependant pessimiste sur les chances de réussite d'un tel programme. Il a en effet conscience que son modèle de décroissance sera difficile à mettre en œuvre :

> L'humanité voudra-t-elle prêter attention à un quelconque programme impliquant des entraves à son attachement au confort exosomatique ? Peut être le destin de l'homme est-il d'avoir une vie brève mais fiévreuse, excitante et

> extravagante, plutôt qu'une existence longue, végétative et monotone (1995, p. 135).

Tous ses espoirs sont ainsi contenus dans la fusion de l'économie par l'écologie.

> L'un des principaux problèmes écologiques posé à l'humanité est celui des rapports entre la qualité de la vie d'une génération à l'autre et plus particulièrement celui de la répartition de la dot de l'humanité entre toutes les générations. La science économique ne peut même pas songer à traiter ce problème. Son objet, comme cela a souvent été expliqué, est l'administration des ressources rares ; mais pour être plus exact, nous devrions ajouter que cette administration ne concerne qu'une seule génération (Georgescu-Roegen, 1995, p. 95).

Frosch et Gallopoulos (1989) rappellent par deux fois qu'un écosystème industriel efficace ne s'établit que

> si les réformes de la production s'accompagnent de modifications des habitudes de consommation et des traitements des produits consommés (exemple du tri des ordures bien présent dans des pays comme le Japon, la Suède et la Suisse) (1989, p. 114).

Les industriels et les consommateurs doivent changer leurs habitudes s'ils veulent conserver ou améliorer leur niveau de vie, sans souffrir de la dégradation de l'environnement.

De son côté, André Gorz (1991) fait un appel d'urgence en faveur d'une restructuration écologique de la société. Cette dernière exige que la rationalité économique soit subordonnée à une rationalité écosociale. La restructuration écologique serait en effet incompatible avec le paradigme capitaliste de la maximisation du profit et de l'économie de marché. La concurrence obligerait même les entreprises à renouveler et à différencier continuellement leur offre, à créer de nouveaux désirs et à repousser sans cesse la satiété des consommateurs. Le sens de la rationalisation écologique peut ainsi se résumer en la devise « moins mais mieux ». La modernisation écologique « exige que l'investissement ne serve plus à la croissance mais à la décroissance de l'économie, c'est-à-dire au rétrécissement de la sphère régie par la rationalité économique au sens moderne » (1991, p. 93). D'un point de vue pratique, cette refonte écologique du système industriel concerne les industries lourdes (recul des ventes de produits chimiques), l'agriculture (passage à une agriculture plus respectueuse des équilibres naturels, moins énergivore en engrais et produits phytosanitaires), les transports (priorité au rail, limitation des vitesses, réduction de la production d'automobiles, etc.).

Enfin, Serge Latouche (2006) propose de réagir à la surcroissance économique, incompatible avec une planète finie, par l'intermédiaire d'un programme, plus systématique, plus radical et plus ambitieux. Les 8 R (réévaluer, reconceptualiser, restructurer, redistribuer, relocaliser, réduire, réutiliser, recycler) constituent huit objectifs interdépendants « susceptibles d'enclencher un cercle vertueux de la décroissance sereine, conviviale et soutenable » (2006, p. 153). Ce véritable « programme électoral » (Latouche, 2007, p. 109) passe par une série de mesures telles que la redécouverte de notre empreinte écologique, l'intégration de certaines nuisances dans les coûts de transports, la relocalisation des activités, la restauration de l'agriculture paysanne, la transformation des gains de productivité en réduction du temps de travail et en création d'emplois, l'impulsion d'une production de biens relationnels, la réduction du gaspillage d'énergie, la pénalisation des dépenses de publicité, la mise en place d'un moratoire sur l'innovation technoscientifique, etc.

La décroissance n'est donc pas une fabulation de l'esprit, elle fait du développement durable, un projet politique pour un renouveau des sociétés, « avec la responsabilité pour principe essentiel » (Heurgon, Landrieu, 2007). Pour mieux vivre, il s'agit désormais de produire et de consommer autrement. Cette nouvelle manière de penser les liens entre économie et écologie se heurte aux mythes véhiculés par la pensée orthodoxe dont l'écologie industrielle fait partie.

C. Les mythes de la pensée orthodoxe

Ces mythes sont au nombre de trois : l'éternelle substituabilité des facteurs de production, la dématérialisation et l'écoefficience. Concernant la substituabilité des facteurs de production, Serge Latouche précise qu'il faut avoir « la foi des économistes orthodoxes pour penser que la substituabilité illimitée de la nature par l'artifice est concevable » (2006, p. 46). Nicholas Georgescu-Roegen (1995) avait déjà qualifié cette thèse, de « sophisme de la substitution éternelle ». Le mythe de la technique sans limites est à la fois condamné par les faits et la problématique même de la technologie. Il n'existe pas de facteurs matériels autres que les ressources naturelles : « la substitution à l'intérieur d'un stock fini de basse entropie accessible dont la dégradation irrévocable s'accélère avec son utilisation ne peut durer indéfiniment » (Georgescu-Roegen, 1995, p. 100). Par ailleurs, l'histoire économique, voire les différentes révolutions industrielles confirment que tous les grands bonds du progrès technologique ont été déclenchés par la découverte et la maîtrise d'une nouvelle source d'énergie et que les innovations ont été suivies d'un accroissement substantiel de l'extraction minière. Enfin, le phénomène plus connu sous le nom « d'effet rebond » ou de « paradoxe de Jevons », précise que toutes les innovations technologiques incitent à une augmentation de la consommation globale. Ainsi, les gains potentiels dus aux perfectionnements techniques seraient plus que compensés par l'accroissement des quantités consommées : « Les ampoules fluocompactes dépensent moins d'électricité, on les laisse allumées. L'Internet dématérialise l'accès à l'information, on imprime plus de papier. Il y a plus d'autoroutes, le trafic augmente » (Latouche, 2006, p. 50). Pire, la technologie, par l'obsolescence programmée des produits, deviendrait un puissant allié du consumérisme et un facteur d'aggravation de la pollution :

> C'est ainsi que des montagnes d'ordinateurs se retrouvent en compagnie de téléviseurs, de réfrigérateurs, de lave vaisselle, de lecteurs de DVD et de téléphones portables à encombrer poubelles et décharges avec des risques de pollution divers : 150 millions d'ordinateurs sont transportés chaque année dans des déchetteries du Tiers monde (500 bateaux par mois vers le Nigeria !) alors qu'ils contiennent des métaux lourds et toxiques (mercure, nickel, cadmium, arsenic, plomb) (Latouche, 2007, p. 37).

La dématérialisation du capitalisme conduirait à une consommation moins énergivore en matières premières et en énergie. Cet espoir semble aujourd'hui s'être quelque peu assombri. En effet, plusieurs critiques tendent à souligner les externalités négatives associées aux activités servicielles. La première critique concerne tout d'abord la réalité de la dématérialisation. Comme le souligne Serge Latouche (2006), cette nouvelle économie remplace moins l'ancienne qu'elle ne la complète. Si l'activité industrielle a régressé en termes relatifs, elle continue à progresser en termes absolus : « Dans les vingt dernières années, elle a crû encore de 17 % en Europe et de 35 % aux États-Unis » (Latouche, 2006, p. 47). En fait, les pertes d'emplois industriels seraient dues en bonne partie aux stratégies d'externalisation des entreprises. En se recentrant sur le cœur de leur métier, ces dernières ont été amenées à externaliser des services (entretien, maintenance, sécurité, restauration, informatique, etc.) qui étaient autrefois intégrées et comptabilisées en emplois.

La deuxième critique renvoie au mode de développement du capitalisme dématérialisé. Il semblerait que l'économie des services ait adopté les mêmes logiques productivistes (taylorisme sur les plateformes téléphoniques), les mêmes objectifs de performance et les mêmes priorités de rentabilité des capitaux que l'économie industrielle. L'économie des services chercherait ainsi à couvrir certains besoins (solvables) sans toutefois répondre à toutes les attentes qui s'expriment dans la société (services à la personne). Ce qui fait dire à Josée Landrieu (2007, p. 9) que « l'économie des services a plutôt tendance à ignorer les attentes humaines, à s'émanciper du soubassement sociétal [...] pour s'aligner sur les logiques de marchés et de l'économie mondialisée ».

La troisième critique concerne les effets des technologies de l'information sur l'environnement. Contrairement à une idée répandue, les NTIC et le capitalisme cognitif seraient beaucoup plus gourmands en inputs et en intrants matériels qu'il n'y paraît. Si les logiciels incorporent de la matière grise, une étude intitulée *Computers and the Environnement* et réalisée par Ruediger Kuehr et Éric Williams (2003) pour le compte de l'ONU, a révélé que les composants électroniques assemblés dans les ordinateurs étaient un danger avéré pour l'environnement. Ces chercheurs ont établi que pour produire un ordinateur de bureau avec un écran de 17 pouces, soit 24 kg de matière utilisée, il fallait l'équivalent de près de deux tonnes de ressources naturelles : soit 240 kg de combustible, 22 kg de produits chimiques et près de 1,5 tonne d'eau claire[7]. La fabrication d'une puce mémoire de 32 MB DRAM en silicium de 2 grammes, pièce qui permet de transformer l'information au sein de chaque ordinateur, nécessite 1,2 kg de matières fossiles, 72 grammes de produits chimiques et 32 litres d'eau pure. La quantité de matière et d'énergie nécessaire pour produire une puce est ainsi disproportionnée par rapport à la taille du produit (équivalent de 600 fois son poids). Par comparaison, les combustibles fossiles nécessaires à la production d'une automobile ne représentent qu'une à deux fois son poids (Grégoriades, 2007). Cette soif de matière et d'énergie génère également des problèmes de toxicité (plomb dans les tubes cathodiques des écrans, cadmium pour les revêtements de protection, chrome hexavalent pour lutter contre la corrosion des composants, polybromodiphényles et polybromodiphényléters utilisés dans les circuits imprimés pour les rendre ininflammables, mercure et lithium dans les batteries, aluminium dans les disques durs, etc.) et de recyclage des produits (plus de 150 millions d'ordinateurs sont aujourd'hui vendus dans le monde). Le rythme auquel les nouvelles technologies se développent, implique que la durée de vie utile des ordinateurs est courte, ce qui engendre une accumulation de produits obsolètes (la loi de Moore – la puissance des puces électroniques doit doubler tous les 18 mois – pousse au renouvellement permanent).

La quatrième critique tend à souligner les méfaits de la nouvelle économie sur la situation environnementale des pays du Sud. Serge Latouche (2006, p. 48) note que « la prétendue économie de la connaissance postindustrielle de l'OCDE repose sur un transfert massif de sa base industrielle et énergétique vers les économies émergentes ». Yves Cochet (2005, p. 117) précise de son côté qu'un « transfert d'activités

---

[7] Précisons que ces calculs ne prennent pas en compte le bilan carbone lié aux différents transports de ces équipements (logique de délocalisation et d'externalisation) jusqu'au client final et la consommation électrique nécessaire pour les faire fonctionner.

énergivores des pays du Nord vers les pays émergents s'additionne à une augmentation du trafic mondial de marchandises pour accroître finalement la consommation d'énergie ». Les pays asiatiques (Chine, Pakistan, Inde) font notamment face au recyclage des ordinateurs en fin de vie venus des pays développés. Les inquiétudes vis-à-vis des risques posés par les décharges de matériel informatique sur l'environnement contrastent avec les récentes décisions européennes[8]. Il semblerait que la question environnementale ait un prix que seuls les pays du Nord peuvent payer.

La dernière voie, l'écoefficience, constitue pour les tenants de l'écologie politique, autant de danger que la surexploitation des ressources naturelles et la destruction des bases de la vie. Selon André Gorz (1991), les écoindustries et les écobusiness obéiraient aux mêmes impératifs de rentabilité maximale que les autres industries de consommation. Il ne s'agirait pas de satisfaire les besoins fondamentaux de la manière la plus rationnelle possible mais au moyen d'un flux maximal de marchandises aussi profitables que possible à produire. Dès lors,

> la reproduction des bases de la vie peut être organisée dans le cadre d'un éco-techno-fascisme qui remplace artificiellement les cycles naturels par des niches synthétiques, économicise en quelque sorte le milieu de la vie, industrialise la production de la vie elle-même, y compris la vie humaine, commercialise des fœtus et des organes, maximise les performances des organismes vivants, y compris les performances humaines, par des moyens d'ingénierie génétique (1991, p. 109).

L'écoefficience ne serait que la modernisation écologique du capitalisme et la dernière « potion magique » des industriels. Économiser 30 à 40 % des intrants, est tout à fait possible en accroissant l'efficience et en luttant contre le gaspillage. Les nouvelles technologies permettraient même d'aller jusqu'à 90 % d'économies. Toutefois, comme le souligne Serge Latouche (2006, p. 49) :

> Que l'efficience écologique puisse s'accroître est une excellente chose. Elle pourrait faciliter le passage à une société de décroissance [...] mais dans le même temps la perpétuation de la croissance forcenée entraîne une dégradation globale.

---

8 Signalons la directive européenne de 2002 qui stipule que les producteurs doivent prendre en charge l'organisation du système de collecte, de recyclage et l'élimination des déchets électroniques. Selon le principe du pollueur-payeur, chaque fabricant doit financer la récupération de ses propres déchets, soit à titre individuel, soit à titre collectif. La directive européenne (2005) dite RoHS (pour *Restriction of Hazardous Substances*) limite quant à elle l'utilisation de certaines substances dangereuses dans les équipements électriques et électroniques.

Conclusion

La question de la désindustrialisation via la tertiairisation de l'économie, s'est accentuée dans les discussions des économistes avec la crise marquant la fin des trente glorieuses. En 1985, Jacques De Bandt évoque l'importance des activités de services tout en regrettant qu'elles soient mal connues et guère intégrées dans les théories existantes. Toutefois, contrairement à ce qui était annoncé, les services et les nouvelles technologies de l'information et de la communication n'ont pas remplacé l'industrie, mais se sont plutôt fondus dans une relation d'accompagnement. On assisterait davantage à une consolidation de l'industrie par les services plutôt qu'à une opposition sectorielle.

Initiée par les services, les modes de production et de consommation seraient en train de se transformer. Ce nouveau capitalisme serait à la fois immatériel et économe en énergie. La dématérialisation du capital serait en quelque sorte une stratégie viable en matière de développement durable. C'est tout du moins la position adoptée par les tenants de l'écologie industrielle (Frosch, Gallopoulos, Erkman, etc.). Les notions d'écosystème industriel (système fonctionnant en circuit fermé), de métabolisme industriel (comptabilisation des flux d'énergie et de matières) ou d'écotechnologie (rôle des nouvelles technologies et plus précisément des NTIC) traduisent un certain optimisme de leurs auteurs dans une croissance illimitée et moins énergivore. Cette position a été critiquée par les tenants de l'écologie politique (Ivan Illich, André Gorz, Nicholas Georgescu-Roegen, Serge Latouche, etc.). Si le passage de l'industrialisation à la tertiarisation de l'économie est un fait, ces auteurs estiment qu'il ne peut constituer une véritable alternative pour nos sociétés. Les services ne pourront jamais se substituer entièrement aux marchandises et l'idée d'un capitalisme immatériel est présentée comme une utopie, un mythe véhiculé par l'économie orthodoxe. Seul un changement radical de notre modèle de production et de consommation de masse serait susceptible d'apporter une réponse au défi posé par le développement durable. Ce sursaut économique passe irrémédiablement par un programme de décroissance.

Bibliographie

Allenby, B. R., Allen, D. T., Davidson, C. I., "Teaching sustainable engineering", in *Journal of Industrial Ecology*, vol. 11, n° 1, 2007, p. 8-10.

Allenby, B. R., Cooper, W. E., "Understanding Industrial Ecology from a Biological Systems Perspective", in *Total Quality Environmental Management*, vol. 3, n° 3, 1994, p. 343-354.

Aubertin, C., Vivien, F.-D., *Les enjeux de la biodiversité*, Paris, Economica, 1998.

Ayres, R. U., Ayres, L. W., *Industrial Ecology : Towards Closing the Materials Cycle*, Cheltenham, Edward Elgar, 1996.

Ayres, R. U., « Le métabolisme industriel et les changements de l'environnement planétaire », in *Revue internationale des sciences sociales*, n° 121, 1989, p. 401-412.

Ayres, R. U., Simonis, U. E., *Industrial Metabolism : Restructuring for Sustainable Development*, New York, United Nations Publication, 1995.

Barcet, A., Bonamy, J., « Les activités de services et la tertiarisation de l'économie », in Arena, R., Benzoni, L., De Bandt J., Romani, P.-M. (dir.), *Traité d'économie industrielle*, Economica, p. 291-307, 1988.

Barcet, A., Bonamy, J., « Les services de proximité : à la recherche d'un modèle », in *Revue d'économie industrielle*, n° 80, 1997, p. 129-142.

Basel Action Network, *Mobile Toxic Waste*, BAN, 2007.

Beaud, M., *Histoire du capitalisme de 1500 à 2000*, Paris, Seuil, 2000.

Boons, F., Roome, N., "Industrial Ecology as a Cultural Phenomenon", in *Journal of Industrial Ecology*, vol. 4, n° 2, 2000, p. 49-55.

Bourg, D., *Le développement durable a-t-il un avenir ?*, Paris, Le Pommier, 2002.

Bourg, D., *Le nouvel âge de l'écologie*, Paris, Descartes et Cie, 2003.

Bourg, D., « Le défi de la dématérialisation », in *Entropia*, n° 3, 2007, p. 19-30.

Bourg, D., Erkman, S., *Perspectives on industrial Ecology*, Sheffield, Greenleaf Publishing, 2003.

Brown, L., Postel, S., Flavin, C., *Le défi planétaire*, Paris, Sang de la terre, 1995.

CERC, *Les services à la personne*, Paris, La documentation française, 2008.

Cochet, Y., *Pétrole Apocalypse*, Paris, Fayard, 2005.

Cohen, E., www.lemonde.fr/archives/article/2008/02/21/elie-cohen-economiste-apres-la-periode-1978-1985-nous-assistons-a-une-deuxieme-vague-de-desindustrialisation-en-france-depuis-2002_1014288_0.html, 2008.

Commission des communautés européennes, *L'éco-technologie au service du développement durable*, COM 2002 – 122 final, Bruxelles, 2002, 26 p.

Currien, N., *Économie des réseaux*, Paris, La Découverte, 2000.

Daniels, P., "Approaches for Quantifying the Metabolism of Physical Economies : A Comparative Survey : Part II", in *Journal of Industrial Ecology*, vol. 6, n° 1, 2002, p. 65-88.

Daniels, P., Moore, S., "Approaches for Quantifying the Metabolism of Physical Economies : Part I : Methodological Overview", in *Journal of Industrial Ecology*, vol. 5, n° 4, 2001, p. 69-93.

Dannequin, F., Diemer, A., Petit, R., Vivien, F.-D., « La nature comme modèle ? Écologie industrielle et développement durable », in *Cahiers du CERAS*, n° 38, 2000 p. 62-75.

Dannequin, F., Diemer, A., « De l'entropie à la constitution d'un programme bioéconomique : Le grand projet de Nicholas Georgescu-Roegen », in *Cahiers du CERAS*, n° 42, 1999, p. 1-9.

De Bandt, J., *Les services dans les sociétés postindustrielles*, Paris, Economica, 1985.

Diemer, A., « La question énergétique au cœur du développement durable ? », in *Cahiers du CERAS*, janvier, 2008, p. 1-33.

Diemer, A., « Énergie et développement durable, quelques pistes de réflexion », Journées Énergie et développement durable, 13 et 14 novembre, IUFM Auvergne, 2007, 21 p.

Diemer, A., Labrune, S., « L'écologie industrielle : quand l'écosystème industriel devient un vecteur du développement durable », in *Revue Développement Durable et Territoires Fragiles*, octobre, 2007, p. 1-23.

Ehrenfeld, J. R., "Can Industrial Ecology be the 'Science of sustainability' ?", in *Journal of Industrial Ecology*, vol. 8, n° 1-2, 1994, p. 1-3.

Erkman, S., *Écologie industrielle, métabolisme industriel et société d'utilisation*, Genève, ICAST, 1994.

Erkman, S., "Industrial ecology : An historical view », in *Journal of Cleaner Production*, vol. 5, 1997, p. 1-10.

Erkman, S., *Vers une écologie industrielle : comment mettre en pratique le développement durable dans une société hyper-industrielle*, Paris, Éditions Charles Leopold Mayer, 2006.

Erkman, S., « L'écologie industrielle, une stratégie de développement », in *Le Débat*, n° 113, 2001, p. 106-121.

Erkman, S., « L'écologie industrielle, une stratégie de développement », Exposé, Bruxelles, 2004, 9 p.

Esquissaud, P., *Écologie industrielle*, Paris, Hermann, 1997.

Flacher, D., Pelletan, J., « Mesure et périmètre de l'industrie : impacts des conventions retenues sur l'appréhension du phénomène de désindustrialisation », in Fontagné L., Lorenzi J.-H. (dir.), *Désindustrialisation, délocalisations*, rapport du CAE, Paris, La documentation française, 2005, Complément F., p. 285-308.

Foray, D., *L'économie de la connaissance*, Paris, La Découverte, 2000.

Frosch, R. A., « L'écologie industrielle du 20e siècle », in *Pour la science*, 217, 1995, p. 148-151.

Frosch, R. A., "Industrial ecology : A philosophical introduction », in *Proceedings of the National Academy of Sciences of the USA*, vol. 89, 1992, p. 800-803.

Frosch, R. A., Gallopoulos, N. E., "Towards an industrial Ecology", in Bradshow, A. D., *The Treatment and Handling of Wastes*, London, Chapman and Hall, 1992, p. 269-292.

Frosch, R. A., Gallopoulos, N. E., "Strategies for manufacturing", in *Scientific American*, vol. 261, Special Issue "Managing Planet Earth", September, 1989, p. 144-152. Traduction française « Des stratégies industrielles viables », *Pour la Science*, n° 145, 1989, p. 106-115.

Gadrey, J., *Socio-économie des services, repères*, Paris, La Découverte, 2003.

Gadrey, J., Jany-Catrice, F., *Les nouveaux indicateurs de richesse*, Paris, La Découverte, 2005.

Gadrey, J., « Les objectifs “insoutenables” de la commission Attali », in *Le Monde*, 18 septembre 2006.

Gadrey, J., Zarifian, P., *L'émergence d'un modèle du service : enjeux et réalités*, Paris, Liaisons, 2001.

Georgescu-Roegen, N., *Demain, la décroissance : entropie-écologie-économie*, Paris, Sang de la terre, 1995.

Georgescu-Roegen, N., « De la science économique à la bioéconomie », in *Revue d'Économie Politique*, t LXXXVIII, n° 3, 1978, p. 337-382.

Georgescu-Roegen, N., “What thermodynamics and biology can teach economists”, in *Bio-Science*, vol. XXVII, 1977, p. 266-270.

Georgescu-Roegen, N., “Bio-economic aspects of entropy”, in J. Zeman (ed.), *Entropy and Information in Science and Philosophy*, Amsterdam Elsevier, 1975.

Georgescu-Roegen, N., *The Entropy Law and the Economic Process*, Cambridge, Cambridge University Press, 1971.

Giraud, P.-N., *L'inégalité du monde. Économie du monde contemporain*, Paris, Folio, Gallimard, 1996.

Gorz, A., *Capitalisme, Socialisme, Écologie*, Paris, Galilée, 1991.

Grégoriades, C., « Ordinateurs, pollueurs », in *Le Monde*, 14 juin, 2007.

Hertwitch, E., “Consumption and Industrial Ecology”, in *Journal of Industrial Ecology*, vol. 9, n° 1-2, 2005, p. 1-6.

Guegen, G., *Des stratégies collectives aux écosystèmes d'affaires : le secteur des logiciels comme illustration*, atelier AMS, Stratégies collectives, 2004.

Heurgon, E., Landrieu, J. (dir.), *L'économie des services pour un développement durable*, Paris, L'Harmattan, 2007.

Hill, P., “On goods and services”, in *The Review of Income and Wealth*, 4, 1977, p. 315-338.

Jorda, H., Vivien, F.-D., « L'écologie industrielle : une stratégie pour le développement durable ? », in Maréchal, J.-P., Quenault B. (dir.) *Le développement durable. Une perspective pour le 21e siècle*, PUR, 2005, p. 287-302.

Kuehr, R., Williams, E., *Computers and the Environnement*, Kluwer Academic Publishers, United Nations University, 2003.

Latouche, S., *Petit Traité de la décroissance sereine*, Paris, Mille et une nuits, 2007.

Latouche, S., *Le pari de la décroissance*, Paris, Fayard, 2006.

Lauriol, J., « Stratégies d'entreprises, développement durable et économie de la fonctionnalité : vers des écosystèmes serviciels », in Heurgon, E., Landrieu, J. (dir.), *L'économie des services pour un développement durable*, Paris, L'Harmattan, 2007.

Levine, S., “Comparing products and production in Ecological and Industrial Systems”, in *Journal of Industrial Ecology*, vol. 7, n° 2, 2003, p. 33-42.

Lifset, R., “On Becoming in Industrial Ecologist”, in *Journal of Industrial Ecology*, vol. 2, n° 3, 1998, p. 1-3.

Lotka, A., *Elements of Mathematical Biology*, New York, Dover, 1956.

Lotka, A., "The law of evolution as a maximal principle", in *Human Biology*, vol. 17, 1945, p. 67-194.

Lynd, L. R., Wang, M. Q., "A product non-specific framework for evaluating the potential of biomass based products to displace fossils fuels", in *Journal of Industrial Ecology*, vol. 7, n° 3-4, 2004, p. 17-32.

Mont, O., "Clarifying the Concepts of Product Service System", in *Journal of Cleaner Production*, vol. 10, n° 3, 2002, p. 237-245.

OCDE, EUROSTAT, *The Environmental Goods and Services Industry*, Manual Data Collection and Analysis, Paris, 1999.

Odum, E. P., *Fundamentals of Ecology*, Philadelphia, W. B. Saunders Company, 1971.

Odum, E. P., *Basic Ecology*, Philadelphia, Saunders College Publishing, 1983.

Passet, R., *L'économique et le vivant*, Paris, Payot, 1979.

Petit, P., « Les services : un secteur abrité dans la crise », in J. De Bandt, *Les services dans les sociétés industrielles*, Paris, Economica, 1985, p. 21-58.

Prigogine, I., *Introduction à la thermodynamique des processus irréversibles*, Paris, Masson, 1968.

Rees, W., Wackernagel, M., *Notre empreinte écologique*, Paris, Écosociété, 2005.

Rifkin, J., *L'âge de l'accès : la nouvelle culture du capitalisme*, 2000, Paris, édition Presses Pocket, 2005.

Rignols, E., « La consommation des ménages depuis 40 ans », in *INSEE Première*, n° 832, février, 2002.

Schumpeter, J. A., *Capitalisme, socialisme et démocratie*, Paris, Payot, 1990, (traduction de la seconde édition anglaise de 1947).

Schulze, P., *Engineering with Ecological Constraints*, New York, National Academy Press, 1996.

Sloterdjik, P., *La domestication de l'être*, Paris, Mille et une nuits, 2000.

Solow, R., "The economics of resources or the resources of economics", in *American Economic Review*, vol. 64, n° 2, 1974, p. 1-14.

Solow, R., "Is the end of the world at hand ?", in *Challenge*, March-April, vol. 16, n° 1, 1973, p. 39-50.

Tertre du, C., « Économie de la fonctionnalité, développement durable et innovations institutionnelles », in Heurgon, E., Landrieu, J. (dir.), *L'économie des services pour un développement durable*, Paris, L'Harmattan, 2007.

Tilley, D. R., "Industrial ecology and ecological engineering : Opportunities for symbiosis", in *Journal of Industrial Ecology*, vol. 7, n° 2, 2003, p. 13-32.

Vercellone, C., « Le sens et les enjeux de la transition vers le capitalisme cognitif : une mise en perspective historique », *3e journée du LAME*, Les transformations du capitalisme contemporain : faits et théories, état des lieux et perspectives, Université de Reims Champagne Ardennes, 2004.

Vivien, F.-D., *Économie et écologie*, Paris, La Découverte, 1994.

Vivien, F.-D., « Industrielle ou politique ? Quelle écologie pour le développement durable ? », in Bourg, D., Erkman, S. (eds.) *Industrial Ecology and Sustainability : Proceedings*, Troyes/ICAST, 2000.

Vivien, F.-D., « Rencontre du troisième type… d'écosystème ou quand l'écologie devient industrielle », *Innovations. Cahiers d'économie de l'innovation*, n° 18, 2003/2, p. 43-57.

Vivien, F.-D., *Le développement soutenable*, Paris, La Découverte, 2005.

Vivien, F.-D., « L'écologie industrielle : une critique du point de vue de l'économie politique », Scientific Workshop Frontiers of Research in Industrial Ecology, University of Lausanne, November 27 - December 1th, 2006, 22 p.

Watt, K. E. F., *Principles of Environmental Sciences*, New York, Mc Graw Hill, 1973.

Wells, P., Orsato, R. J., "Redesigning the Industrial Ecology of the Automobile", in *Journal of Industrial Ecology*, vol. 9, n° 3, 2005, p. 15-30.

DEUXIÈME PARTIE

L'ÉCONOMIE EN MUTATION

CHAPITRE 5

Écologie, révolution des services et emploi

Jean GADREY

Introduction

La réflexion sur le rôle des services et sur l'avenir de l'emploi tertiaire dans une perspective de durabilité (pour l'instant au sens environnemental du terme) peut débuter en opposant deux types de chiffres, conduisant à des diagnostics radicalement opposés. Pour les premiers, les services seraient des activités étonnamment « vertes », pour les autres, les économies de services seraient les plus consommatrices de ressources naturelles et les plus polluantes.

Premiers chiffres : en France, les données sur les émissions de CO_2, qui font partie des grands marqueurs de pression écologique associés aux risques de changement climatique, sont publiées par secteurs d'activités humaines. On obtient alors les résultats suivants (graphique 1).

Graphique 1. La contribution aux emissions de CO_2 par secteurs (en %, France, 2005)

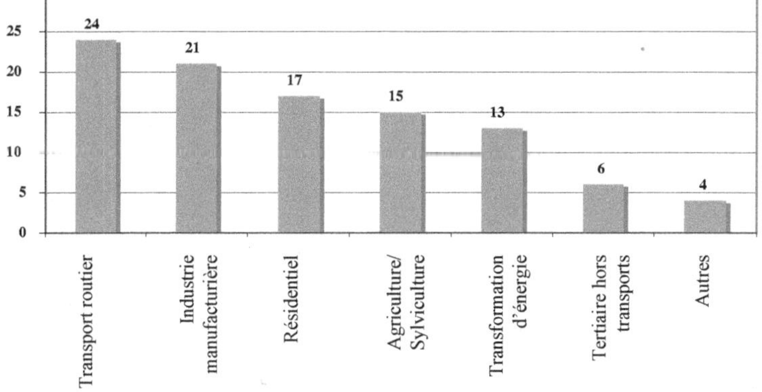

Source : *Citepa 2007,* http://www.citepa.org/emissions/nationale/Ges/Emissions_FRmt_GES.pdf.

Un tel graphique semble donner un avantage déterminant aux services (hors transports) : ils représentent, en 2005, 71,5 % de l'emploi en France, et ils ne contribueraient que pour 6 % aux émissions, une performance écologique apparemment remarquable au regard de celles des autres secteurs d'activité (le « secteur résidentiel », celui des habitations, n'étant pas un secteur d'activité mais un secteur de consommation). Avec ses 21 % de contribution aux émissions pour un poids dans l'emploi de 13,3 %, *l'industrie manufacturière est, selon ces chiffres, 19 fois plus polluante par emploi que les services*, l'agriculture (3,6 % de l'emploi) 50 fois plus, les transports routiers (3,2 % de l'emploi) 90 fois plus, et le secteur de l'énergie (0,8 % de l'emploi) 190 fois plus ! C'est sur la base de tels chiffres que certains ont pu voir dans la « croissance tertiaire » un élément très favorable au « développement durable ».

Seconds chiffres : si les services sont écologiquement très « légers », on pourrait penser que les pays dont l'économie est la plus « tertiaire » se comportent mieux sur le plan de leur pression écologique par habitant. Or c'est l'inverse que l'on constate. En utilisant la variable de l'empreinte écologique par habitant[1], et en la croisant avec le poids des services dans l'emploi, on obtient le graphique 2 suivant, pour 28 pays de l'OCDE et de l'Union européenne (quelques pays manquent à l'appel parce que les données font défaut).

Les pays les plus tertiaires sont donc, en tendance, ceux dont la pression écologique par habitant est la plus forte. Les constats empiriques précédents, en forme de contradiction, invitent à creuser la question de la pression écologique des services et de sa mesure (section 1), avant de traiter celle de l'avenir de l'emploi tertiaire sous contraintes environnementales (sections 2 et 3).

[1] L'empreinte écologique d'une population est la surface de la planète, mesurée en hectares, dont cette population dépend, compte tenu de son mode de vie et des techniques actuelles, pour ses besoins en produits du sol (agriculture, sylviculture) et en zones de pêche, en terrains bâtis ou aménagés (routes et infrastructures), et en forêts capables de recycler les émissions de CO_2 (voir encadré 1 dans le chapitre « Présentation générale »).

Graphique 2. Part des services dans l'emploi et empreinte écologique par personne (2003, 28 pays de l'OCDE et de l'UE)

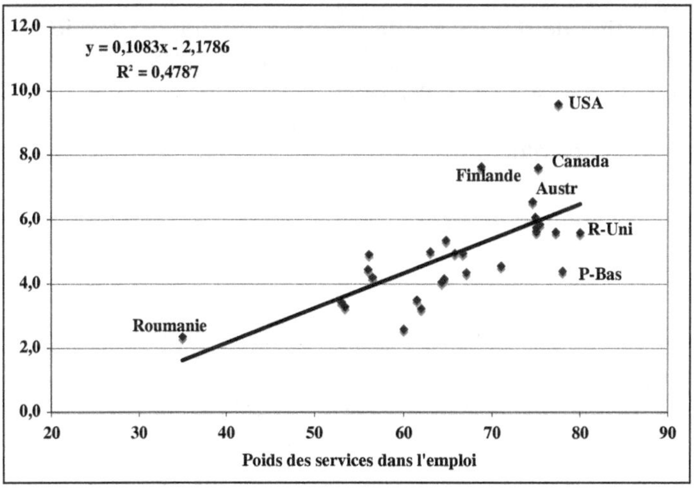

Source : Pour l'empreinte écologique en 2003, WWF, rapport « planète vivante 2006 ».

I. La matérialité des services et de leurs externalités, dimension essentielle de leur économie écologique. La dématérialisation est (pour l'instant) un mythe[2]

L'idée selon laquelle nous assistons à une « dématérialisation de l'économie » qui aurait notamment à voir avec l'expansion des services est une contrevérité. Les services ne constituent donc pas la solution miracle pour la durabilité environnementale de l'économie future. Il est vrai qu'en moyenne leur *production* consomme moins d'énergie et de ressources naturelles (par emploi par exemple) que celle de l'agriculture, de l'énergie ou de l'industrie. Mais cette moyenne, d'une part, recouvre des situations extrêmement différentes. D'autre part et surtout, elle repose sur un calcul partiel et trompeur qui oublie une caractéristique « matérielle » essentielle de la plupart des services : la présence physique simultanée des prestataires et des usagers qui « coproduisent » le service.

2 Cette section doit beaucoup à des échanges avec Fabrice Flipo et Jean-Marc Jancovici, qui m'ont adressé remarques, suggestions, données et documents de référence sur des questions que j'ai découvertes récemment alors qu'ils les explorent depuis des années.

A. La relation de service et son environnement matériel doivent faire l'objet d'une analyse écologique complète

La « relation de service » et la « coproduction » des services ont fait l'objet, à juste titre, de beaucoup d'attention et de travaux de la part des socioéconomistes des services. Mais ils ont eu tendance à oublier la matérialité de ces « rencontres », en privilégiant l'analyse, souvent inspirée de la sociologie interactionniste, des échanges de type verbal, cognitif, contractuel, etc.

Les trois composantes principales de cette matérialité de la relation de service sont les suivantes :

1) *le déplacement des personnes, indispensable à la fourniture du service* : déplacement des prestataires dans certains cas (services à domicile, consultants, etc.), des usagers/clients dans d'autres cas (de loin les plus nombreux : élèves et étudiants, patients, clients du commerce ou des hôtels et restaurants etc.), et, parfois, déplacement des deux catégories d'acteurs de la relation : accompagnateurs de voyages, taxis et conducteurs de bus, etc. mais aussi déplacements des salariés du tertiaire vers les bureaux des administrations ou les lieux de prestation des organisations de services. Les services ne peuvent pas être rendus sans une multitude de déplacements que l'on a tendance à oublier lorsqu'on se limite à leurs « facteurs de production » classiques. Et la matérialité des déplacements n'est pas seulement celle des flux (émissions des véhicules et des transports collectifs, énergie consommée), c'est aussi celle des stocks des véhicules et des infrastructures, pour la part qui revient à la production et à la consommation des services.

2) *La matérialité des espaces de la relation* : bureaux, salles d'enseignement, hôpitaux, guichets des banques, etc. Il faut des ressources naturelles pour les construire (le stock), et d'autres (des flux réguliers) pour les entretenir, les chauffer, les éclairer, etc.

3) *La matérialité des outils techniques d'appui à la relation*, au guichet, au comptoir, et plus encore à l'hôpital, ainsi que la matérialité du « back-office », qui peut être très « lourd », en stock et en flux.

La principale explication de l'avantage considérable que détiennent les services dans les données d'émissions de CO_2 par secteur (graphique 1) est que l'on n'y compte que les flux d'émissions associées au chauffage et à l'éclairage des bâtiments, et accessoirement à d'autres utilisations de l'énergie pour les outils techniques. Il ne s'agit que d'une fraction minoritaire de l'usage de ressources matérielles pour produire et consommer les services. Par exemple, dans le bilan carbone effectué en France par l'ADEME pour la chaîne de supermarchés Casino, près de 40 % des émissions de CO_2 tous domaines confondus correspondent aux déplacements des clients. Ce chiffre serait-il très différent pour le bilan carbone d'un campus universitaire ou d'un centre hospitalier, compte tenu de l'ampleur des déplacements quotidiens induits par les activités « immatérielles » de l'enseignement, de la recherche, et des soins médicaux ?

B. Le bilan écologique des services doit par ailleurs tenir compte de la consommation de ressources naturelles des prestataires

On a tendance à oublier un autre fait majeur : la croissance des services n'a été possible que parce que, d'un côté, les prestataires de services pouvaient disposer d'un niveau de vie comparable à celui des autres actifs (c'est l'hypothèse de l'égalité des salaires du modèle de Baumol, voir la section 2), pendant que, d'un autre côté, les consommateurs pouvaient dépenser de moins en moins (en proportion de leur budget) en biens matériels de base, et devenir acheteurs de services (c'est ce qu'on appelle parfois la « loi d'Engel »). Cela s'est produit parce que la composante de biens matériels de base de ce niveau de vie (se nourrir, se loger, se vêtir, etc.) a fait l'objet de fantastiques gains de productivité « brute », lesquels ont été obtenus, surtout au cours des cinquante dernières années, en surexploitant les ressources naturelles et en émettant des déchets et des gaz à effet de serre (GES) au-delà de ce que la nature peut régénérer selon ses propres rythmes. Pour le dire d'une façon très provocatrice, *la « société de services », telle en tout cas qu'elle s'est développée, en s'appuyant sur un productivisme « insoutenable » appliqué dans les autres secteurs, mais aussi parfois dans les services, est sans le savoir une société anti-écologique*, hyperindustrielle et hypermatérielle.

II. La tendance à la progression de l'emploi tertiaire sera affectée voire inversée

La thèse ici défendue, en deux temps, est la suivante : la tendance historique observable (au moins à partir du 19e siècle) à la progression de la part des services dans l'emploi et la valeur ajoutée sera affectée, et peut-être inversée dans les pays développés.

A. La « loi de Baumol » revisitée : les prix relatifs des services « stagnants » ne sont pas condamnés à augmenter sans cesse, si on internalise les externalités

Adoptons comme point de départ les approches classiques (depuis Clark, Fisher et Fourastié) de l'écart structurel des gains de productivité entre l'industrie (et l'agriculture « industrialisée ») et la majorité des services. Ces approches ont ensuite pris la forme, en 1967, d'une modélisation simple qui a fait le tour du monde, sous le nom de « loi de Baumol ». Or cette loi devrait être revisitée parce que le principal concept sur lequel elle repose, celui de productivité du travail, est dans l'incapacité, en tout cas dans son acception actuelle, de tenir compte des externalités, notamment écologiques. Or, ces dernières devront impérativement être internalisées pour gérer le principal enjeu du 21e siècle : la rareté croissante de ressources naturelles dans lesquelles la « société industrielle », puis la « société de services », ont puisé et rejeté en les considérant comme gratuites (exemple : les forêts comme « puits de carbone ») ou disponibles à faible coût (le pétrole, l'eau). Voici une démonstration non formalisée de la façon dont le modèle de Baumol est alors affecté.

Le modèle de Baumol repose sur trois hypothèses : 1) les gains de productivité du travail sont en moyenne élevés dans la plupart des activités industrielles et agricoles (le « secteur progressif ») et faibles ou nuls dans les services ou en tout cas une bonne partie d'entre eux (le « secteur stagnant ») ; 2) les salaires tendent à s'égaliser dans les deux types de secteurs. De ces deux hypothèses, il résulte que le prix relatif des services du secteur stagnant ne cesse de croître par rapport à celui des biens industriels et agricoles. Une troisième hypothèse plus hardie intervient alors, conforme à certaines observations empiriques[3] : la demande relative de services ne faiblit pas, en volume, par rapport à celle de biens industriels ou agricoles, en dépit de la progression du prix relatif des services. On en déduit assez simplement que la part de l'emploi dans les services « à productivité stagnante » ne peut que croître, sans autre limite que celle de la validité des hypothèses…

Le raisonnement doit être révisé dès ses deux premières étapes si d'importantes externalités environnementales sont internalisées (via des taxes ou autres dispositifs *politiques*), car alors le coût unitaire des biens du secteur progressif va être majoré en fonction des « matières » et des rejets *par unité de produit, indépendamment de l'évolution de la productivité du travail.* Si par exemple la productivité du travail continue à progresser rapidement dans l'industrie, la « valeur-travail » (coût de production en travail) contenue dans chaque unité de produit industriel va bien évoluer en proportion inverse des gains de productivité, mais la « valeur écologique » (coût environnemental désormais internalisé) de chaque unité restera identique (hypothèse dont la vraisemblance est examinée par la suite). Tout se passe comme si l'on avait intégré dans la production une part fixe de « service stagnant », ici une sorte de « service de la nature », laquelle refuse obstinément de faire des gains de

---

3 Elles concernent notamment les secteurs des spectacles vivants, de l'éducation et de la santé.

productivité dans son « travail » (par exemple absorber de plus en plus de CO_2 par hectare de forêt), ce qui est en effet la cause de nos soucis. Mais alors, le premier résultat de Baumol doit être revu : le prix relatif des biens industriels par rapport à celui des services stagnants n'est plus condamné à tendre vers zéro. Bien au contraire, il tend asymptotiquement vers une limite non nulle, à cause du coût fixe unitaire écologique de la production industrielle. La conclusion n'est pas modifiée si l'on tient compte du fait que les services stagnants ont eux aussi des coûts écologiques de production.

Cette remise en cause du modèle serait sans objet si l'on pouvait supposer que, dans le secteur progressif (ici l'industrie), les coûts *politiques* (ou tarifs) des « services de la nature » par unité produite, au lieu d'être plus ou moins fixes, comme on vient de le supposer, tendaient eux aussi vers zéro (par rapport au coût des services stagnants). Cela pourrait se produire si, d'une part, les économies de matières, d'énergie et de rejets (les économies de pression écologique par unité produite) progressaient continûment, et si, d'autre part, le coût des services de la nature (par exemple le coût politiquement fixé de l'absorption d'une tonne de carbone) ne progressait pas, ou s'il progressait moins vite que les économies de ressources naturelles et de pression écologique par unité produite.

Or, la tendance des décennies futures sera certainement à la réalisation d'économies de ressources naturelles et de réduction des rejets par unité produite. En revanche, rareté croissante oblige, et prévention des dommages à terme oblige aussi, on assistera très probablement à l'augmentation progressive du prix relatif (ou « tarif ») des « services de la nature », qu'il s'agisse de ceux que les entreprises et les administrations paient déjà en achetant (sur des marchés régulés) de l'énergie (dont le pétrole), de l'eau, etc., ou de ceux, politiquement déterminés, et qui vont progresser aussi, qu'elles vont payer (cela existe déjà) sous la forme de l'internalisation des externalités : taxes, contraintes publiques, marchés de permis d'émission, etc. Il semble donc très improbable que les coûts des services de la nature par unité produite dans l'industrie (ou l'agriculture) puissent connaître à l'avenir une décroissance continue. L'hypothèse de leur constance, envisagée au départ, est en réalité « optimiste » pour les décennies de transition.

Une objection : Le raisonnement qui précède repose sur une hypothèse concernant les « tarifs » des services de la nature. Or, si les politiques de l'environnement réussissent à rétablir des équilibres écologiques satisfaisants à l'échelle mondiale au bout d'une certaine période de transition, il ne devrait plus y avoir besoin de taxes, ou en tout cas leur montant devrait diminuer après cette période. On pourrait alors retrouver les conditions de validité de la loi de Baumol.

Cette objection est juste. Mais personne ne sait aujourd'hui combien de temps durera la période de transition, celle qui exigera de lourdes taxes sur les services de la nature. Vu l'ampleur de l'écart actuel entre l'utilisation mondiale de ces services et ce que la nature peut supporter, vu les taux de croissance actuels des économies chinoises et indiennes, vu l'inertie des investissements lourds dans les infrastructures, l'urbanisme, les centrales à charbon, etc., je fais l'hypothèse qu'il faudra plus d'un demi-siècle pour y parvenir, et probablement tout le 21e siècle.

B. Au-delà des concepts de productivité et de croissance

Le raisonnement précédent reste insuffisant pour porter des conclusions sur l'avenir *de l'emploi* selon les secteurs. En effet, si par exemple les prix relatifs des biens agricoles refusent de baisser (voire augmentent) sous l'influence soit de taxes écologiques (eau, énergie, transports, biodiversité, etc.) soit de l'insuffisance de l'offre (conflits d'usage des terres, désertification, etc.), ce n'est pas pour autant un facteur conduisant à une progression du poids de l'emploi agricole. Les taxes ne font pas en elles-mêmes progresser la valeur ajoutée hors taxes ni les volumes produits et demandés, décisifs pour l'emploi. Quant à la hausse des prix par insuffisance de l'offre par rapport à la demande, elle n'a pas non plus cette propriété de favoriser l'emploi si l'on reste dans une logique productiviste. Elle peut fort bien conduire à l'apparition de rentes agricoles (comparables à la rente pétrolière actuelle), sans effet positif sur l'emploi.

Il faut donc pousser plus loin ce raisonnement, en réfléchissant, sous l'angle de l'offre, à l'hypothèse suivante : de nombreuses transformations nécessaires de la production (de biens ou de services) s'accompagneront d'une *réduction de la productivité du travail, telle qu'on la mesure actuellement.* Et, bien que tous les secteurs soient concernés, l'agriculture, l'énergie, le bâtiment et une fraction de l'industrie seront aux premières lignes. Cela viendra renforcer la tendance à ce que leur poids dans l'emploi cesse de régresser, d'autant qu'une partie des besoins correspondants sont fondamentaux, de sorte que la demande restera forte. Ce poids devrait même progresser nettement dans certaines branches de la « production matérielle ».

L'explication résumée est la suivante : les produits durables, « propres » ou « verts » (biologiques, recyclables, de plus longue durée de vie, impliquant moins de transport et d'énergie, etc.) exigent et exigeront plus de travail par unité produite que les produits pollués ou polluants issus des procédés productivistes. Ne plus surexploiter la nature et gérer ses « services » avec précaution est bon pour l'emploi (au moins dans certaines branches où la demande ne devrait pas faiblir) mais mauvais pour la productivité du travail « brute », celle qui n'enregistre pas les gains ou les pertes de qualité écologique des produits.

Au total, selon les hypothèses que nous allons explorer, et pour des raisons qui vont au-delà de celles que nous avons mises en avant en revisitant le modèle de Baumol, les services ne seront plus les seuls grands « gisements d'emplois » du futur, même si certains d'entre eux conserveront cette qualité en réponse à des besoins sociaux de proximité faisant l'objet d'innovations de durabilité.

Commençons par développer un exemple majeur. L'emploi devrait croître globalement dans l'un des grands secteurs que tous les raisonnements classiques, dont celui de Baumol, condamnaient à un déclin inexorable sous l'effet des gains de productivité : l'agriculture[4]. Ce détour un peu long par l'agriculture dans une analyse consacrée aux services peut surprendre. Mais, d'une part, le raisonnement que l'on y tient est généralisable à d'autres productions et il fait réfléchir aux impasses des mesures de productivité « brute ». D'autre part, il faudra bien que les économistes des services retrouvent « le sens de la terre » et redécouvrent que les prestataires de services, dans le monde, doivent d'abord pouvoir se nourrir dans un contexte de souveraineté alimentaire à reconquérir. Nous allons droit, si rien ne change, vers une crise alimentaire mondiale qui concerne aussi bien le Sud que les pauvres des pays riches. Cela ne serait pas bon pour les services.

C. L'agriculture : une révolution verte créatrice d'emplois en grand nombre, pour contrer la crise alimentaire mondiale en respectant l'environnement

Dans le passé, la principale façon de faire croître la quantité de production économique (telle qu'on la mesure actuellement) a été la réalisation de gains de productivité du travail, qui se résument par la formule : produire plus *des mêmes choses* avec la même quantité de travail. Jean Fourastié avait montré par exemple que s'il fallait autour de 200 heures de travail pour produire un quintal de blé de l'an 1000 jusqu'au 18e siècle, avec de fortes variations selon les années, il n'en fallait plus que 30 vers 1950. On en est aujourd'hui à 2,5 heures avec les techniques les plus « productives », en comptant le temps de travail nécessaire à la

4 Avec une nuance : certaines productions agricoles ne sont pas appelées à suivre cette tendance moyenne. Par exemple, pour des raisons qui tiennent à sa forte empreinte écologique, l'élevage des bovins devrait connaître à terme une forte décroissance car il s'accompagne d'un haut niveau d'émissions de gaz à effet de serre.

production des machines et des « intrants » de la production[5]. Remarquable contribution à la croissance ! Dans les pays « riches », 2 % à 3 % d'actifs suffisent à nourrir tous les habitants, et parfois plus si le solde du commerce extérieur est positif ! Oui, mais…

Le raisonnement de Fourastié, repris par d'autres économistes, repose sur une hypothèse centrale : la tonne de blé moderne est « la même chose » que la tonne de blé ancienne. En apparence, tel est le cas, et l'on peut même probablement invoquer certaines propriétés physico-chimiques attestant de la supériorité des méthodes modernes, si l'on s'en tient aux grains de blé ou à la farine.

Or le blé moderne est issu d'une agriculture de plus en plus intensive qui produit, en même temps que le blé, de considérables externalités négatives. Elle utilise massivement des intrants chimiques, pesticides et autres, dont on commence à évaluer les impacts négatifs sur la santé, sur la mise à mal des écosystèmes, et sur la disparition d'insectes pollinisateurs pourtant essentiels pour bien d'autres productions. Elle contribue (avec d'autres) à épuiser et polluer les nappes phréatiques et à accentuer la désertification, ce qui réduit les deux principales ressources de la production agricole : les terres arables disponibles et l'eau. Elle a remplacé l'énergie humaine par de l'énergie « machinique » à base de pétrole : c'est cette substitution du capital (et du pétrole) au travail qui explique la plus grande partie de ses gains de productivité. Les plus gros tracteurs ou moissonneuses batteuses ont une puissance de 500 ch et des moteurs d'une cylindrée de 10 à 12 litres. Tout cela s'accompagne d'émissions de CO_2, et le pétrole est en voie de raréfaction. Enfin, comme la distance s'accroît entre les lieux de la production agricole à grande échelle et les lieux de transformation et de consommation, le blé ou la farine modernes exigent du transport, lui-même gros pollueur.

Donc le blé intensif « incorpore » toute une série de caractéristiques négatives au regard de la durabilité. *Les mesures de la productivité et de la croissance les ignorent*. Pour en tenir compte, il faudrait déduire de la valeur de ce blé « pollueur » la valeur estimée des nombreux dommages collatéraux que sa production et son transport entraînent, et tenir compte de la « valeur d'option » (valeur attribuée aux usages dans le futur) des ressources non renouvelables utilisées (le pétrole surtout). C'est délicat, mais c'est envisageable. Qu'obtiendrait-on ? Difficile à dire en l'absence regrettable de tels travaux, mais, en s'inspirant des différences de prix entre l'agriculture intensive et l'agriculture biologique, on peut grossièrement estimer que la productivité ainsi « corrigée » de l'agriculture intensive serait divisée par deux ou plus par rapport à sa valeur brute, en

---

[5] http://www.jean-fourastie.org/temoin1.htm.

fonction du mode d'évaluation des dégâts écologiques et de la déplétion du pétrole. Ses « véritables » gains de productivité dans la période récente, celle où elle a le plus malmené la nature, seraient probablement faibles ou nuls. Plus généralement, selon des indicateurs existants de « PIB verts », la « croissance corrigée » aurait été nulle depuis 1970 aux États-Unis, et les fantastiques taux de croissance de l'économie chinoise pourraient être divisés par deux ou plus...

Si l'agriculture industrielle était convertie par étapes en un système durable, on n'en reviendrait pas pour autant au Moyen-Âge. Il s'agirait même d'une « modernisation » exigeant des innovations, mais il faudrait envisager un retournement inattendu : l'emploi dans l'agriculture, qui n'a cessé de décroître depuis la révolution industrielle (il ne représente guère plus de 3 % de l'emploi total en France, contre 27 % en 1954), devrait augmenter pour satisfaire une demande durable, avec des « prix durables » (plus élevés) incorporant les exigences nouvelles. Il en irait de même de la valeur ajoutée de ce secteur : son poids dans le PIB progresserait nettement. Cette hypothèse concernant la production repose implicitement sur une seconde hypothèse relative à la demande : les ménages augmenteraient leur « coefficient budgétaire » pour ces produits alimentaires devenus à la fois plus chers et durables, ce qui suppose de réfléchir à une notion de « pouvoir d'achat durable » et de réduire les inégalités de revenu pour que ces produits durables restent accessibles à tous.

On aurait alors une forte baisse de la productivité, *mesurée selon les méthodes actuelles*, mais l'emploi progresserait, à production donnée en quantités brutes (par exemple les quintaux de céréales). Croissance zéro (dans ce secteur), emploi en hausse ? Cela semble difficile à croire. C'est pourtant possible si l'on tient compte des nécessaires gains de qualité et de durabilité, nouveaux grands gisements d'emplois du « développement durable ». En réalité, si l'on était capable d'intégrer les gains de qualité et de durabilité dans les mesures des variations de prix et de productivité, il est probable que l'on assisterait non pas à une baisse de la productivité, mais plutôt à des gains.

En France, une agriculture durable et de proximité, avec pour objectif un haut degré de souveraineté alimentaire, ce qui ne veut pas dire le protectionnisme intégral, pourrait représenter à terme entre 1,5 et 2 millions d'emplois contre moins d'un million aujourd'hui. Il n'y a en France que 1,7 % de fermes biologiques contre 9 % en Autriche. Il faudrait passer à 10 ou 20 fois plus. Par ailleurs, l'exploitation raisonnée et durable de la biomasse (l'une des multiples énergies renouvelables, dont fait partie le bois-énergie) pourrait à elle seule exiger 150 000 emplois agricoles nouveaux.

D. Deuxième exemple : les énergies renouvelables et les activités d'économie d'énergie devraient créer, vague d'innovation à l'appui, des centaines de milliers d'emplois dans l'agriculture, l'industrie et les services

On commence à disposer de scénarios de bonne qualité concernant la montée en puissance des énergies renouvelables, en France et dans beaucoup d'autres pays. Le scénario 2006 pour la France de l'association négaWatt[6] (110 experts et praticiens) combine 1) le recours croissant à des technologies de production d'énergie propre (les renouvelables), 2) la recherche d'efficacité énergétique (des bâtiments, des appareils : consommer moins de Kwh pour un même usage, par exemple moins de Kwh pour une température donnée des bâtiments), et, 3) la sobriété énergétique (réduction des gaspillages). Ce n'est pas un scénario de régression, au contraire : entre 2000 et 2050, l'usage de l'électricité doublerait à consommation de Kwh stabilisée (efficacité et sobriété), la mobilité (transports) progresserait de 15 % (moyennant un doublement de l'usage des bus et des trains). Les émissions de gaz à effet de serre liées à la production et consommation d'énergie seraient divisées par plus de 4 par rapport à 2000.

Dans ce scénario, l'emploi augmenterait nettement dans le bâtiment (construction et surtout réhabilitation), la fabrication de composants et de matériaux, les études technico-économiques, les services énergétiques et la maintenance. Surtout si l'on aide ces branches naissantes par des investissements publics et par une fiscalité incitative du côté de la demande.

Le programme de réhabilitation des logements créerait plus de 100 000 emplois à temps plein, l'éolien créerait plus de 200 000 emplois d'ici 2050, le photovoltaïque 150 000 et l'exploitation raisonnée de la biomasse permettrait de maintenir en activité 150 000 agriculteurs. Ces emplois, pour la plupart non délocalisables, contribueraient au développement local. Cela fait autour de 600 000 emplois ajoutés.

Mais qu'en est-il, dans ce scénario, des gains de productivité et de la croissance, tels qu'ils sont actuellement mesurés ? La croissance de l'emploi et la stagnation du nombre de Kwh produits conduiront à enregistrer une nette baisse de la productivité et une croissance zéro du volume de la production, comme dans le scénario précédent pour l'agriculture. Mais de tels calculs passent à côté de deux facteurs essentiels. Le premier est qu'avec un Kwh, on peut obtenir deux fois plus d'usages (ou de « service final »), or ce sont ces derniers et eux seuls qui comp-

6 http://www.negawatt.org/.

tent dans le « bien-être matériel » lié à l'énergie. Le second est qu'un Kwh « propre » n'est pas un Kwh « sale » : le premier ne produit pas les externalités négatives du second. Pour pouvoir refléter ce qui compte vraiment en termes de bien-être durable (la valeur d'usage durable), il faudrait que la mesure des gains de productivité (et donc des prix unitaires, du pouvoir d'achat, etc.) soit capable d'enregistrer le « volume » de l'utilité finale et les gains de durabilité écologique (par exemple les coûts des dommages évités à long terme). C'est une piste à creuser.

Comme le cas de l'énergie et de l'agriculture ne sont pas isolés, on peut faire l'hypothèse que parmi les principaux gisements d'emplois utiles de l'avenir, on trouvera, dans tous les secteurs les gains de qualité, d'efficacité d'usage, et de durabilité écologique (diminution des externalités négatives). Dans de tels cas, les mesures actuelles des gains de productivité et de la croissance offriront une image biaisée du « progrès », voire afficheront une décroissance qui n'en serait pas une si l'on pouvait tenir compte de toutes les composantes bien réelles et évaluables d'une *« valeur ajoutée d'usage durable »* des biens et des services.

E. La proximité comme gisement d'emplois durables

Il est désormais évident pour tous ceux qui s'inquiètent de l'état actuel et futur des ressources naturelles qu'il faut privilégier autant que possible des activités économiques de proximité, économes en transports, plus riches en liens sociaux, rapprochant non seulement physiquement la production de la consommation, mais aussi les réseaux de producteurs, de distributeurs et de consommateurs, en y faisant fonctionner de la coopération territorialisée. C'est ce que certains appellent la « relocalisation », et elle concerne aussi bien l'agriculture que l'industrie, le bâtiment, l'énergie, et la plupart des services. Nous verrons que les services peuvent jouer à cet égard un rôle de toute première importance : à l'opposé des approches qui ont fait de l'internationalisation des services un moteur de leur expansion, c'est leur relocalisation et la proximité qui seront sans doute leurs principaux atouts.

III. Retour à l'emploi tertiaire : services gagnants, services perdants

Que viennent faire les réflexions de la section précédente dans une analyse prospective des services ? D'abord, de façon élémentaire, si certains grands secteurs qui ont connu un déclin continu dans le passé doivent retrouver un poids bien plus élevé dans l'emploi, cela laisse mathématiquement moins d'espace pour l'emploi tertiaire. Argument toutefois insuffisant, car dans les secteurs primaire et secondaire, on trouve certes des branches appelées à se développer, mais, pour d'autres, le déclin est pratiquement assuré à terme. Dans le secteur primaire, la pêche déclinera (raréfaction simultanée des ressources halieutiques et du pétrole), mais aussi, entre autres, l'élevage de bovins. Déclin aussi, par exemple, pour toutes les activités (industrielles ou de service) liées à la « société de l'automobile, du camion et de l'avion » et aux infrastructures correspondantes.

L'avenir de l'emploi dans les services est donc conditionné par 1) la durabilité des activités des secteurs primaires et secondaires, réorientées sur une base non productiviste, 2) des innovations de grande ampleur dans les services eux-mêmes visant à réduire leur empreinte écologique et à développer des services de proximité d'utilité sociale et écologique, et, 3) une décroissance de toutes les productions et consommations dévoreuses d'énergie et d'espace écologique par unité de service final et fortement émettrices de rejets, dont les GES. C'est ce qu'il faut examiner en se situant au niveau des branches, secteurs et filières, en distinguant les « services gagnants » et les « services perdants ».

A. Les services gagnants

Nous avons vu que la proximité, à la fois technique et sociale, allait devenir une composante essentielle de l'organisation sociale de la production et de la consommation durables. Il semblerait donc que les services (hors transports) détiennent sur ce point un avantage comparatif considérable, puisque la plupart d'entre eux sont fournis dans le cadre de « relations de service » impliquant la coprésence des prestataires et des usagers. Mais nous avons également critiqué précédemment sur un plan écologique cette vision un peu idyllique.

Il reste qu'entre la pression écologique des « services de proximité » et celle de la production de biens industriels et agricoles dont les composants parcourent des milliers de kilomètres avant de parvenir sur leurs lieux de mise à disposition et d'usage, il existe en moyenne une nette différence écologique, même si l'on manque de chiffres précis. En réalité, les services territorialisés sont très divers, et les transports et externalités négatives qu'ils génèrent dépendent de choix d'organisation et de localisation. La grande distribution n'a pas la même empreinte écologique que le petit commerce de quartier organisé en coopératives liées à des coopératives de producteurs proches. Les services publics qui, sous des « impératifs de productivité », suppriment des bureaux ou agences de proximité pour concentrer leur production dans des centres regroupés, augmentent leurs atteintes à l'environnement tout en diminuant leur utilité sociale. Les services à domicile aux personnes âgées induisent bien plus de déplacements que les lieux de vie ou maisons de retraites de quartier, etc. L'organisation spatiale et sociale de tels services est donc plus importante que leur qualificatif commun de « services de proximité » pour un bilan écologique.

Mais l'avenir de l'emploi dans les services dépend aussi, très largement, d'une évaluation des besoins à venir, en portant un jugement sur l'utilité sociale et écologique de ces besoins, sur leur universalité, et sur leurs modes alternatifs de satisfaction. Il ne fait aucun doute, par exemple, que des besoins légitimes immenses existent en direction des personnes âgées et de la petite enfance, même si les réponses (par exemple à domicile ou non) n'ont pas la même valeur sociétale durable, et dépendent des souhaits des personnes elles-mêmes et de la qualité des options, qualité humaine comprise. Il en va de même dans nombre de services publics. Pour avoir, en France, la densité[7] suédoise de « services sociaux » (éducation, santé, action sociale, services aux personnes âgées et à l'enfance, collectivités publiques), il faudrait trois millions d'emplois supplémentaires (soit bien plus que le nombre de chômeurs), et de bien meilleure qualité ! Ce chiffre ne signifie pas que l'on peut copier des modèles nationaux, ni que les services suédois en question soient tous écologiquement viables, mais il indique une marge de création d'emplois utiles dont l'écologie devrait être étudiée.

Se pose ici la question de l'égalité d'accès à ceux des services, très nombreux, que l'on peut associer à des droits universels existants ou à conquérir, sous contraintes écologiques (un autre droit). Si la densité des « services sociaux » est plus forte dans les pays nordiques, c'est aussi parce l'on y considère que tous doivent pouvoir y accéder, quitte à ce qu'ils soient gratuits ou très peu chers pour les personnes à bas revenus. L'avenir de l'emploi dans de tels services dépend donc aussi, toujours sous contrainte écologique, de choix entre les solutions marchandes concurrentielles, où l'accès est conditionné par les revenus, et les solutions « universelles », qu'elles soient directement prises en charge par l'État ou les collectivités locales, ou qu'elles prennent la forme de partenariats avec des associations ou des entreprises.

On estime par exemple qu'un grand service public de la petite enfance exigerait de créer en France un million de places dans les 15 ans à venir et d'ajouter ainsi 150 000 emplois. Si l'on ajoute les besoins, nettement plus importants, relatifs aux personnes âgées (aide à domicile, mais aussi et peut-être surtout lieux de vie conviviaux bien insérés dans la cité, les quartiers et territoires), on ne dispose pas d'estimations de ce que produirait l'affirmation d'un droit universel, mais il est certain que cela se chiffrerait en centaines de milliers d'emplois de proximité. Les

---

7 Au sens de leur poids dans l'emploi, mais aussi au sens de leur diffusion sur tous les territoires et de leur accessibilité à tous.

projections de la DARES par familles de métiers[8] sont de 240 000 emplois ajoutés en dix ans. Or elles ne se situent pas dans une optique de services universels de la petite enfance et des personnes âgées. On pourrait alors certainement multiplier ce chiffre par deux ou trois.

D'autres services publics ou universels de proximité, associés à des droits à affirmer, devraient être considérés, notamment pour le logement (avec des emplois à la clé dans les trois grands secteurs), moyennant des bilans écologiques en stock et en flux. Plus généralement, les services publics ont contribué, non sans défauts, à nourrir les territoires. Leur affaiblissement et la disparition de services publics de proximité, outre leur impact écologique négatif, dévitalisent les régions rurales (régions dont les stratégies de durabilité auront besoin) et les périphéries urbaines en crise sociale, renforçant le double mouvement de polarisation des activités dans certaines zones et de désertification pour les autres.

Enfin, dans un contexte peu favorable sur le plan des financements publics, l'emploi dans l'économie sociale et associative, qui est essentiellement une économie de services (recoupant partiellement celle des services de proximité aux personnes), a progressé de 15 % depuis 2000 et représente 10 % de l'emploi total, plus très loin de l'industrie avec ses 13,8 %. La qualité de l'emploi y est inégale et souvent faible, leur écologie est peu prise en compte, mais leur utilité sociale fait peu de doute dans la plupart des cas.

B. Les services perdants

En tête des services perdants, on trouve les transports routiers et aériens et avec eux nombre d'autres services et activités agricoles et industrielles qui en dépendent fortement. Il n'est pas besoin d'expliciter les causes de ce déclin annoncé, entre l'envolée du prix des carburants, les taxes à venir sur l'énergie, et l'absence d'alternatives technologiques dans des délais prévisibles et à un niveau suffisant de réduction des GES. D'importantes incertitudes existent, mais le compte n'y sera pas, et d'ailleurs même l'agence européenne de l'environnement (EEA en anglais) vient de l'admettre[9], en reconnaissant 1) que les explications de l'incapacité de réduire les dommages écologiques de ces transports tenaient à l'organisation, en amont, de secteurs inducteurs de transport (dont les services, mais aussi l'organisation urbaine) et de choix politiques les concernant, et 2) qu'il faudrait envisager leur décroissance. Ce rapport note que de 1995 à 2004, le trafic aérien de passagers a augmenté de 49 % et celui par voitures individuelles de 18 %, la part des dépla-

---

8 *Premières informations, premières synthèses*, n° 50.1, décembre 2005.

9 http://reports.eea.europa.eu/eea_report_2008_1/en.

cements de personnes en voiture s'étant élevée à 74 % en 2004 dans l'Union européenne.

Parmi les services les plus dépendants des transports, le tourisme international et le tourisme d'affaires fondés sur le transport aérien vont sombrer, entraînant dans leur chute certaines économies qui en ont fait le pivot de leur développement, sauf si des reconversions sont organisées rapidement. Mais d'autres secteurs seront touchés, dont le courrier, certaines formules de distribution à forte empreinte carbone, etc. L'organisation internationale de nombreuses activités (dont la recherche) sera également affectée par ces contraintes. En revanche, un meilleur avenir est promis aux transports les plus doux, y compris le transport ferroviaire des personnes et des marchandises.

C. Un tableau de synthèse sur les perspectives de l'emploi à long terme

Le tableau qui suit résume nos hypothèses sur l'avenir de l'emploi tertiaire dans les pays développés au cours des prochaines décennies, dans une perspective de durabilité et d'équité. Il ne reprend pas exactement les classifications usuelles. Les activités des secteurs primaires et industriels sont évoquées mais non développées. Certaines catégories de la colonne de gauche se recoupent. Ce tableau n'autorise pas, en l'état, un bilan prospectif global de l'emploi dans les services, même s'il semble qu'entre les services gagnants et perdants, et compte tenu des deux autres secteurs, il ne faille pas s'attendre à ce que le poids des services progresse à long terme.

Secteurs	**Enjeux**	**Tendances de l'emploi d'ici 2050**
Agriculture, sylviculture, pêche	Agriculture biologique de proximité comme axe majeur de développement. Exploitation durable des forêts et de la biomasse. Pêche durable.	Croissance globale dans l'agriculture et la sylviculture, avec des contrastes selon les bilans écologiques des productions. Forte décroissance de la pêche.
Industrie manufacturière	Réduction forte des volumes de matières et d'émissions par unité de service final. Relocalisation partielle, prime aux PME de proximité. Croissance de nouveaux secteurs fondée sur des innovations de durabilité des produits.	Réduction de l'emploi freinée par une limitation du productivisme et de la logique des firmes globales. Reconversions possibles dans certains cas.
Énergie	Passage volontariste aux énergies renouvelables. Tarification sociale en fonction des revenus. Compromis entre des énergies renouvelables à forte empreinte spatiale	Croissance forte d'ici 2050 dans ce secteur et dans tous ceux qui concourent aux économies d'énergie, dont le bâtiment, le chauffage,

	(biomasse…) et d'autres à plus grande intensité de matières (photovoltaïque, barrages, éolien). Passage à une société sans pétrole. Sobriété et efficacité énergétiques.	etc.
Bâtiment et urbanisme	Économies d'énergie et de matières, urbanisme durable, réhabilitation, « villes lentes », proximité.	Croissance pour les décennies de transition (réhabilitation d'abord)
Transports	Décroissance organisée des transports émetteurs de GES et d'autres pollutions et des productions associées à la société de l'automobile, du camion et de l'avion. La vitesse en question. Montée en puissance des transports plus doux et plus lents. Réflexions sur les inducteurs de transport.	Forte décroissance de l'emploi, sauf dans les transports collectifs les plus écologiques prenant en partie le relais. Au total, la mobilité pourrait ne pas décroître.
Commerce	Priorité à un commerce de proximité lui-même lié à des coopérations de producteurs de proximité. Centrales de coopération. Décroissance du système des grandes surfaces et de leurs horaires asociaux.	Probable croissance de l'emploi au total, pour une distribution moins productiviste et moins concentrée.
Réparation, recyclage, entretien…	Parmi les activités les plus importantes de la durabilité. Une partie pourrait contribuer aux reconversions industrielles (industrie « servicielle »). Recyclage des déchets solides contre incinération, etc.	Forte croissance
Location de biens	Permettre un partage écologiquement efficace de l'usage des biens.	Croissance
Artisanat	Rôle important dans la proximité : réparation, entretien, recyclage…	Croissance
Postes	Comment réduire 1) les émissions par unité de courrier ou de colis, 2) les flux ? Incidences sur la qualité de service, sur la VPC, etc. Prime au courrier électronique.	Réduction nette (déjà entamée, mais sur une base productiviste aux multiples externalités négatives).
Télécommunications et réseaux informatiques, ordinateurs	Empreinte écologique (matériaux, émissions) et empreinte eau des terminaux et des réseaux, valeur d'usage durable. Recherches sur les dommages sur la santé. Innovations pour verdir les produits et infrastructures.	Ralentissement de la croissance dans les pays riches, progression ailleurs, sous contraintes écologiques.
Banques, assurances, immobilier	Les crises financières et immobilières pousseront à des formes de contrôle public ou de propriété publique, tout comme la nécessité de retrouver une maîtrise du foncier. Établissements de proximité. Nouvelles monnaies locales.	Réduction
Services aux entreprises et admin. hors postes et télécom.	Pour les « services opérationnels » (nettoyage, sécurité, restauration, etc.) enjeux écologiques et sociaux.	Croissance lente de proximité, décroissance de la publicité et du marketing.

	Pour les prestations intellectuelles, réduction des déplacements de personnes, prime à la proximité, nouveaux conseils en DD, écoconception etc.	
Hôtellerie-restauration, tourisme	Secteur frappé par la crise des transports motorisés sur longue distance, mais prime au tourisme et à la restauration de proximité sous contrainte écologique d'approvisionnement	Réduction probable de l'emploi, très forte pour le tourisme « au loin ». Prime à la restauration de proximité liée à des fournisseurs de proximité.
Services à la petite enfance et aux personnes âgées	Passer à des solutions universelles associées à des droits sous contraintes de respect de l'environnement, réflexions sur les avantages et inconvénients des solutions au domicile ou en dehors. Professionnalisation.	Forte croissance mobilisant des financements publics.
Administrations locales	Seront de plus en plus cruciales pour la durabilité. Retour en régie de nombreux services sous-traités au secteur privé dans des conditions insatisfaisantes sur le plan social et écologique.	Croissance
Administrations nationales	Retour à des agences et établissements de proximité, décentralisation mais avec des normes de qualité sociale et écologique. Pour la santé et l'éducation, débat sur les excès de la course aux diplômes et sur l'hypermédicalisation, mais exigences d'égalité fondée sur des droits. De même pour la justice.	Le partage national/local évoluera, mais la part des administrations et services publics devrait progresser. Faible progression dans l'éducation et dans la santé.

Conclusion : La « question sociale » du 21e siècle et les services

La plus importante « question sociale » du 21e siècle sera celle des incidences sociales mondiales de la crise écologique. C'est ce que montre le rapport 2007-2008 du programme des Nations Unies pour le Développement (décembre 2008) sur le seul plan du climat. Mais un important rapport antérieur (2005 *Millenium Ecosystem Assessment*[10]) avait traité du cas des incidences humaines de la destruction des écosystèmes.

S'agissant des services, les deux questions stratégiques, dans une perspective de développement humain équitable et durable, sont celle de la prise en compte de leur écologie complète (voir la section 1) et celle de l'accès universel à des services essentiels associés à des droits déjà reconnus ou à conquérir. Mais aucune de ces deux questions ne peut être

10 http://www.millenniumassessment.org/en/index.aspx.

posée en isolant les services des autres activités et de leur organisation matérielle et spatiale. Par exemple, on n'aura pas de « services durables » dans des villes non durables, avec des transports ou des bâtiments non durables, et avec des prestataires dont les niveaux et modes de vie ne sont pas durables non plus.

L'exigence de durabilité porte une exigence d'égalité, qui concerne aussi les services. Mais cette double exigence sera source de conflits majeurs.

L'exigence d'égalité va se poser en relation avec la notion de place (ou espace, ou empreinte) écologique disponible par personne. Les milieux aisés et les élites feront tout, au nom de leur utilité sociale supposée supérieure, pour conserver leurs places écologiquement dispendieuses en réduisant au maximum l'espace écologique utilisé par les personnes situées en bas de l'échelle. Mais elles seront toutefois en difficulté : les riches pouvaient utiliser l'argument, présent par exemple chez Adam Smith, et toujours réactualisé depuis par les élites, selon lequel la richesse des riches profite à tous en entretenant le dynamisme des affaires. Ce raisonnement reposait sur la vision d'une richesse économique matérielle extensible sans limites. Dès lors que la richesse contient une composante proprement vitale de ressources naturelles finies, l'argument ne tient plus : la richesse écologique des riches (reflétée par exemple par leur empreinte écologique) s'oppose frontalement au bien-être durable du plus grand nombre. La lutte des places pour l'accès à des ressources naturelles disponibles en voie de raréfaction se conjuguera à la lutte des classes pour le contrôle et la répartition de la production économique. On retrouvera la problématique de Fred Hirsch dans *Social limits to growth* (1977).

Les services seront directement concernés par ces revendications égalitaires dans la mesure où nombre d'entre eux sont non seulement associés à des droits universels (santé, éducation, mobilité, justice, logement, énergie, etc.), mais sont aussi, parfois, dépendants de ressources naturelles vitales (l'eau, l'énergie, l'espace, etc.). La question sera donc posée de la tendance spontanée des marchés concurrentiels à produire ou reproduire des inégalités, de l'exclusion et des dommages écologiques. La « marchandisation concurrentielle » des services, propulsée notamment par l'AGCS (Accord Général sur le Commerce des Services) sera questionnée. Bien que l'époque soit à la « dérégulation » des services, la crise écologique pourrait bien exiger leur re-régulation et de fortes limitations de la logique concurrentielle actuelle à court terme qui conduit au dumping social et environnemental. Des biens communs environnementaux, ou « services de la nature », devront également acquérir en droit un statut les préservant de la logique marchande lucrative. Ce statut sera le lieu d'enjeux sociaux majeurs car la mise hors marché concurrentiel ne suffit pas à garantir l'équité ni la durabilité écologique.

L'économie écologique en général et celle des services en particulier exigeront dans les décennies à venir une plus forte intervention publique et des financements publics plus importants, notamment dans les services. Pour trois raisons : 1) celles qui viennent d'être évoquées : la réduction des inégalités d'accès aux services de la nature et aux services fondamentaux de la solidarité et du bien-être, 2) pour lancer de nouveaux investissements qui seront à la transition vers l'économie écologique ce que les investissements dans les infrastructures et grands services publics de réseau ont été à l'économie de la révolution industrielle aux Trente Glorieuses, et, 3) parce que les comportements des consommateurs et des entreprises devront être réorientés en utilisant, parmi d'autres outils, des incitations, normes et taxations bien plus fortes, du local au global. Cela posera une autre question sociale qui est celle de savoir qui supportera, dans le monde et dans chaque pays, les efforts de reconversion, sur quelle base et avec quel taux d'effort. Il serait paradoxal que les pays, les catégories sociales et les peuples qui ont le moins contribué à nous faire franchir les seuils de non durabilité, et qui sont pourtant ceux qui en font déjà le plus les frais, ne voient pas reconnaître la dette écologique que leur doivent les « riches », dont la richesse s'est construite en grande partie en surexploitant ou en pillant, entre autres, les ressources naturelles du Sud.

Références non explicitées dans le texte

Ademe, La démarche Bilan Carbone chez Casino, http://www2.ademe.fr/servlet/ getDoc ?cid= 96&m=3&id=48543&p2=14134&ref=14134&p1=1.

Baumol, W. J., "Macroeconomics of Unbalanced Growth", in *American Economic Review* (2), 1967, p. 415-426.

Fourastié, J., 1949, *Le grand espoir du 20e siècle*, Paris, PUF, 1949.

CHAPITRE 6

Développement durable, responsabilité de l'entreprise et profit

Blandine LAPERCHE

L'entreprise est couramment définie comme étant une unité économique, un ensemble de facteurs combinés, dont l'activité aboutit à la fabrication des biens et à la prestation des services vendus sur un marché. C'est un centre de décision juridiquement autonome qui met en œuvre sa stratégie, se fixe des objectifs et se donne les moyens pour y parvenir. Son statut est le plus souvent celui d'une société, dotée d'une personnalité morale, distincte de celle de ses membres ou de ses actionnaires.

Dans ce chapitre, nous étudions la relation entre les objectifs de l'entreprise, tels qu'ils sont présentés dans la théorie économique, et le développement durable, traduit à l'échelle du comportement microéconomique par la « responsabilité sociale des entreprises ». La responsabilité sociale des entreprises signifie « l'intégration volontaire par les entreprises de préoccupations sociales et environnementales à leurs activités commerciales et leurs relations avec leurs parties prenantes » (Commission européenne, 2001). En d'autres termes, l'entreprise socialement responsable ne se soucie pas uniquement de ses performances économiques, mais intègre dans ses objectifs la protection de l'environnement et le bien-être social. Elle est donc volontairement plus attentive aux préoccupations des parties prenantes : salariés, actionnaires, clients, fournisseurs et société civile.

La question de départ que nous nous posons est la suivante : la responsabilité sociale des entreprises peut-elle devenir un objectif de l'entreprise ? D'après la théorie économique contemporaine de l'entreprise, les objectifs de l'entreprise, qui dépendant de la définition donnée à celle-ci, sont strictement des objectifs internes. La maximisation du profit prônée par l'analyse néoclassique laisse place en situation de concurrence imparfaite et de rationalité limitée à une variété d'objectifs, parmi lesquels on trouve la croissance des ventes, la performance technologique, l'accroissement des salaires des dirigeants, etc. En d'autres termes, peu de place est accordée au bien-être des salariés, aux préoccupations sociales ou environnementales (partie 1).

Pourtant, la responsabilité sociale de l'entreprise n'est pas une question nouvelle. Elle a fait l'objet de débats et de pratiques depuis le début du 20e siècle, voire même la fin du 19e siècle si on intègre le paternalisme. Dans la pratique, la responsabilité sociale des entreprises tend à s'institutionnaliser. Portée par les discours politiques, les règles, normes, chartes et référentiels le plus souvent issus des secteurs privé et associatif, appuyée par le développement de théories organisationnelles, elle devient l'une des règles du jeu à l'intérieur desquelles évoluent les entreprises, grandes et petites (partie 2).

Comment expliquer ce succès de la « responsabilité sociale des entreprises » ? Répondre à cette question nécessite une vision renouvelée de l'entreprise, plus sociologique et politique à laquelle nous cherchons à contribuer. La responsabilité sociale cristallise en effet les rapports de force entre le capital et le travail, dans le contexte où l'entreprise d'aujourd'hui est une organisation complexe d'un type différent de celle des années 1960. Elle est actrice et responsable d'un nombre de plus en plus grand de fonctions sociales tout en étant mue par un impératif de rentabilité à court terme qui s'explique par la mondialisation du contexte concurrentiel. L'« intégration des externalités » sociales et environnementales apparaît alors dans ce contexte comme une obligation issue de la place considérable qu'occupe l'entreprise dans la société d'aujourd'hui mais aussi comme un avantage dans la mesure où elle peut facilement s'associer à une stratégie de réalisation de profits (partie 3).

La diffusion de la responsabilité sociale comme norme de comportement est-elle pour autant le signe de l'émergence d'un nouveau mode de développement « durable » ? Nous ouvrons finalement le débat sur cette question en soulignant les limites inhérentes à la volonté d'additionner des comportements individuels pour aboutir à un résultat d'ensemble.

I. Les objectifs de l'entreprise dans la théorie économique contemporaine

Il est possible de faire débuter l'analyse économique contemporaine de l'entreprise au cours des années 1930, lorsque sont publiés les premiers ouvrages contestant la validité des hypothèses de la concurrence pure et parfaite[1]. Berle et Means (1932) brisent l'identification faite par

[1] Pour autant, l'entreprise fut un objet d'analyse important des économistes classiques, dont A. Smith qui débute *La Richesse des Nations* (1776) par son fameux chapitre sur la division technique (et sociale) du travail. L'entreprise est aussi également au cœur de l'analyse marxiste du capitalisme, ou encore de celle de T. Veblen.

les néoclassiques entre le propriétaire et le dirigeant de l'entreprise, ceci dans le contexte de la concentration des entreprises aux États-Unis. Les ouvrages de Joan Robinson (1933) et de E. H. Chamberlin (1933) remettent aussi en cause l'existence d'une concurrence pure et parfaite. L'entreprise, en tant qu'objet d'analyse de la théorie économique contemporaine, naît ainsi de la contestation de l'approche néoclassique, dominante depuis la fin du 19e siècle, qui réduit toute l'activité de production à une fonction technique reliant des flux d'entrée (matières premières, services) à des flux de sorties (produits finis, déchets).

Différentes approches théoriques se sont développées au cours du 20e siècle, s'intéressant à l'organisation de l'entreprise, et plus précisément aux comportements de ses membres et aux processus de décisions internes (théories behavioriste et managériale), aux causes et aux facteurs de son évolution et de sa force économique (théorie des ressources et théorie évolutionniste), aux raisons de son existence (théorie des coûts de transaction) et aux problèmes d'incitation, de coordination et de répartition des droits de propriété (théorie de l'agence, théorie des droits de propriété) (tableau 1).

Tableau 1. Définition et objectifs de l'entreprise dans les théories contemporaines

Approche de l'entreprise	**Question centrale**	**Objectif poursuivis**
Fonction de production « Boîte noire »	- efficience du marché	Le producteur recherche la maximisation du profit
Organisation complexe	- étude des processus de décisions (béhavioriste)	Principe de satisfaction
↓	- étude de l'évolution de la firme (théorie des ressources, théorie évolutionniste)	Objectifs variés des groupes constituant l'organisation (le profit reste toujours la base) Réponse à des routines
Lieu de production de richesse, d'innovation	- structure du pouvoir (théorie managériale)	Objectifs de la technostructure : autonomie, croissance, virtuosité technique (le profit reste la base)
Structure de gouvernance « Hiérarchie »	- raison d'existence de la firme et étude des transactions (théorie des coûts de transaction)	Possibilité d'opportunisme du fait des contrats incomplets : objectifs variés
Nœud de contrat « fiction légale »	- problème de coordination et d'incitation (théorie de l'agence) - répartition des droits de propriété (théorie des droits de propriété)	Pas d'objectif propre de l'organisation. Maximisation de l'utilité

Lorsque l'on s'intéresse à la question des objectifs de l'entreprise, trois éléments clés peuvent être retenus :

- les objectifs qui sont assignés à l'entreprise découlent de la définition qui lui est donnée ;

- si une pluralité d'objectifs peut apparaître, la réalisation de profit (et non pas sa maximisation) reste toujours la base de l'activité ;

- les autres objectifs mis en avant, le cas échéant, sont toujours des objectifs internes à l'entreprise, ce qui fait *a priori* apparaître la « responsabilité sociale des entreprises » comme un objectif nouveau pour l'entreprise.

A. Les objectifs de l'entreprise reflètent la définition donnée à l'entreprise

Dans l'approche néoclassique, l'entreprise n'est pas une organisation, elle est réduite au producteur, propriétaire des moyens de production et gestionnaire de l'activité. Le producteur poursuit logiquement un objectif de maximisation du profit et, pour l'atteindre, adopte un comportement fondé sur une rationalité complète[2]. Il va ainsi fixer sa production au niveau où l'écart entre la recette totale et les coûts totaux est le plus grand et où le coût marginal est égal à la recette marginale. À plus long terme, si les opportunités d'investissement sont nombreuses, l'excès de la production dû à l'entrée de nouvelles entreprises ou à l'accroissement de la production des entreprises déjà présentes provoque la disparition de certaines entreprises ou la résorption des surprofits, si la demande reste constante. Les économies d'échelle réalisées se transforment au cours du temps en déséconomies, lesquelles sont expliquées par les rendements décroissants du management. L'entreprise a une « taille optimale » et se reproduit à l'identique. Cette approche de la maximisation du profit découle d'une vision idéale du fonctionnement des marchés dans laquelle la recherche de l'intérêt particulier, égoïste, conduit à l'intérêt général. On trouvait déjà cette vision dans les écrits de Adam Smith pour qui « ce n'est pas de la bienfaisance du boucher, du brasseur ou du boulanger que nous attendons notre dîner, mais de leur souci de leur propre intérêt » (1776, livre 1, chapitre 2), tout comme près de deux siècles plus tard dans ceux de Milton Friedman pour qui la seule responsabilité sociale de l'entreprise est de réaliser des profits[3].

---

2 La rationalité complète ou parfaite suppose la connaissance de toutes les alternatives ouvertes au choix. Elle nécessite la connaissance complète, ou la capacité à évaluer et à comparer les conséquences actuelles et futures de chacune des alternatives (Simon, 1979, p. 500-501).

3 Il écrit dans un article paru dans le *New York Times Magazine*, paru le 13 septembre 1970 que la seule responsabilité d'une entreprise consiste « à utiliser ses ressources et à s'engager dans des activités destinées à accroître ses profits, pour autant qu'elle

La critique de l'hypothèse de maximisation de profit découle de la remise en cause de la vision « parfaite » du marché. L'intégration, en d'autres termes l'entreprise, apparaît ainsi comme une illustration de cette imperfection ; illustration criante dans les faits économiques où la main visible des managers de l'entreprise moderne domine dans la plupart des secteurs de l'économie américaine à la veille de la Première Guerre mondiale (Chandler, 1977, édition de 1988 p. 4). Si l'entreprise est composée de différents membres, les objectifs de ceux-ci pourront varier. L'intégration, qui va même être considérée comme une réponse aux imperfections du marché (Coase, 1937), va peu à peu conduire à revoir la définition de l'entreprise. Celle-ci est désormais perçue en tant qu'organisation complexe, composée de groupes variés (des actionnaires, des managers, des ouvriers) dont les objectifs peuvent être tout à fait différents les uns des autres (Coriat, Weinstein, 1995).

Pour certains auteurs, les managers gestionnaires de l'activité au jour le jour vont chercher à maximiser les ventes de l'entreprise ou le taux de croissance des ventes (Baumol, 1959), ou encore le taux annuel de croissance (Marris, 1964) qui assurera leur revenus et leur prestige. Mais, du fait de l'incertitude forte qui règne sur les marchés et de la pluralité des membres qui constitue l'organisation, le principe de maximisation, et son corollaire, la rationalité complète ou parfaite deviennent intenables. Les travaux de Herbert Simon (1959, 1979) mettent en avant une autre forme de rationalité, dite « limitée » ou « procédurale » en raison des capacités de calculs très imparfaites des agents. Le comportement des agents n'est pas une donnée, il est le résultat d'une recherche de la meilleure décision possible dans une situation où il n'est pas possible de connaître toutes les alternatives, et encore moins toutes les conséquences éventuelles des alternatives. L'objectif de maximisation du profit est donc remplacé par celui de « satisfaction ». Un agent ne recherche pas l'action qui donne le meilleur résultat dans des conditions données, mais une action conduisant à un résultat jugé satisfaisant. L'entreprise, composée d'une coalition de groupes divers (Cyert, March, 1963), cherchera alors le compromis, par un processus d'apprentissage et d'élaboration de routine, destiné à définir des objectifs satisfaisants :

> Si nous cherchons à expliquer le comportement des entreprises dans les termes de cette théorie, nous devons considérer que l'objectif de la firme ne sera pas de maximiser le profit, mais d'atteindre un certain niveau ou taux de profit, détenir une certaine part de marché ou un certain niveau de ventes. Les firmes chercheraient à « satisfaire » plutôt qu'à maximiser (Simon, 1959, p. 263).

respecte les règles du jeu, c'est-à-dire celles d'une compétition ouverte et libre sans duperie ou fraude » (p. 126), Cité par Mercier, 2004, p.59.

Les théories managériales et les théories évolutionnistes, mais aussi O. E. Williamson dans ses premiers écrits, définissent également l'entreprise comme une organisation complexe, et adhèrent au principe d'une rationalité limitée présidant aux processus de décision. Il en résulte la mise en évidence d'objectifs multiples et variés de l'entreprise.

Le courant managérial (Galbraith, 1967 ; Chandler, 1977) se développe dans un contexte marqué par la domination de la grande entreprise et d'épanouissement de la production et de la consommation de masse aux États-Unis mais aussi en Europe. La firme est considérée, dans la lignée E. Penrose (1959), comme un lieu de production de richesse et d'innovation[4]. Dans une perspective organisationnelle, les auteurs s'intéressent particulièrement au pouvoir des managers. La « technostructure », qui constitue une « association d'hommes doués de connaissances techniques, d'expériences et de qualités différentes » (Galbraith, 1967, ed. 1989, p. 99) détient le pouvoir car la technologie étant complexe et coûteuse, il est alors nécessaire de prévoir, de maîtriser les risques de variations des goûts des consommateurs ou des coûts des fournisseurs. La planification impose alors la décision collective. Il en résulte que la grande entreprise poursuit des objectifs qui ne sont pas aussi restreints que la maximisation des profits. De nouveaux buts du système planificateur apparaissent. L'hypothèse de maximisation des profits pouvait s'expliquer lorsque le capital était l'agent de production dominant, étant donné que le capitaliste, détenteur du pouvoir de décision dans l'entreprise, maximisait ce qu'il apportait, c'est-à-dire l'argent. La situation n'est plus la même avec la technostructure car celle-ci apporte des talents spécialisés et des capacités d'organisation. Selon cette logique, ce qu'elle maximise n'est donc plus l'argent mais ses compétences et ses capacités d'organisation (voir Laperche, 2006).

La théorie évolutionniste (Nelson, Winter, 1982) met au cœur de son analyse les notions d'apprentissage et d'élaboration de routines, qui détermineront l'évolution de l'entreprise. De fait, les objectifs des membres de l'organisation sont davantage le résultat de l'expérience et des compétences construites (routines) que d'un choix portant sur des fins précises (notion de rationalité organique) :

> Les agents sont plutôt poussés par leur expérience passée (inscrite dans les routines) que « tirés » par des objectifs à venir. Les comportements ne sont pas délibérés, au sens de choix calculés entre stratégies possibles. Ils résul-

---

4 Pour E. Penrose, l'entreprise peut être considérée comme un ensemble de ressources productives organisées dans un cadre administré. Sa fonction est d'acquérir et d'organiser ses ressources par le biais de plan, dans le but de vendre avec profit sur le marché des biens et services.

tent plutôt d'automatismes, de mécanismes stimulus-réponses (Eymart-Duvernay, 2004, p. 60).

Dans l'analyse de O. E. Williamson (1975, 1985), l'entreprise est définie plus spécifiquement comme un système de contrats, de forme spécifique, entre agents individuels. Pourtant, Williamson adhère à la théorie de la rationalité limitée. De fait les contrats signés sont incomplets (en raison de l'information est imparfaite, il est impossible de prévoir toute les éventualités possibles). Celle-ci rend possible des comportements opportunistes (recherche de l'intérêt personnel). Dans ses premier écrits, l'entreprise ne peut être réduite à un ensemble de contrats, du fait de l'importance de l'incertitude, d'où la nécessité d'une structure de gouvernance, d'une hiérarchie qui prendra les décisions en cas de situations imprévues. Williamson se place dans la position de ceux qui, prenant en compte la complexité organisationnelle de la firme, mettent en avant l'existence d'objectifs multiples, qui ne peuvent donc pas être réduits à la seule maximisation du profit. Dans les écrits suivants, Il s'intéresse d'avantage aux formes intermédiaires, ce qui oriente sa vision de la firme considérée comme « un nœud de traités » (Williamson, 1990), plus semblable à celle de la théorie de l'agence et des droits de propriété. Ces approches théoriques se développent dans le contexte du fordisme, marqué par une forte critique de l'intervention de l'État et par la contestation de la légitimité des entreprises publiques en situation de monopole.

Pour autant, l'existence de l'entreprise, et notamment de la grande entreprise, est légitimée par l'imperfection de la concurrence. L'entreprise n'apparaît toutefois plus comme une organisation mais comme un marché à l'échelle réduite. La théorie de l'agence (Jensen, Meckling, 1976) a en effet une vision plus extrême et considère toutes les organisations comme des nœuds de contrats spécifiques passés entre les détenteurs des facteurs de production et leur client. La théorie de l'agence rend compatible l'existence de l'organisation avec l'analyse libérale, en situation d'information incomplète, dans la mesure où les contrats sont une extension des marchés : « Les entreprises sont des 'mini-marchés', des contrats, plus efficaces que le marché classique lorsqu'il y a des problèmes d'information » (Eymart-Duvernay, 2004, p. 13). Il en découle que l'entreprise n'a plus d'existence propre, elle est une « fiction légale » qui n'a pas de frontières bien définies. De fait, une telle organisation n'a pas d'objectif propre (comme la maximisation de profit dans la microéconomie standard) puisqu'elle ne peut pas être réduite à un individu. Ils n'existent que des individus propriétaires de facteurs de production qui entrent dans des rapports contractuels. Seules comptent les relations interindividuelles (*principal-agent*). Il n'y a pas d'opposition entre firme et marché comme dans l'analyse de Coase. Toute comme dans la théorie des droits de propriété (Alchian, Demsetz, 1972), laquelle cherche à déterminer qui doit être propriétaire des droits de propriété, c'est-à-dire s'approprier le bénéfice net, les relations contractuelles sont le résultat de la recherche individuelle du maximum d'utilité.

B. Le profit : un objectif essentiel mais non unique

Les économistes qui reconnaissent que d'autres objectifs que le profit sont possibles ne l'éliminent toutefois pas. La réalisation de profit reste la condition pour qu'apparaissent d'autres objectifs. En d'autres termes, c'est bien la maximisation du profit qui est l'objet de la critique des théories contemporaines de l'entreprise (en particulier et en majorité celles qui s'inscrivent dans une vision de l'entreprise en tant qu'organisation complexe).

Dans la théorie des compétences développée par Edith Penrose (1959), d'autres objectifs que le profit peuvent stimuler les membres de l'entreprise, mais la réalisation de profit (non pas sa maximisation) reste toujours présente :

> Il n'est pas nécessaire de nier que d'autres « objectifs » sont souvent importants – pouvoir, prestige, approbation publique ou le simple amour du gain – il faut seulement reconnaître que la réalisation des ces fins est plus souvent que l'inverse directement associée à la capacité à réaliser des profits (Penrose, 1959, p. 30).

Pour Galbraith (1967), la réalisation de bénéfices est essentielle pour préserver l'autonomie et la survie de la technostructure mais elle n'est plus le but unique. D'autres objectifs, cohérents avec les aspirations des membres de la technostructure et avec les objectifs du corps social, prennent une importance grandissante : la croissance de la taille de l'entreprise et la virtuosité technique renforcent le pouvoir de décision de la technostructure (croissance et protection contre la contraction des emplois, rémunérations, responsabilités) et son prestige social. La réalisation de bénéfices suffisants et la croissance des ventes sont des objectifs prioritaires, tandis que la virtuosité technique et le versement de dividendes sont secondaires. Ils ne doivent pas, en effet, interférer avec les objectifs prioritaires. Par exemple, la virtuosité technique nécessite de lourds investissements en recherche et développement qui peuvent nuire à l'autonomie de l'entreprise. Il en serait de même si la technostructure avait pour but de maximiser les profits dans le but de servir des dividendes les plus élevés possibles aux actionnaires.

De même, le système des motivations individuelles s'élargit aussi pour intégrer, à côté de la récompense financière, l'identification à la technostructure (« échange volontaire des buts individuels contre les buts reconnus préférables par l'organisation ») et le désir d'adaptation (« le fait pour un individu d'adhérer à l'organisation dans l'espoir d'infléchir ses objectifs pour qu'ils s'accordent mieux avec les siens propres »). Les trois motivations (pécuniaire, identification, volonté d'adaptation) se trouvent dans la grande entreprise moderne réparties et parfois combinées. Si les liens pécuniaires relient surtout les actionnaires à la grande entreprise moderne, les différentes catégories de salariés ont un système de motivations plus complexe, dans lequel, au fur et à mesure que l'on se rapproche du centre dirigeant, la motivation pécuniaire laisse place à l'identification et au désir d'adaptation. Selon Galbraith, dans la technostructure, chacun est « le témoin et le chien de garde de son voisin » (*op. cit.*, p. 164). La décision étant collective, la poursuite des intérêts individuels devient improbable. Cette discipline contredit l'hypothèse de maximisation des profits, seule retenue par la théorie traditionnelle pour expliquer les mobiles de l'entreprise. En effet, les managers qui ont le pouvoir dans l'entreprise, ne perçoivent pas eux-mêmes le profit. Si l'on maintenait cette hypothèse, explique Galbraith, on considérerait alors que les membres de la technostructure maximisent les profits, non pas pour leur propre compte, mais pour le compte d'actionnaires lointains qui n'ont pas conscience que leurs profits sont maximisés.

C. Des objectifs variés mais internes à l'entreprise

Troisièmement, dans les différentes approches théoriques qui acceptent l'idée d'une pluralité des objectifs de l'entreprise (ou des ses membres), les objectifs mis en avant sont toujours des objectifs internes comme la croissance des ventes et de la taille de l'entreprise, des salaires, ou encore la virtuosité technique, éléments qui participeront du prestige des managers, tout en étant compatibles avec la réalisation de profits.

L'intérêt de l'entreprise pour la société dans son ensemble, ou encore pour l'état de l'environnement naturel ne sont pas du tout pris en compte par les théories de l'entreprise. Ceci peut s'expliquer par le fait que toutes les approches théoriques auxquelles nous avons fait référence jusqu'à présent s'inscrivent dans une période marquée par le développement du fordisme. Ce régime d'accumulation fondé sur la production et la consommation de masse s'est appuyé sur un accès facile aux ressources naturelles et à un coût relativement faible, ainsi que sur une certaine permissivité à l'égard des rejets industriels sur l'environnement (Rousseau, Zuindeau, 2007, p. 8).

Le développement durable est-il alors compatible avec le fonctionnement du capitalisme, et notamment avec le comportement des entreprises ? Pour qu'un mode de développement conciliant l'efficacité économique, le bien-être social et la préservation de l'environnement apparaisse, les comportements des entreprises doivent évoluer. C'est ce que traduit la responsabilité sociale des entreprises. L'entreprise ne doit pas se soucier uniquement de sa rentabilité et de sa croissance, mais aussi de ses impacts environnementaux et sociaux. Elle doit donc être plus attentive aux préoccupations des parties prenantes : salariés, actionnaires, clients, fournisseurs et société civile. L'articulation entre le développement durable et la responsabilité sociale des entreprises peut ainsi être entendue de la façon suivante : le développement durable nécessite, entre autres aspects, un comportement responsable, une « responsabilité sociale » des entreprises. En retour, la stratégie de profit de l'entreprise s'établit en cohérence avec l'environnement externe. La pression sociale forte en faveur d'un mode de développement durable joue ainsi en faveur de son intégration dans la stratégie de l'entreprise.

Mais comme nous l'avons souligné dans la première partie, les théories de la firme, lorsqu'elles renoncent à l'hypothèse de maximisation et mettent en avant d'autres objectifs, restent centrées sur des objectifs internes des groupes qui constituent l'entreprise, comme la croissance des ventes ou les prouesses techniques. Les préoccupations sociales et environnementales, et leur « responsabilité » dans ces domaines apparaissent, au regard des théories économiques de l'entreprise que nous avons évoquées jusqu'ici, comme des questions nouvelles. Pourtant, l'analyse historique de la pensée managériale et les pratiques des entreprises, montrent que la prise en compte de facteurs externes à l'entreprise possède déjà une histoire longue. Cette « intégration des externalités » tend dans la période récente à s'institutionnaliser, en d'autres termes à devenir une « règle du jeu ».

II. L'institutionnalisation de la responsabilité sociale des entreprises

A. La responsabilité sociale des entreprises : une préoccupation ancienne, des approches théoriques nouvelles

L'analyse historique de la pensée managériale américaine notamment (Acquier, Aggeri, 2008), montre que la responsabilité de l'entreprise est une question ancienne, qui est allée de pair avec la croissance de sa taille et de son impact sur la société. Les premiers travaux mettant l'accent sur la nécessité d'une responsabilité de l'entreprise à l'égard de la société sont marqués par leur lien avec l'éthique religieuse d'une part et d'autre part par le rejet de l'utilitarisme. L'ouvrage de H. R. Bowen (1953), *Social Responsabilities of the Businessman*, commandé par une organisation religieuse, est l'ouvrage de référence (Acquier, Gond,

2005). Celui-ci veut faire de la responsabilité sociale, définie comme un ensemble d'obligation à l'égard de la société, un outil de régulation de l'économie américaine. Le calcul économique ne résume pas à lui seul la dynamique entrepreneuriale, ainsi que l'avait déjà souligné Max Weber. J. Maurice Clark dans un article paru en 1916 explique que « l'économie du laissez faire peut bien être caractérisée comme une économie de l'irresponsabilité » (Clark, 1916, p. 218) dans la mesure où il décharge l'individu de toute responsabilité extérieure à l'activité économique. Ainsi pour Clark, « nous avons hérité d'une économie d'irresponsabilité [...]. Nous avons besoin d'une économie de la responsabilité, développée et intégrée dans notre éthique des affaires » (Clark, 1916, p. 210).

À partir des années 1960, la taille des entreprises augmente et leur légitimité est peu à peu remise en question. Les salariés refusent d'abord les conditions de travail difficiles (travail à la chaîne) imposées par le régime d'accumulation fordiste. À cette période et face à la crainte que suscitent les grandes entreprises, celles-ci montrent, notamment aux États-Unis, une préoccupation notable pour les questions sociales. Les années 1980 et 1990 vont amplifier le phénomène alors que la mondialisation commerciale, productive et financière porte en elle des vagues de licenciements issues de délocalisations, des rationalisations, des fusions, etc. L'ère de la précarisation du travail salarié (Laperche, Uzunidis, 1999), imposée par les besoins de flexibilité, accroît les tensions entre le capital et le travail. L'ubiquité permise par la diffusion planétaire et instantanée de l'information accroît la perception des risques économiques (perte d'emploi), sociaux (dégradation des conditions de travail) et environnementaux (catastrophes de Tchernobyl, naufrages, réchauffement climatique, crise énergétique) (Beck, 2003).

L'« autoréglementation de l'entreprise » selon l'expression de A. Supiot (1989) (que l'on peut rapprocher dans le langage managérial anglo-saxon à la *soft law*) se développe, dans le domaine du travail, mais aussi dans le domaine environnemental. Les chartes, codes de conduites, normes et référentiels se multiplient montrant une conscience plus grande des entreprises vis à vis de l'intérieur (organisation du travail) et de l'extérieur (respect de l'environnement), qui est le fruit de la pression exercée par un ensemble varié d'acteurs (des consommateurs, aux ONG, aux investisseurs socialement responsables). Cette prise en charge par les entreprises des problèmes sociaux et environnementaux est d'autant plus nécessaire que l'État providence a laissé place à un État minimum. Son rôle se situe aujourd'hui davantage dans l'incitation et l'accompagnement à la responsabilité entrepreneuriale (au travers des discours, des déclarations de principe, des partenariats, de programmes publics privés, d'élaboration concertée de chartes)[5] qui complètent l'intervention indirecte (par la taxation notamment) plutôt qu'en la prise en charge directe de ces problèmes.

Il faut attendre les années 1980 pour voir apparaître dans les sciences du management les premières tentatives de synthèse théorique (Acquier, Aggeri, 2008) et notamment la désormais très populaire théorie des parties prenantes, traduction la plus souvent retenue pour le terme de *stakeholder*[6]. Les parties prenantes correspondent selon la définition de Freeman (1984, p. 46) à « tout groupe ou individu qui peut affecter ou qui peut être affecté par la réalisation de objectifs de l'entreprise ». Il existe deux grandes catégories de parties prenantes (Carroll, 1989), les parties prenantes primaires (ou contractuelles) qui concernent les agents en relation directe et définie contractuellement avec l'entreprise, comprenant les actionnaires, salariés, clients, fournisseurs ; les parties prenantes secondaires (ou involontaires) qui regroupent les agents situés autour de l'entreprise et envers lesquels l'action de l'entreprise peut avoir un impact : consommateurs, riverains, collectivités, organisations non gouvernementales.

La théorie des parties prenantes peut être résumée en quatre propositions principales (Aggeri, Acquier, 2005) « 1) l'entreprise a des *stakeholders* qui ont des exigences à son égard ; 2) tous les *stakeholders* n'ont pas la même capacité d'influence sur l'entreprise ; 3) la prospérité de l'entreprise dépend de sa capacité à répondre aux demandes des *stakeholders* influents ; 4) la fonction principale du management est de tenir compte et d'arbitrer entre des demandes potentiellement contradictoires des *stakeholders* ». Donaldson et Preston (1995) regroupent les travaux, nombreux, portant sur les parties prenantes en trois approches : l'approche normative, dans laquelle la responsabilité sociale, mue par l'éthique et la morale est un idéal à atteindre ; l'entreprise doit y aboutir par la prise en compte (contrainte ou non) des objectifs de ces différentes parties prenantes. Prélevant des ressources (travail, matières premières), elle doit à son tour préserver leur renouvellement. L'approche descriptive comprend des travaux étudiant empiriquement le comportement des entreprises et évaluant leur responsabilité ; l'approche instrumentale regroupe des études qui cherchent à démontrer que la prise en compte des aspects sociaux et environnementaux est un moyen d'améliorer les résultats de l'entreprise. Dans ce contexte, l'idée est que la RSE peut revêtir une valeur économique directe. Bien que leur respon-

[5] Voir par exemple en France les propositions du ministère de l'emploi, du travail et de la cohésion sociale, Dufourcq (dir.) (2004).

[6] Le terme *stakeholder* s'oppose à ceux de *stockholder* ou *shareholder* qui signifient « actionnaire ».

sabilité première soit de générer des profits, les entreprises peuvent en même temps contribuer à des objectifs sociaux et à la protection de l'environnement, en intégrant la RSE comme investissement stratégique au cœur de leur stratégie commerciale, dans leurs instruments de gestion et leurs activités[7].

Nous assistons donc actuellement à une institutionnalisation de la responsabilité sociale de l'entreprise dans le sens où celle-ci tend à devenir une règle du jeu qui va influencer les comportements, notamment ici des organisations complexes que sont les entreprises. Cette institutionnalisation se lit dans son intégration croissante dans les discours politiques, dans le développement d'approches théoriques spécifiques, dans la création de métiers dédiés à sa mise en place dans les entreprises mais aussi dans les institutions publiques, dans la création de règles propres aux entreprises et dans la diffusion au sein des entreprises de pratiques dites « socialement responsables ».

B. Les comportements des entreprises : la responsabilité sociale comme « règle du jeu »

La RSE est également désormais largement ancrée dans les comportements des entreprises. Ces comportements démontrent que loin d'être considérés comme des éléments externes à l'entreprise, la protection de l'environnement et le bien-être des salariés et de la société dans son ensemble sont des éléments essentiels de leur stratégie de production et … de réalisation de profit. L'entreprise n'est pas un monde un part mais elle est une organisation « encastrée » dans son environnement social et naturel (Granovetter, 1985) ; elle doit donc intégrer celui-ci dans sa stratégie. L'environnement social et naturel agit à plusieurs niveaux sur l'entreprise : les normes, issues d'une pression sociale forte contraignent et/ou incitent les entreprises à agir d'une manière ou d'une autre. La pression des pouvoirs publics, directe et indirecte, crée des contraintes et dessine des voies comportementales. La stratégie des autres acteurs (concurrents, partenaires) impulse également, par effet de mimétisme, tel ou tel comportement. Il en découle une forme d'« isomorphisme institutionnel », (DiMaggio, Powell, 1983 ; Rubinstein, 2006), une tendance

7 Les travaux sur les parties prenantes sont souvent rattachés aux nouvelles théories de la firme, que ce soit aux théories de l'agence (Hill, Jones, 1992), à la théorie des coûts de transaction (Freeman, 1984) ou encore à celle des droits de propriété (Donaldson, Preston, 1995). Mais selon Y. Pesqueux (2006, p. 29-30), il s'agit d'une « fausse évidence » de rattacher la théorie des parties prenantes aux nouvelles théories de la firme, dans la mesure où elle se pose en contradiction avec plusieurs postulats de ces théories, notamment parce que les parties prenantes forment des groupes, dotés d'intérêts distincts en contradiction avec l'individualisme méthodologique et brouillant l'efficacité (même imparfaite) supposée du marché.

à l'homogénéisation des comportements des entreprises vers la responsabilité sociale.

La plus grande partie des enquêtes menées auprès d'entreprises de toutes tailles montre que la responsabilité sociale, malgré son caractère *a priori* volontaire, résulte pour une part du respect des contraintes légales. Elles montrent aussi que les entreprises les plus « responsables » sont celles qui font de la responsabilité envers les salariés, envers la société civile et envers l'environnement un instrument de sauvegarde et de réalisation des profits.

Les grandes entreprises sont au cœur de la problématique de responsabilité sociale des entreprises. Cela s'explique par l'importance des effets externes dont elles sont à l'origine (par exemple, les grandes entreprises sont souvent les plus polluantes ; une vague de licenciements provoquée par une grande entreprise est plus visible) comparés à ceux produits par les PME. De plus, et en conséquence, les règles et lois s'appliquent d'abord à elles (voir par exemple, en France, la loi sur les Nouvelles Régulations Économiques de 2001). Enfin, les coûts liés à la mise en œuvre de la RSE et l'importance de l'image de marque pour les affaires sont autant d'arguments pour justifier l'intégration de la RSE dans la stratégie de la grande entreprise.

Les partisans de la vision instrumentale, utilitaire de la RSE (l'intégration des préoccupations sociales et environnementales aura des effets bénéfiques *win-win* sur sa rentabilité : *Ethic pays, Ethic is good to business*) insistent 1) sur la réduction des coûts et des risques (par la maîtrise de la consommation énergétique, par l'usage de sources d'énergies renouvelables), 2) sur la construction d'un potentiel d'innovation en faisant (en droite ligne de la théorie des ressources) de la responsabilité sociale le moyen de la construction d'une compétence porteuse d'un avantage compétitif (les produits verts ou bio par exemple) et sur 3) l'accroissement de la légitimité. Ce dernier point est l'un des plus directement visible, par l'étude de la stratégie de communication des entreprises.

Pour améliorer leur image de marque et renforcer leur légitimité, les grandes entreprises se présentent comme à même de prendre en charge le bien commun mondial : c'est le cas de par exemple de l'entreprise Monsanto, une des plus grandes entreprises chimiques du 20e siècle reconvertie dans les biotechnologies végétales et attaquée de toutes parts par des groupes écologistes, des ONG, des associations de consommateurs, et qui se présente tout de même comme une entreprise agricole dont l'objectif est d'aider les paysans du monde à produire des aliments plus sains, tout en réduisant l'impact de l'agriculture sur l'environnement. Les biotechnologies végétales sont aussi présentées comme un moyen de faire face aux problèmes de la faim dans le monde (http://www.monsanto.com, voir aussi Robin, 2008). Le groupe Danone, dans l'énoncé de ses valeurs, présente sa mission comme « partout dans le monde faire grandir, mieux vivre et s'épanouir les hommes en leur apportant chaque jour une alimentation meilleure, des goûts plus variés, des plaisirs plus sains » (Mercier, 2004, p. 83). Le World Business Council for Sustainable Development (WBCSD) qui regroupe les 160 plus grandes entreprises mondiales se positionne aussi comme un acteur majeur dans la lutte contre le changement climatique (http://www.wbcsd.com, Capron, Quairel-Lanoizelée, p. 12).

La RSE est souvent présentée comme une affaire de grandes entreprises uniquement. En France, les grandes entreprises cotées sont de plus en plus nombreuses à répondre à l'incitation donnée par la loi sur les Nouvelles Régulations Économiques de 2001 qui indique que les entreprises cotées doivent faire apparaître dans leur rapport annuel des informations sur la manière dont la société prend en compte les conséquences sociales et environnementales de son activité. Toutefois, l'ampleur des informations données est proportionnelle à la taille (Rubinstein, 2006). Le poids des PME dans l'activité économique en Europe[8] a conduit l'Union européenne à s'intéresser de plus près aux pratiques de RSE mises en place par les entreprises et à développer des incitations spécifiques aux PME pour les aider à introduire la RSE. Selon M. Capron et F. Quairel-Lanoizelée (2007, p. 82),

> en dépit des propositions, la RSE n'est que très faiblement intégrée dans les stratégies des PME [...]. Force est de constater que les leviers en action dans les grands groupes cotés (dépendance à l'égard des ressources, pressions des parties prenantes, risque de réputation etc.) ne fonctionnent que faiblement et que des freins spécifiques aux PME limitent encore les évolutions.

Pourtant, l'étude de terrain auprès de moyennes entreprises françaises (Région Nord/Pas de Calais), réalisée dans le cadre d'un programme de recherche européen destiné à sensibiliser les PME à la pratique de la responsabilité sociale, montre des résultats plus contrastés (Herbert, Laperche, 2007). Globalement, cette enquête montre que la responsabilité sociale des entreprises (RSE) n'est pas ignorée (dans les faits) par les entreprises que nous avons interrogées. Toutes les formes de RSE sont pratiquées, sans que cela résulte d'un engagement fort de l'entreprise dans ces domaines. Dans les trois domaines de la RSE (responsabilité

[8] En 2005, les PME représentaient 99,8 % des entreprises de l'UE-27 dans l'économie non financière, employant deux tiers de la main-d'œuvre (67,1 %) et générant 57,6 % de la valeur ajoutée, http://epp.eurostat.ec.europa.eu.

envers les salariés, la société civile et l'environnement)[9], ce sont surtout les actions les plus traditionnelles (par exemple l'engagement envers la sécurité et la santé), les moins coûteuses ou les plus appuyées par les pouvoirs publics (par exemple le recyclage des déchets et/ou le soutien d'initiatives de formation) que les entreprises déclarent pratiquer. Les actions plus délaissées par les entreprises sont en revanche plus coûteuses et se traduisent moins directement en résultats positifs pour l'entreprise (par exemple l'exploitation d'énergies renouvelables, des mesures pour rendre compatibles le métier et la famille ou encore le soutien d'initiatives culturelles). Les entreprises interrogées ont en grande majorité l'impression que la RSE va devenir un sujet d'importance à l'avenir, notamment porté par les institutions extérieures, comme les collectivités locales. Ce sont surtout les exigences écologiques qui, selon elles, croîtront à l'avenir. Les obstacles principaux à la mise en œuvre de la RSE résultent d'avantage d'une insuffisance de ressources que d'un manque d'intérêt et une large majorité des entreprises interrogées pense que la mise en œuvre de la RSE permet d'améliorer leur image de marque. Cette même enquête a été adaptée et menée auprès d'entreprise artisanales (Boutillier, Fournier, 2008). Dans ces entreprises, la RSE reste peu connue, peu pratiquée et elle est surtout vécue comme une contrainte (poids des règles, des normes à respecter), notamment en raison de l'insuffisance des ressources humaines et financières, qui sont des freins importants. L'intérêt des dirigeants pour des pratiques de RSE est directement lié aux intérêts de leur entreprise : par exemple l'accueil de jeunes en formation permet de perpétuer le métier, la réduction de la consommation d'énergie induit la diminution des charges de l'entreprise.

L'étude des pratiques des entreprises, et les exemples que nous avons utilisés ici pour les illustrer montrent que la responsabilité sociale des entreprises est devenue une règle du jeu. La théorie des parties prenantes nous aide à mieux comprendre l'entreprise d'aujourd'hui, mais reste très centrée sur la définition des relations entre acteurs. Selon nous la théorie

---

9 La RSE comporte trois dimensions : envers les salariés de l'entreprise, envers la société civile, envers l'environnement. *Envers les salariés* : Formation pour les employés, amélioration de la compatibilité entre famille et travail, processus de recrutement non discriminatoire, participation au résultat ou actionnariat des salariés, respect d'un standard social minimum sur les lieux de production étrangers, préoccupation pour la santé et la sécurité, etc. *Envers la société civile* : Promotion et soutien d'initiatives de formation, culturelles, environnementales, sociales, en faveur de l'emploi, sportives, marketing éthique, etc. *Envers l'environnement* : Recyclage des déchets, réduction de la consommation énergétique, exploitation d'énergies renouvelables, mesures pour un emploi réduit de ressources naturelles, mesures pour la réduction d'émissions polluantes, respect de normes internationales, bilan écologique, etc.

économique de l'entreprise doit aujourd'hui être renouvelée, en prenant en compte non seulement son organisation interne mais aussi en s'intéressant aux facteurs environnementaux dans lesquels elle évolue. Nous proposons dans ce qui suit quelques éléments clés qui peuvent participer à cette reconstruction.

III. Pour une approche renouvelée de l'entreprise

A. Des « technostructures » complexes dans une économie mondialisée

L'observation de la réalité économique conduit à ne pas retenir l'hypothèse de rationalité parfaite, qui va de pair avec les approches de l'entreprise en termes de fonction de production ou encore en tant que nœud de contrats. L'entreprise est-elle pour autant la même organisation complexe que celle décrite par les théories managériales ?

Le pouvoir de décision dans l'entreprise de grande taille semble rester entre les mains de la technostructure et de ses membres, les managers. En effet, seule une équipe de spécialistes est à même de prendre des décisions dans un climat concurrentiel incertain où la performance technologique joue un rôle déterminant. Cependant, la technostructure d'aujourd'hui n'est plus comparable à celle des années 1960 (Laperche, 2006). La globalisation financière des années 1980 a conduit à la naissance d'un actionnariat plus concentré, composé d'investisseurs institutionnels à même de revendiquer l'établissement d'un certain nombre de règles permettant d'accroître la transparence de la gestion des entreprises (Aglietta, Réberioux, 2004). La déréglementation des marchés financiers a permis aux investisseurs institutionnels non bancaires (fonds de pension, compagnies d'assurances, fonds communs de placement) d'intervenir sur ces marchés et de prendre possession de parts du capital des entreprises cotées. Du fait de leur activité principale (la gestion des retraites des salariés, par exemple), ils se soucient moins du développement des entreprises que du montant des dividendes versés. Pour sélectionner les entreprises les plus créatrices de « valeur pour l'actionnaire », ils ont œuvré pour améliorer la qualité des informations transmises et limiter le pouvoir de la technostructure. Les mesures préconisées pour améliorer la transparence du fonctionnement des entreprises, connues sous le terme de « gouvernement des entreprises », qui deviennent des codes de conduite imposés à travers le monde par le biais des institutions internationales (voir Laperche, 1999), sembler sonner le glas de la technostructure et marquer le retour en force de l'actionnaire au poste de commande des entreprises.

Pour autant, il faut tenir compte de la spécificité de ces nouveaux investisseurs, avant d'en tirer la conclusion que les actionnaires auraient repris le pouvoir dans l'entreprise. L'actionnaire dont il s'agit ici n'est pas toujours un individu mais peut aussi être une entreprise (et à l'intérieur de celle-ci une technostructure) qui gère la propriété d'autrui. Les managers (qui peuvent aussi être actionnaires) détiennent toujours le pouvoir dans l'entreprise mais la distinction entre managers et actionnaires est plus floue que par le passé et leurs objectifs peuvent bien être les mêmes. Ainsi, dans une économie ouverte, l'organisation industrielle est conditionnée par la concurrence mais aussi la coopération entre technostructures d'entreprises différentes, sous la tutelle des technostructures managériales des institutions financières. Il en découle deux points qui nous semblent importants : d'une part, les technostructures, composées de managers, ont toujours le pouvoir de direction dans l'entreprise ; d'autre part, ces technostructures sont plus complexes dans leur composition, leur fonctionnement, du fait notamment de la pression exercée par les règles édictées par les investisseurs institutionnels mais aussi de leur organisation mondiale. Les investisseurs institutionnels forment aussi une (plusieurs) organisation(s)/technostructure(s) à même de contrecarrer les ambitions des membres des technostructures industrielles ou de coopérer avec elles pour atteindre un objectif partagé par tous : accroître les profits réalisés. La réalisation de profit est en effet d'autant plus la base de la stratégie de toute entreprise que d'une part bon nombre de managers sont devenus, grâce aux stock-options, des actionnaires des entreprises qu'ils dirigent et que la pérennité de l'entreprise, et des managers dépend de manière cruciale du versement de dividendes.

La libéralisation des marchés financiers a favorisé la globalisation de la stratégie des entreprises, c'est-à-dire la libre gestion des actifs financiers, humains, scientifiques et techniques à l'échelle mondiale. La modification des organigrammes, de l'entreprise multidivisionnelle vers l'entreprise réseau, a été nécessitée et tout autant rendue possible par la modification de l'espace concurrentiel dans lequel les firmes agissaient. La diffusion des nouvelles technologies de l'information et de la communication a accompagné l'organisation mondiale en réseau des entreprises[10]. L'entreprise dont l'avantage concurrentiel dépend de façon cruciale de sa capacité à innover, s'est recentrée sur son métier de base (externalisation), et développe les relations contractuelles afin de partager les coûts, les risques et réduire le temps de développement de produits et services technologiquement complexes (Laperche, 2007). D'où

[10] Notons toutefois que cette forme d'entreprise, si elle est très répandue, n'est toutefois, pas l'unique voie d'organisation de la production (Berger, 2005 ; Lung, 2008).

des relations multiples avec des parties prenantes « primaires » de plus en plus nombreuses. La firme réseau associe la propriété des actifs pour les activités clés avec la souplesse des contrats pour toutes les activités qui relèvent de la mise en œuvre de la stratégie de l'entreprise (contrats de sous-traitance, de coopération, licences, franchises, etc.). L'association de ces deux formes de relations (propriété, contrats) rend ses contours physiques et géographiques de plus en plus flous : la firme prend les apparences d'un réseau évolutif. Le retour en force du marché conduit à dissiper quelque peu la main visible (planificatrice) des managers, au profit d'une main « évanescente » (*vanishing hand*) : chaque projet ou module voit la coopération d'acteurs différents (managers, actionnaire) situés dans et hors l'entreprise (Langlois, 2003). L'entreprise ne peut pourtant pas être réduite à « nœud de contrats » qui correspondrait à la disparition de toute hiérarchie et de tout pouvoir de décision, lequel ne serait plus que le résultat d'un rapport de force entre parties prenantes d'égale importance.

B. La responsabilité sociale, cristallisation des rapports de force capital/travail

La prise en compte des intérêts et objectifs de parties prenantes de plus en plus nombreuses (actionnaires, salariés, consommateurs jusqu'à inclure la société toute entière) traduit la *nécessité* et les *avantages* liés à l'intégration des externalités produites par l'entreprise.

Pour l'entreprise, il s'agit d'une nécessité au regard de la pression sociale et de l'importance de l'image de l'entreprise pour atteindre son (ses) objectifs. La marchandisation croissante de pans de plus en plus vastes de la société (éducation, santé, ressources naturelles, etc.) fait que peu de choses peuvent être considérées comme extérieures à l'activité de l'entreprise et en retour les activités de l'entreprise peuvent avoir des répercussions très importantes sur la société dans son ensemble. En miroir, la prise en compte du bien-être des salariés (par exemple) peut avoir un effet positif sur la productivité. De même, les mesures sociales et environnementales réduiront une certaine part des coûts de production et donneront une bonne image à l'entreprise. La responsabilité sociale est ainsi au cœur d'un rapport de force entre le capital et le travail (sur ce point, voir aussi Bodet, Lamarche, 2007). Elle est utilisée par les détenteurs des moyens de production mais aussi par les travailleurs pour faire valoir leurs intérêts et aspirations.

D'un côté, les travailleurs, consommateurs, citoyens, ONG exercent une pression sur les détenteurs des moyens de production pour développer leur sens des responsabilités, en considérant favorablement les parties prenantes « primaires » et « secondaires ». L'importance du capital réputation, induit ainsi des comportements responsables. Les managers peuvent aussi utiliser l'argument de la pression sociale en faveur de la protection de l'environnement par exemple pour justifier d'un versement moindre de dividendes ou d'une décision d'investissement risquée.

Mais l'argument est également utilisé dans l'autre sens : pour mettre au travail les salariés, mais aussi pour en tirer la productivité maximale, les détenteurs du capital (actionnaires et parfois managers), doivent encadrer l'accumulation par des règles et des normes de fonctionnement jugées justes par les salariés. Dans cette optique, la responsabilité sociale, « récupérée » par la gouvernance de l'entreprise, devient un outil de management aux couleurs de l'éthique destiné à préserver la force du capital sur le travail. H. Jorda (2007) fait ainsi un parallèle entre le paternalisme de la fin du 19e siècle et le managérialisme d'aujourd'hui. S'il s'agissait à l'époque d'ancrer les salariés dans les usines intensives en main d'œuvre, il s'agit aujourd'hui de mobiliser les compétences et les savoir-faire des salariés (notamment les plus qualifiés d'entre eux).

Mais quelle est la tendance qui l'emporte ? Pour répondre, il faut finalement se demander si d'une part la somme de comportements responsables (des égoïsmes particuliers) peut conduire à un nouveau mode de développement durable (au bien-être collectif), qui associerait donc efficacité économique, éthique sociale et protection de l'environnement. D'autre part, si les comportements responsables le sont réellement où s'ils sont plus volontiers des arguments de façade. Nous esquissons des éléments de réponse destinés davantage à ouvrir le débat qu'à le clore au terme de ce chapitre.

Remarques finales : La responsabilité sociale, « règle » d'un jeu de dupes ?

Nous définissons l'entreprise comme une organisation complexe, où le pouvoir est détenu par des technostructures techno-financières, dans lesquelles, managers et actionnaires, partagent des caractéristiques communes (les managers peuvent être des actionnaires grâce aux plans de stock options, et les actionnaires sont organisés eux aussi en technostructure, par exemple les fonds de pension, les compagnies d'assurance etc.). Cette organisation complexe, pour faire face au double impératif de rentabilité et d'innovation dans le contexte actuel de la mondialisation s'organise en un réseau aux contours flous et doit tenir compte des objectifs de ses parties prenantes, afin d'assurer sa survie. De plus, dans un contexte économique marqué par la privatisation d'un nombre croissant de fonctions économiques (comme l'éducation, la santé, la gestion des ressources communes comme l'eau), l'entreprise est encastrée dans son environnement. Ainsi, en raison de la forte incertitude, où les risques économiques sociaux et environnementaux sont accrus et directement perçus à l'échelle mondiale, l'entreprise se doit alors, pour mettre au travail les salariés, et tirer d'eux la plus grande productivité, d'être ou de paraître plus juste. D'où l'intégration des préoccupations sociales et environnementales dans son fonctionnement. Cette intégration restant toutefois et en toute logique circonscrite à son impact direct ou indirect, perçu ou « attendu » sur ses performances économiques[11].

Lorsque la RSE est mise en pratique dans les entreprises, avec un effet positif sur ses résultats, le signal apparaît positif dans une perspective de développement durable. Dans le domaine de la protection de l'environnement par exemple, l'écoconception, les innovations intégrant des énergies renouvelables, etc. peuvent inciter à considérer que l'apprentissage de nouvelles pratiques, en l'occurrence respectueuses de l'environnement, résoudront un certain nombre de problèmes auxquels le capitalisme d'aujourd'hui est confronté. Il en est de même sur le plan social pour la lutte contre les discriminations ou encore le financement de formations dans et hors l'entreprise. Pourtant dans le domaine environnemental par exemple, l'étude plus précise des innovations montre la majorité de celles-ci restent des innovations mineures et non pas des changements radicaux (Depret, Hamdouch, 2008). L'innovation majeure (sur les plans technologique, commercial, organisationnel) a un coût élevé et un horizon temporel de long terme, qui se trouve en contradiction avec l'impératif de rentabilité qui caractérise l'entreprise d'aujourd'hui. Une grande part de la responsabilité environnementale de l'entreprise apparaît alors comme un étalage de façade (*window dressing*) ou de la publicité mensongère (*greenwashing*), destinés à créer une image favorable de l'entreprise pour assurer la consommation des ménages, la mise au travail des salariés et la paix sociale.

Au terme de ce chapitre, il apparaît que développement durable peut difficilement émerger de la seule stratégie des entreprises mues, dans le contexte actuel, par une tension forte vers la réalisation de profit à court terme. Le développement durable nécessiterait sans doute une vision différente de la société sur l'entreprise mais aussi plus largement sur les

---

[11] En effet les liens entre responsabilité sociale et performance économique de l'entreprise ne sont pas prouvés, en raison il est vrai de difficultés méthodologiques, mais aussi peut être de l'absence de simultanéité entre la mise en place d'une stratégie et la perception de ses résultats. Après 20 années de recherche sur la relation entre responsabilité sociale et performance financière, les résultats restent mitigés : certaines études montrent une relation positive, d'autres une relation négative et d'autres concluent sur une absence de relation évidente. Voir notamment pour des revues de littérature : Griffin, Mahon, 1997 ; Roman *et al.*, 1999 ; MacWilliams, Siegel, 2000 ; Orlitsky *et al.*, 2003.

finalités de la production et de la consommation que la profonde crise économique actuelle (depuis 2008) peut contribuer à faire émerger. La régulation publique, nationale et internationale a bien entendu un rôle important à jouer afin de construire un contexte social, économique et politique dans lequel pourront s'intégrer les stratégies des acteurs. Mais là encore, cette régulation ne peut pas être de nature conjoncturelle ni dépendante de la réalisation à court terme du profit maximum.

Bibliographie

Acquier, A., Aggeri, F., « Une généalogie de la pensée managériale sur la RSE », *Revue Française de Gestion*, n° 180, 1, 2008, p. 131-157.

Acquier, A., Gond, J.-P., « Aux sources de la responsabilité sociale de l'entreprise. (Re)Lecture et analyse d'un ouvrage fondateur : Social Responsabilities of the Businessman d'Howard Bowen (1953) », XIVe Conférence Internationale de Management Stratégique, Angers, 2005, http://www.strategie-aims.com.

Aggeri, F., Acquier, A., « La théorie des *stakeholders* permet-elle de rendre compte des pratiques d'entreprise en matière de RSE ? », XIVe Conférence Internationale de Management Stratégique, Pays de Loire, Angers, 2005, http://www.strategie-aims.com.

Aglietta, M., Reberioux, A., *Dérives du capitalisme financier*, Paris, Albain Michel, 2004.

Alchian, A. A., Demsetz, H., "Production, Information Costs and Economic Organization", *American Economic Review*, 62, 1972, p. 777-795.

Baumol, W. J., *Business Behavior, Value and Growth*, New York, Macmillan, 1959.

Berger, S., "How we compete what companies around the world are doing to make it in today's global economy ?", MIT Industrial Performance Center, *Currency*, 2005.

Beck, U., *La société du risque, Sur la voie d'une autre modernité*, Paris, Champs, Flammarion, 2001.

Berle, A., Means, C. G., *The Modern Corporation and Private Property*, New York, Macmillan, 1932.

Bodet, C., Lamarche, T., « La responsabilité sociale des entreprises comme innovation institutionnelle : une lecture régulationniste », *Revue de la Régulation*, n° 1, 2007, http://regulation.revues.org.

Boutillier, S., Fournier, C., « La responsabilité sociale des entreprises artisanales. Résultats d'une enquête menée dans la région du Nord/Pas-de-Calais », *Marché et Organisations*, 2009, p. 43-64.

Capron, M., Quairel-Lanoizelée, F., *La responsabilité sociale d'entreprise*, Paris, La Découverte, Repères, 2007.

Caroll, A. B., *Business and Society*, Cincinnati, South Western Publishing, 1989.

Chamberlin, E. H., *The Theory of Monopolistic Competition*, Cambridge Mass, Harvard UP, 1933.

Chandler, A. D., *The visible hand. The managerial revolution in American Business*, Cambridge Mass, The Belknap Press of Harvard University Press (1977). Trad. française *La main visible des managers*, Paris, Economica, 1988.

Clark, J. M., "The Changing Basis of Economic Responsibility", *The Journal of Political Economy*, vol. 24, n° 3, 1916, p. 209-229.

Coase, R. H., *The Nature of the Firm*, Economica, n° 4, 1937, p. 386-405.

Commission européenne, Livre vert « Promouvoir un cadre européen pour la responsabilité sociale des entreprises », COM(2001)366 Final, 2001.

Coriat, B., Weinstein, O., *Les nouvelles théories de l'entreprise*, Paris, Le Livre de Poche, 1995.

Cyert, R. M., March, J. G., *A Behavioural Theory of the Firm*, Englewood Cliffs, 1963.

Depret, M.-H., Hamdouch, A., « La dynamique d'émergence et de développement des clusters et des réseaux d'innovation dans les nouvelles technologies et les nouveaux services liés à l'environnement », *Innovations, Cahiers d'Économie de l'Innovation*, n° 30, 2009, p. 127-147.

DiMaggio, P., Powell, W., "The Iron Cage revisited : Institutional Isomorphism and Collective Rationality in Organizational Fields", *American Sociological Review*, n° 48, 1983, p. 147-160.

Donaldson, T., Preston, L. E., "The Stakeholder Theory of the Corporation : Concepts, Evidence, and Implications", *Academy of Management Review*, vol. 20, n° 1, 1995, p. 65-91.

Eymart-Duvernay, F., *Économie politique de l'entreprise*, Paris, Repères, La Découverte, 2004.

Ferreira, N., Laperche, B., « PME socialement responsables », Cahiers du Lab.RII, n° 162, Lab.RII, ULCO, http://riifr.univ-littoral.fr/wp-content/uploads/2007/09/doc %20162.pdf, 2007.

Freeman, E. R., *Strategic Management : A Stakeholder Approach*, Boston, Pitman, 1984.

Friedman, M., "The Social Responsibility of Business is to increase its Profits", *New York Times Magazine*, 13 septembre 1970, p. 122-126.

Galbraith, J. K., *The New Industrial State*, Boston MA, Houghton Mifflin, (1967), traduction française *Le nouvel état industriel*, Paris, Gallimard, 1989.

Granovetter, M., "Economic action and social structure : The problem of embeddedness", *The American Journal of Sociology*, 91(3), 481-510.

Griffin, J. J., Mahon, J. F., "The corporate social performance and corporate financial performance debate : Twenty five years of incomparable research", *Business and Society*, 36 (1), 1997, p. 5-31.

Herbert, M., Laperche, B., « La responsabilité sociale des moyennes entreprises », Cahiers du Lab.RII, ULCO, n° 153, http://riifr.univ-littoral.fr/wp-content/uploads/2007/05/doc %20153[1].pdf, 2007.

Hill, C. W. L., Jones, T. H., "Stakeholder – Agency theory", *Journal of Management Studies*, vol. 29, n° 2, 1992, p. 131-153.

Jensen, M. C., Meckling, W. H., "Theory of the Firm : Managerial Behavior, Agency Cost and Ownership Structure", *Journal of Financial Economics*, 3 (4), 1976.

Jorda, H., « Du paternalisme au managérialisme. Les entreprises en quête de responsabilité sociale », Cahiers du Lab.RII, ULCO, n° 143, février, http://riifr.univ-littoral.fr/wp-content/uploads/2007/02/doc143.pdf, 2007.

Langlois, R. N., "The vanishing hand : the changing dynamics of industrial capitalism", *Industrial and Corporate Change*, Oxford University Press, vol. 12 (2), 2003, p. 351-385.

Laperche, B., « Gouvernement d'entreprise et mondialisation », in J. P. Michiels, D. Uzunidis, *Mondialisation et citoyenneté*, Paris, Économie et Innovation, L'Harmattan, 1999, p. 97-109.

Laperche, B., Uzunidis, D., « Systèmes nationaux d'emploi et stratégies mondiales des firmes : la flexibilité comme norme », *Innovations, Cahiers d'Économie de l'Innovation*, n° 9, 1999, p. 75-99.

Laperche, B., "Large corporations and technostructures in competition", in Laperche B., Galbraith J., Uzunidis D. (dir.), *Innovation Evolution and Economic Change, New ideas in the Tradition of Galbraith*, New Directions in Modern Economics, Cheltenham, Edward Elgar, 2006, p. 142-161.

Laperche, B., "'Knowledge Capital' and Innovation in Multinational Corporations", *Int. J. Technology and Globalisation*, vol. 3, n° 1, 2007, p. 24-41.

Lung, Y., « Modèles de firmes et forme du capitalisme : penser la diversité comme agenda de recherche pour la TR », *Revue de la régulation*, n° 2, 2008, http://regulation.revue.org.

MacWilliams, A., Siegel, D., "Corporate Social Responsibility and Financial performance : Correlation or Misspecification ?", *Strategic Management Journal* 21, p. 603-609.

Marris, R., *The Economic Theory of "Managerial" Capitalism*, London, Macmillan, 1964.

Mercier, S., *L'éthique dans les entreprises*, Paris, La Découverte, 2004.

Nelson, R., Winter, S., *An Evolutionary Theory of Economic Change*, Cambridge, Harvard University Press, 1982.

Orlistsky, M. O., Schmidt, F. L., Rynes, S. L., "Corporate Social and Financial Performance : A meta analysis", *Organization Studies*, 24, 2003, p. 403-442.

Penrose, E., *The Theory of the Growth of the Firm*, Oxford University Press, 1959.

Pesqueux, Y., « Pour une évaluation critique de la théorie des parties prenantes », in Bonnafous-Boucher, M., Pesqueux, Y. (dir.), *Décider avec les parties prenantes. Approches d'une nouvelle théorie de la société civile*, Paris, La Découverte, 2006, p. 19-40.

Robin, M.-D., *Le monde selon Monsanto. De la dioxine aux OGM. Une multinationale qui vous veut du bien*, Paris, La Découverte, 2008.

Robinson, J., *The Economics of Imperfect Competition*, London, Macmillan, 1933.

Roman, R. M., Heyibor, S., Agle, B. R., "The relationship between social and financial performance", *Business and Society*, 38 (1), 1999, p. 109-115.

Rousseau, S., Zuindeau, B., « Théorie de la régulation et développement durable », *Revue de la régulation*, n° 1, 2007, http://regulation.revues.org.

Rubinstein, M., « Le développement de la responsabilité sociale de l'entreprise », *Revue d'économie industrielle*, n° 118, 2006, http://rei.revues.org// index295.html. Consulté le 31 juillet 2008.

Simon, H., "Theories of Decision Making in Economic and Behavioral Science", *American Economic Review*, 49, 1, 1959, p. 253-283.

Simon, H., "Rational Decision Making in Business Organisations", *American Economic Review*, 69, 4, 1979, p. 493-513.

Smith, A., *Recherche sur la nature et les causes de la richesse des nations (1776)*, Paris Gallimard.

Supiot, A., Déréglementation des relations de travail et autoréglementation de l'entreprise, *Droit social*, n° 3, 1989.

Weber, M., *L'éthique protestante et l'esprit du capitalisme*, Paris, Plon, 1920.

Williamson, O. E., *Market and Hierarchies : Analysis and Antitrust Implications*, New York, The Free Press, 1975.

Williamson, O. E., *The Economic Institutions of Capitalism*, New York, The Free Press, 1985.

Williamson, O. E., "The Firm as a nexus of treaties : an introduction", in Aoki, M., Gustafson, B., Williamson O. E. (ed.), *The Firm as a nexus of treaties*, London, Sage publications, 1990.

CHAPITRE 7

Participation et innovations sociales

Pour un développement durable « par le bas »

Anne-Marie CRÉTIÉNEAU

Introduction

La participation des populations est devenue une composante à part entière d'un développement qui se veut durable, au même titre que celles économique, environnementale et sociale. Mais l'évidence d'une participation des citoyens ne se trouve que dans les discours sur le développement durable car la réalité de la participation s'avère complexe et la notion même de participation est source de grande confusion. Mesure-t-on réellement ce qu'implique la participation ? Mesure-t-on son importance dans une stratégie de développement économique en termes d'objectif(s) d'une part, en termes de modalités de mise en œuvre d'autre part ? Associés à l'objectif, les citoyens peuvent légitimement désirer que le développement soit « au service de l'Homme » (Perroux) ou qu'il s'agisse d'un développement humain au sens de Sen, *i.e.* par et pour la liberté des hommes. Pleinement impliqués dans la mise en œuvre, ils peuvent souhaiter bien davantage qu'être sollicités ponctuellement sur certaines mesures ou simplement bénéficier d'une « décentralisation » dans les décisions budgétaires ou les choix d'affectation de ressources publiques. Ils peuvent légitimement revendiquer de participer à l'élaboration des processus qui les impliquent, et vouloir déterminer les formes et l'importance ou l'intensité de leur participation. Considérant que la notion de participation des citoyens intègre implicitement les consciences et les actions des individus, ils peuvent « agir » dans le sens que suggère le concept d'*agency*. En économie et sur les questions relatives au développement durable, ce concept acquiert une dimension particulière parce que les citoyens sont fortement impliqués à travers leurs activités de production, de consommation et d'échanges. L'action et les consciences des individus sont directement liées à leur philosophie de survie et aux stratégies qu'ils mettent en œuvre pour résoudre leurs problèmes économiques.

Deux courants se distinguent donc sur la participation. L'un émane du terrain, du fonctionnement même de la démocratie politique, et plus précisément de la démocratie représentative qui a dû innover pour associer davantage les populations aux décisions qui les concernent. En France par exemple, la participation se fait souvent à l'initiative des élus eux-mêmes et s'appuie sur des structures créées à cet effet comme les conseils de quartiers[1]. Dans cette acception, la notion est définie de façon large « comme une approche dans laquelle les différentes 'parties prenantes' sont activement engagées dans la formulation des décisions » (Institut de recherche et débat sur la gouvernance, 2008).

De plus en plus prise en compte dans la définition des politiques publiques ou des projets de développement du niveau local au niveau mondial, la participation débouche ainsi sur une problématique en termes de gouvernance multi-acteurs, de type polycentrique. Elle est parfois présentée comme une réaction du politique face aux impératifs et pressions économiques (mondialisation, unions régionales), parfois réduite à un outil de modernisation de la gestion publique locale. L'action des citoyens y est souvent confinée dans le champ de l'information/communication, l'idée sous-jacente étant que l'initiation de la société civile et les débats publics renforcent la démocratie et légitiment les décisions collectives[2]. On peut donc considérer qu'il s'agit sur le plan économique d'une option « faible », même si dans les faits, l'*empowerment* peut devenir un puissant symbole dans la mesure où les groupes sociaux « dominés » acquièrent un droit de regard sur des investissements et des programmes de développement qui leur sont destinés (équipements publics, éducation, lutte contre la pauvreté, les inégalités sociales, etc.). Des municipalités aux institutions internationales, ce sont des formes diverses de participation qui émergent et redéfinissent ainsi les rapports entre la puissance publique et la société civile[3].

Un autre courant sur la participation, moins connu parce qu'académique, propose une approche normative à l'origine, plus ambitieuse également. Il s'agit d'un axe du programme de recherche *Human Development and Capability Approach* dans le prolongement des travaux de l'économiste A. Sen et de la philosophe M. Nussbaum. Précisément, un

---

1 L'ouvrage de Bacqué, Rey et Sintomer (2005) recense des dispositifs variés adoptés dans une perspective comparative internationale.

2 *Cf.* sur la participation des citoyens en matière d'environnement la Convention d'Aarhus sur le site de la Commission Économique pour l'Europe, http://www.unece.org/env/pp/documents/cep43f.pdf.

3 La fiche thématique du 4 D, Dossiers et Débats pour le Développement Durable, sur la démocratie participative fournit en ligne une base de références et de liens sur la question, http://www.association4d.org/.

certain nombre de chercheurs approfondissent cette thématique de la participation spécialement depuis 2005, et des auteurs comme S. Alkire ou D. Crocker (2007) appliquent l'approche par les Capacités de Sen aux projets microéconomiques et développent le modèle de participation en « injectant » la démocratie délibérative. La participation signifie ici la capacité à prendre les décisions qui comptent vraiment, à planifier et façonner sa vie. L'apport n'est pas que théorique car des méthodes de participation sont élaborées à des fins pratiques pour être pleinement intégrées dans des stratégies de développement humain. Et cela rejoint certains choix de *Community-driven Development* que l'on a pu observer en différents lieux par des gouvernements locaux, des institutions internationales, des ONG, etc.

On s'intéresse ici à l'« option forte » de la participation des citoyens tant au niveau des choix stratégiques que dans les modalités d'action, sans toutefois adhérer à l'approche normative, l'objectif étant de montrer comment dans cette acception elle vient bouleverser l'approche globale du développement durable et quelles innovations sociales elle induit. Alors seulement il peut être envisagé un développement « par le bas » (qui correspond à l'expression *bottom-up development* quand celle-ci renvoie à un développement décentralisé). On procède en deux temps. On précise d'abord le cadre d'analyse de l'option forte qui fonde ce développement durable par le bas. On en tire ensuite les conséquences en termes d'action pour promouvoir le développement durable, et également au niveau de la réflexion sur le développement durable. Nous resterons globalement à un haut niveau de généralité avec de brèves incursions dans des débats et développements ponctuels d'actualité importants pour notre démonstration.

I. Cadre d'analyse de *l'option forte* de la participation

Sur le plan de l'analyse, on abandonne la grille habituelle où la participation constitue un aspect ajouté au développement durable, et où les citoyens répondent plus ou moins aux sollicitations qui leur sont faites par les décideurs publics. Partant de la problématique fondamentale de la survie des individus, trois éléments principaux se détachent et viennent former les trois étapes d'une analyse progressive : le problème économique de la survie comporte nécessairement une dimension politique ; la généralisation de l'économie de survie s'opère en même temps que monte un sentiment d'impuissance dans les pays développés quant à la maîtrise du développement global ; on observe une rupture dans la conception de l'action économique et politique, individuelle et collective avec le schéma formel hiérarchisé local/national/global.

A. Le problème économique de la survie comporte nécessairement une dimension politique

Les stratégies mises en œuvre par les populations acculées à se « débrouiller » pour survivre, comme le montrent les pratiques qui se sont répandues à partir des années 1980 partout dans le monde, comportent plusieurs dimensions mises en évidence dans nos travaux antérieurs (voir notamment Crétiéneau 2005, 2007), en même temps qu'elles induisent un mode de développement particulier. La survie n'est pas simplement un problème strictement économique ; l'angle d'attaque des problèmes humains se trouve ainsi modifié.

On a pu noter la dimension locale observée dans tous les cas et quel que soit le niveau de développement national. Pour survivre les populations mobilisent toujours toutes les ressources disponibles localement, donc d'autres dimensions vont jouer un rôle fondamental puisque sont inclus tous les moyens sociaux et culturels utiles à cette fin. Pour notre propos ici c'est la dimension politique que nous mettons en avant. En effet, pour l'individu cette question est indissociable de celle du « vivre ensemble » qui pourtant concerne le groupe humain. De telles pratiques sont le fait des « naufragés » du développement (terme de S. Latouche) ou des victimes du « maldéveloppement » c'est-à-dire du « surdéveloppement » comme du « sous-développement », suivant l'expression de Galtung dans sa présentation en 1980 de la *self-reliance* ou stratégie de développement autocentré. Elles reposent sur la *self-reliance* individuelle, précisément l'autonomie et non l'autarcie, mais leur mise en œuvre se fait toujours dans le cadre du « vivre ensemble ». C'est une évidence empirique qui a été très peu étudiée en économie qui a porté peu d'intérêt jusque là au changement institutionnel et au développement induits par l'autoorganisation des individus (Hodgson, 2006). Hayek (1995, p. 43), un des rares à avoir analysé les logiques sociales à l'œuvre, a expliqué comment la logique du « vivre ensemble » que ce soit domestique (cadre familial) ou communautaire vient primer sur le pouvoir et l'avoir quand il s'agit de la motivation de la subsistance.

L'initiative vitale n'a pas un caractère exclusivement économique ; il s'agit simultanément d'une action sociale et politique. L'aspect social ressort d'emblée car ces actions économiques ne relevant pas de la logique économique au sens marchand, cette économie est « enchâssée » dans le social. Ces activités de subsistance se font en mobilisant fortement du lien social dans un espace de solidarité, plutôt que d'échanges économiques. Le caractère politique de l'initiative quant à lui apparaît nettement lorsqu'une réaction des autorités ou des élus est ouvertement observée, notamment en cas de conflit d'intérêt. L'association PADES (Programme Autoproduction et Développement Social) qui a pour but de promouvoir l'accompagnement à l'autoproduction comme outil de développement social en facilitant l'accès des personnes en difficulté à des ressources de l'économie non monétaire (http://www.padesauto production.org) a pu ainsi se heurter au refus d'un conseil municipal pour disposer d'un terrain. Comme le souligne G. Roustang (2007, p. 33-34), un des fondateurs du PADES, nous avons là un des leviers possibles d'un changement de modèle de développement. La position des autorités administratives et des décideurs politiques à cet égard, comme relativement à l'autoproduction en général, reflète donc cet enjeu. La réponse des municipalités aux squats et à l'appropriation des espaces publics et du mobilier urbain en fournit également une illustration, et ceci même quand les personnes à la rue n'agissent pas en vue d'une transformation radicale de la société (Crétiéneau, 2005).

B. La généralisation de l'économie de survie s'opère en même temps que monte un sentiment d'impuissance dans les pays développés quant à la maîtrise du développement global

Le second niveau du cadre d'analyse de la participation forte est formé précisément de deux éléments qui sont venus se combiner récemment dans nos sociétés et qui modifient considérablement la perception du développement économique. On observe en effet d'une part une généralisation de l'économie de survie, y compris dans les pays industrialisés contrastant fortement avec la conception du développement économique forgée dans l'après-guerre. Rappelons que celle-ci situait l'économie de subsistance, typique de la société primitive, hors du champ du développement. Or l'économie de survie définie comme un ensemble de pratiques individuelles est un mouvement qui commence à partir des années 1980 suite au retrait de l'État providence au Nord, aux Programmes d'ajustement structurels au Sud, puis ensuite à l'application du Consensus de Washington dans les économies postsocialistes à l'Est, et se répand donc indépendamment du niveau de développement ou de caractéristiques, économiques et autres, nationales. De façon générale, la pauvreté, l'exclusion ou la situation très précaire des personnes en sont à l'origine, et non plus celles du groupe auquel ces individus appartiennent. On a pu observer en outre que ces pratiques s'étendent également aux situations non extrêmes. On peut expliquer ce constat inattendu. La stratégie de survie n'apporte pas simplement une réponse aux besoins physiologiques matériels, elle répond aussi aux valeurs de l'être que sont la dignité, la liberté, l'autonomie et l'identité, au besoin de se construire en tant qu'être humain, de donner un sens à son existence, de maîtriser son propre parcours. Aussi, dans un contexte où l'insécurité s'accroît sur les plans financier et matériel et où les situations professionnelles sont moins stables, on peut décider d'adopter une telle stratégie face à un risque potentiel de chômage et de paupérisation. Autre explication, moins « mécanique », suggérée par un certain nombre d'observations : les innovations et dispositifs sociaux produits par l'auto-organisation des individus séduisent une population croissante, objectivement non nécessiteuse, qui y voit un mode alternatif de consommation, de production ou d'échanges, donc un moyen d'affirmer son désaveu du mode de développement économique poursuivi jusque là et ses préférences à travers ses actes économiques. Une partie des adhérents des SEL (Systèmes d'échanges locaux) ou des AMAP (Associations pour le maintien d'une agriculture paysanne)[4] y recourent parce qu'ils choisissent ce que socialement ces activités économiques représentent. Ceci participe à la généralisation de l'économie de survie.

Dans le même temps, et à cause du même principe de solidarité qui vaut aussi hors des frontières, monte dans les pays développés un sentiment d'impuissance quant à la maîtrise du développement global. La logique du « vivre ensemble » est appliquée au niveau international, à travers notamment l'action des ONG et la mobilisation et la générosité spontanées des individus quand survient une catastrophe humanitaire (comme on a pu le constater après le tsunami en Asie). Au sentiment d'insécurité pour soi et pour les membres de sa collectivité, s'ajoute donc la préoccupation de l'autre, de sa survie projetée par des individus-acteurs dans l'espace international. Contrairement à la « convivance » qui était une tradition politique étatique/nationale, la « survivance » émanant du terrain désigne la dimension politique que comportent les actions économiques pour survivre (Abélès, 2006). C'est dans cette optique qu'il faut penser aujourd'hui le politique car l'économie de survie est une source formidable de contre-pouvoir plus ou moins spontané, et elle porte en elle le problème de soutenabilité puisqu'il est question du rapport des individus-citoyens à leur avenir. « Révolution silencieuse », comme la qualifiait de Soto (1994), ou non quand elle donne lieu à des contestations et conflits, elle impose une nouvelle relation avec la société civile et modifie la donne pour la négociation. L'*option forte* de la participation partant du problème quotidien de la survie, et de l'engagement subséquent du citoyen dans la vie quand il applique une stratégie de *self-reliance*, débouche ainsi sur une problématique de gouvernance mondiale[5].

---

4 *Cf.* les sites http://www.selidaire.org et http://alliancepec.free.fr/Webamap/.

5 Ce qui va à l'encontre de la thèse d'Hardt et Negri (2000) quant à l'existence d'un nouvel ordre impérial postmoderne où la souveraineté impériale composée de puissances étatiques, d'administrations supranationales, d'intérêts économiques ainsi que d'ONG s'exerce certes de façon décentralisée et déterritorialisée, mais soumet « la totalité de l'espace » à « une logique unique de gouvernement ». Les auteurs

C. Une rupture dans la conception de l'action économique et politique, individuelle et collective avec le schéma formel hiérarchisé local/national/global

Le dernier élément qui intervient dans cette analyse progressive est la rupture qui a justement été observée quant à la conception de l'action économique et politique. Traditionnellement, le schéma formel retenu suppose une hiérarchie des différents niveaux d'action : local/national/global. L'ajout du niveau régional n'avait pas bouleversé une approche de l'action qui favorise le principe *top-down* dans la prise de décision. Le tournant s'opère dans le milieu des années 1990 avec un changement de paradigme relatif au développement local. Le schéma traditionnel de l'action allait de pair avec des sciences sociales statocentriques (rapport de la commission Gulbenkian, 1996), et le développement local découlait de l'aménagement du territoire. Avec le mot d'ordre « agir localement, penser globalement », non seulement le niveau national disparaît, mais on reconnaît la possibilité d'agir à un niveau qui n'est pas celui où on situe le problème dans l'analyse, en s'appuyant donc sur l'interdépendance et le rapport de forces entre les niveaux. Tout pousse à croire en effet que la généralisation de l'économie de survie efface les frontières nationales, l'action locale quand il s'agit de se mobiliser pour faire face à des situations jugées inacceptables sur le plan international, pouvant s'appuyer sur des organisations comme les ONG ou les mouvements altermondialistes[6]. Cette thèse de la « disparition des États » supplantés par la globalisation apparaît quelque peu simpliste et inadaptée quand il s'agit de survie des populations. D'abord, elle ignore les difficultés pour articuler les niveaux individuel et collectif de l'action. Ensuite, elle dédouane davantage encore les États qui, par le recul de la solidarité sociale nationale, laissent les populations se « débrouiller » et les acculent ainsi à prendre en charge leur problème de survie. Enfin, elle invite à penser qu'aurait émergé ou serait en train d'émerger une « conscience collective planétaire »[7] assez forte pour assurer un développement durable, or chacun sait que ce n'est pas le cas.

L'articulation entre les niveaux d'action mérite donc d'être précisée. Comment se fait le passage de l'individuel au collectif et quel dévelop-

n'excluent toutefois pas la possibilité de l'émergence sur le même terrain d'un contre Empire ouvrant la voie à une mondialisation alternative.

6 Ainsi, M. Abélès (2006) parle d'un « véritable décrochage » avec la montée en puissance d'une représentation qui met les préoccupations du vivre et du survivre au cœur de l'agir politique, alors que la problématique de la cité et du rapport entre l'individu et la souveraineté est rejetée au second plan.

7 Comme celle évoquée par Sachs (1993) pour assurer « l'écodéveloppement ».

pement local est ainsi induit par ces initiatives ? La grille adoptée ici et développée en d'autres lieux (Crétiéneau, 2002, 2005, 2007) part de la *self-reliance* individuelle qui s'appuie sur la notion de *self-help* signifiant pour l'individu « compter sur soi-même ». Mais, selon Galtung (1980, p. 23) la *self-reliance* est un concept pratique reposant sur les deux principes suivants pour guider l'action : la participation et la solidarité. Ce mouvement dynamique part de la « périphérie » et ne peut être dirigé par le haut. Le concept a gagné en pertinence dans la mesure où la soumission des hommes et de la nature aux exigences de la rationalité économique et de la logique productiviste n'a eu de cesse de s'accentuer au point de produire des effets désastreux non seulement sur le plan écologique ou sur celui de la cohésion sociale, mais aussi au niveau de la capacité des personnes à être vraiment les acteurs de leur existence. La forme institutionnelle importe peu aux yeux des acteurs économiques et l'activité économique, qui peut être une microentreprise, est toujours enchâssée dans un contexte socioculturel (*cf.* l'exemple des microentreprises *in* Cahn, 2008, p. 7). Et l'activité est une réussite si elle permet à la personne ou la famille une survie durable.

L'application du principe de recherche d'autonomie par les individus produit une *self-reliance* collective qui peut être locale, nationale ou régionale (*cf.* notre schéma *in* Crétiéneau, 2005a), mais la famille est le chaînon qui articule naturellement l'action individuelle et l'autonomie communautaire : la stratégie s'intègre dans un réseau de production et d'échanges locaux, et l'extension des microactivités renforce l'économie de marché local. Ceci explique que, bien que centrée sur les personnes, la *self-reliance* est le plus souvent traduite par autonomie sociale. On obtient une organisation économique soit par étages interdépendants comme chez F. Braudel où les activités de subsistance renforcent le pouvoir de décision de l'économie locale et sont donc à l'origine de tensions et de contraintes pour l'« économie-monde » (Verschave, 1994), ou soit par cercles concentriques (famille, village, etc.) comme dans le modèle de Gandhi. Ce type de stratégie combine la recherche par l'individu d'une vie digne et de l'estime de soi et la solidarité familiale ou élargie *i.e.* impliquant voisins, amis et autres relations sociales. Les notions de *self-help* et d'*agency* et leur interaction font l'objet aujourd'hui d'investigations particulières (Alkire, 2007 ; Ibrahim, 2006 par exemple), d'autant que dans le prolongement des travaux de Sen, l'*agency* supposant l'autonomie et la capacité d'agir, elle dépend des valeurs qui guident les actions individuelles.

Comme les personnes se construisent en tant que sujets de leur existence, que leur stratégie s'appuie sur leurs forces et atouts suivant leurs aspirations et compte tenu de la complexité de leur environnement, la dimension participative est inhérente à la dynamique de développement économique local induite. Plus question de simple consultation comme dans l'approche participative habituelle, la négociation avec les populations locales s'impose. Quant à ce développement local, il n'est plus celui défini géographiquement à travers les découpages administratifs et/ou politiques. Suivant un certain nombre d'auteurs (Distaso, 2005, par exemple), de plus en plus le développement local prend deux sens différents : l'un renvoie au développement d'un territoire dans le sens où c'est plus une question de dimension spatiale que de nature de processus, l'autre est un développement fondé sur les facteurs locaux, donc endogène, qui vient répondre aux besoins locaux. Dans cette deuxième acception[8], le développement local ne s'applique pas à une échelle spatiale donnée, et prenant en considération tous les aspects multidimensionnels, il met en relation l'aspect durable et le bien-être des populations. Nous allons reprendre dans la section suivante les diverses facettes de ce développement durable par le bas afin d'en dégager quelques conséquences en termes d'action et de réflexion.

II. Conséquences en termes d'action et de réflexion sur le développement durable

Constatant que les initiatives vitales ne sont pas des pratiques d'adaptation temporaire, mais peuvent tracer une voie de sortie de pauvreté et de développement humain socialement durable, l'action des pouvoirs publics pourrait s'inspirer de ces pratiques, faciliter l'émergence et le développement d'activités locales en cherchant à accompagner de telles initiatives. Rassemblons d'abord les éléments qui forment le cadre d'action. Mais l'action rencontre des freins et des obstacles dans le champ des pouvoirs politico-économiques, et, enfin l'enjeu se situe dans le passage à une écologie politique/citoyenne.

A. Un cadre d'action pour une politique d'accompagnement

Reprenons ensemble les éléments qui viennent s'articuler dans les stratégies adoptées spontanément par les populations quand elles ne sont plus prises en charge par un système d'assistance. Celles-ci mobilisent alors toutes les ressources à leur portée qu'elles transforment en autant d'atouts : les moyens matériels sont physiques/techniques (infrastructures, équipements, outils, etc.), naturels (foncier, forêts, eau, etc.) ou financiers (revenus, épargne, etc.) ; le capital social et humain joue un rôle également très important : la communauté d'appartenance, les groupes et réseaux sociaux, les relations de confiance et de réciprocité,

[8] Dans l'approche SL dont il sera question infra, c'est également parce que le point d'entrée de l'analyse est constitué des populations qu'il n'est pas territorial dans le sens du découpage de l'espace.

et les ressources humaines, leur santé, leur éducation et formation, leurs compétences. Une attention particulière est accordée aux savoirs et savoir faire qui, non transmis, sont perdus en une génération. De plus, un savant mélange de modernité que représentent les technologies les plus sophistiquées, et de techniques et savoirs traditionnels peut, comme dans le cas de l'agroécologie, viser à la fois la sécurité alimentaire des personnes et le respect de l'environnement. Parce que nous parlons de stratégies, comptent aussi le contexte évolutif, avec ses atouts et ses contraintes, et les dynamiques externes que l'on subit plus ou moins. Il faut aussi composer avec les institutions et organisations, qui ne sont pas toutes endogènes, ainsi que les politiques et orientations adoptées aux autres niveaux de décision. L'aide extérieure, matérielle, technique et financière, sans contrepartie, est pernicieuse, s'oppose au principe de *self-reliance*, invite à adopter des solutions toutes faites qui en général ne marchent pas, et détourne l'énergie humaine de l'essentiel. Le retour à une économie maîtrisée respectueuse des hommes et de la nature prend alors la forme de microprojets de survie et de développement, inspirés des innovations socioéconomiques et institutionnelles que les populations parviennent à faire émerger.

Au développement par le bas correspond une politique d'accompagnement en haut. D'apparence complexe, l'action devient possible par référence aux *down-to-earth utopia*. Une multitude de monographies décrivent les utopies réalisées de par le monde, et pas seulement en milieu rural. Par exemple, les *grins*, ces groupes de rencontre et de solidarité informels, qui se sont multipliés en Afrique, offrent en milieu urbain, comme le palabre dans les villages, des lieux d'échange et de décision où la parole de chacun est prise en compte. Ces microsociétés localisées constituent en fait un véritable rouage politique puisque, modérateurs de conflits inter-individuels, les *grins* deviennent un instrument de stabilité et de paix sociale. Cette production de solidarité locale et de lien social a une filiation directe avec la philosophie de survie et le mode de vie frugal. Mais il ne faut pas y voir simplement de l'économie informelle, sous-entendu que l'État peut, en partie au moins, institutionnaliser officiellement si elle se révèle utile et moralement acceptable, ni de l'économie domestique, *i.e.* des activités et valeurs qui répondent à des besoins et préoccupations internes à la maison et la famille, comme l'alimentation, la santé, l'éducation, qui donc ne concerneraient pas l'État. Il ne faut pas non plus, bien qu'il s'agisse en quelque sorte de « retrouver les clés » de la durabilité des sociétés traditionnelles, ramener ces activités et pratiques à des survivances ou des résurgences du passé pré-industriel. Car il s'agit bien d'un développement économique, équilibré et durable, qui est observé et recherché, à la fois endogène et indigène avec l'homme au centre. Le tableau suivant résume les principales divergences entre cette approche et celle orthodoxe, habituelle du développement durable.

Une voie alternative pour un développement durable	
Évolution de la pensée économique vers un développement socialement et écologiquement soutenable	**Dans une stratégie de survie fondée sur la *self-reliance***
• Nécessité de satisfaire les besoins humains (y compris la santé et l'éducation) et de préserver l'environnement • Assistance humanitaire • « Stratégie de survie » signifie la concurrence entre les êtres humains, le gaspillage des ressources naturelles, l'irresponsabilité individuelle • Mondialisation économique et financière et déclinaison locale de l'Agenda 21	• Les individus ne sont pas perdus de vue • Humanisme => issue digne à la pauvreté et l'exclusion sociale • Frugalité => respect de l'environnement local • Conscience individuelle et système de valeurs intégrées • Une économie de marché locale faite d'autonomies interconnectées et mondialisation par le bas

Le développement socioéconomique communautaire et durable peut évoquer la société primitive avec son économie de subsistance : l'homme préserve son environnement immédiat dont il a besoin pour puiser les ressources indispensables à sa propre survie, et préserve également les ressources pour les générations suivantes. Tout un chacun doit avoir accès aux moyens pour survivre. Dans l'optique d'un développement durable, on compte ainsi parmi les parties prenantes les générations futures tout en ignorant leur nombre[9], leurs besoins, leurs aspirations, mais on leur accorde le droit de disposer des moyens durables de survie (planète vivable, terres fertiles, villes respirables, etc.) comme à tout « autre » que l'on prend en compte et dont on respecte l'existence dans la démarche éthique que suppose le développement durable (Droz et Lavigne, 2006). On retrouve ce lien entre la subsistance et la durabilité environnementale dans le concept et l'approche en termes de *sustainable livelihoods* (SL)[10] qui se répand depuis quelques années dans la pensée anglo-saxonne du développement et dont une première formulation était présentée par R. Chambers dans *Putting*

[9] Les Iroquois pensaient sans arrêt au bien-être des sept générations à venir.

[10] « A livelihood comprises people, their capabilities and their means of living, including food, income and assets. Tangible assets are resources and stores, and intangible assets are claims and access. A livelihood is environmentally sustainable when it maintains or enhances the local and global assets in which livelihoods depend, and has net beneficial effects on other livelihoods. A livelihood is socially sustainable which can cope with and recover from stress and shocks, and provide for future generations » (Chambers, Conway, 1991).

People First (1988). La démarche SL est indissociable d'une participation forte parce qu'elle suppose l'*agency* et l'*empowerment*.

On a ici une philosophie opérationnelle de développement qui invite à penser que l'action peut être menée simultanément sur les trois fronts (Crétiéneau, 2005b) : la consommation, la production et les échanges. Il s'agit d'une économie du rez-de-chaussée et d'une mondialisation par le bas (Tarrius, 2002), sources de contre-pouvoirs potentiellement puissants surtout dans la sphère des institutions informelles et des processus spontanés. Les autorités publiques doivent peser les intérêts de part et d'autre et établir une balance intégrant ces nouveaux éléments : le fait que l'agir économique est déjà en soi une participation à la vie de la cité ; la nouvelle philosophie de l'aide au développement socioéconomique. L'action de l'État se trouve ainsi contrainte à se transmuer en une politique d'accompagnement des microprojets et du développement local. L'accroissement des moyens de survie passe donc d'abord par la reconnaissance formelle de l'utilité sociale d'un certain nombre d'institutions et d'organisations décentralisées. L'exemple des SEL en France est évocateur des difficultés que peuvent rencontrer les pratiques « non conventionnelles » émergentes. Dans le domaine de la consommation, l'information et la sensibilisation renforcent la conscience et la responsabilisation des individus qui seules peuvent limiter la consommation matérielle sans frustration. Pédagogie, éducation et formation sont à faciliter également pour ce qui est des activités de production, avec l'accès de chacun aux savoirs et savoir faire ainsi qu'à l'information que l'individu juge utiles et une dimension morale à ne pas négliger. Autre piste d'action, l'extension des libertés individuelles, comme la liberté d'entreprendre et la pluriactivité possible, et l'accès direct aux moyens évidents de survie (la terre pour l'autoproduction alimentaire par exemple). Le droit à l'initiative économique est de plus en plus reconnu notamment à cause de l'auto-emploi des chômeurs qu'il permet.

Enfin, il faut lire ce tableau comme un cadre schématique des principaux points qui s'opposent malgré la préoccupation fondamentale commune. Car il est clair que les dynamiques enclenchées par les initiatives d'un niveau sont génératrices d'effets et de nouvelles dynamiques aux autres niveaux et de nouveaux rapports et interactions entre les niveaux. La mise en œuvre d'un Agenda 21 local, en tant que déclinaison de la problématique internationale du développement durable, est l'occasion d'avoir une pratique publique renouvelée, de laisser une place plus grande à l'imagination et la créativité des acteurs, de faire valoir les caractéristiques et besoins locaux (Speirs, 2005). Bien relayée et pleinement assumée par les autorités locales décentralisées et les réseaux d'acteurs, elle peut être source d'un dynamisme local propre, d'un développement des compétences et d'un net renforcement de la participation des individus-citoyens. Mais nous allons montrer que la réalité est en général bien plus complexe.

B. Freins et obstacles à surmonter dans le champ des pouvoirs politico-économiques

À ce stade de notre démonstration, la complexité de la structure des pouvoirs politico-économiques en réalité est un problème qu'il convient de poser. Il n'est pas indépendant de la question de l'écologie politique/citoyenne. Où se situerait l'obstacle politique entravant un développement par le bas, que l'on sait maintenant porteur d'un développement durable ? Aujourd'hui la réponse ne saurait se cantonner au fait qu'il s'agit d'un développement non planifié, non maîtrisé par les autorités publiques qui se méfieraient de son caractère endogène et de la philosophie du changement socioéconomique qui l'accompagne. La solution est cherchée ici dans une coopération État/« communautés » qui peut servir de base pour la réflexion autant que pour l'action.

L'idée est de trouver une articulation globale qui prend en compte la complexité réelle qu'il peut y avoir dans la structure des pouvoirs. Le schéma ci-après offre une visualisation d'une possible réforme de la gouvernance pour un développement endogène produit par les initiatives des citoyens et accompagné par l'État. Il est issu d'études portant sur différents pays (Das Gupta, Grandvoinnet, Romani, 2003). Les auteurs montrent ainsi comment peut se faire la coopération entre l'État et les « communautés » pour un développement par le bas et également pour un service public local amélioré. Ce schéma est ici adapté pour prendre en compte des pays comme la France, non étudié par les auteurs, et avoir ainsi une portée plus générale.

Préalablement au commentaire de ce schéma, des précisions s'imposent sur les termes. D'une part la notion de communauté n'est pas à prendre dans le sens habituel en France. Dans la mesure où les individus ne sont pas perdus de vue, elle désigne le groupe que constituent les citoyens, allant dans le sens américain de « collectivité locale », sauf qu'en France, cette dernière notion est utilisée pour les instances représentatives de la collectivité. D'autre part, il ne s'agit pas non plus de regroupements de citoyens, au sens par exemple de syndicats de travailleurs salariés dans les services locaux, car ces groupes organisés intégrés dans la structure font partie des pouvoirs locaux. « Pouvoirs locaux » est donc un terme générique pour désigner tout ce qui est pouvoir au niveau local, à la fois les regroupements de travailleurs, les associations, toutes les agences locales et les services de l'État, et ce que l'on nomme les collectivités locales en France.

La coopération État/« communautés »

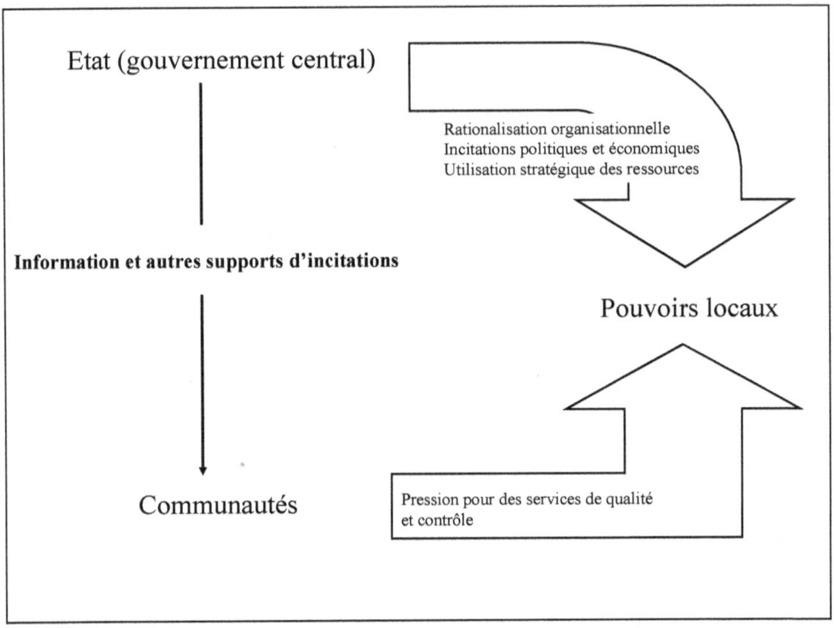

D'après Das Gupta, Grandvoinnet, Romani (2003).

Partant de l'idée que l'État moderne fournit le support institutionnel, les inputs et l'infrastructure nécessaires pour susciter les initiatives de développement local, une coopération plus efficace entre l'État et les communautés pourrait être obtenue si l'État agit au niveau de l'organisation bureaucratique et modifie le système d'incitations. Précisément ce renforcement des liens avec les communautés est possible si d'abord l'État facilite la mise à leur disposition de l'information, des aides techniques, ou financières, etc. qui leur sont nécessaires pour lancer leur propre programme de développement ; ensuite, l'État doit s'assurer la convergence d'intérêts aux différents niveaux, notamment au sein des pouvoirs locaux, qui subissent à cette fin une pression par le haut à laquelle s'ajoute une pression par le bas de la part des communautés visant la fourniture de meilleurs services et de nouvelles mentalités chez les responsables locaux désormais au service des citoyens ; enfin, l'État lui-même change d'attitude à l'égard des communautés dans la mesure où il s'appuie sur les structures institutionnelles informelles et leurs normes que sont la réciprocité, la coopération et la confiance, et va donc réguler et faciliter les processus décentralisés au lieu de les surveiller et contrôler. En retour, le pouvoir central peut espérer une plus grande légitimité et un pluralisme politique accru. Du point de vue des citoyens, l'intérêt est double : le développement socioéconomique et le renforcement réel de leur pouvoir politique. La principale difficulté réside dans le changement qui doit s'opérer au niveau des pouvoirs locaux pour qu'ils soient responsabilisés vis-à-vis des populations et orientent leurs efforts vers des services de qualité. Outre leur performance, leur image peut se trouver améliorée et leurs avantages matériels accrus également en raison de la rationalisation et de l'utilisation stratégique des ressources.

Stimuler les initiatives de développement local et les innovations sociales « d'en bas », accroître les aspirations et informer sur les services offerts ainsi que les différentes formes d'aide possibles, ne suffisent probablement pas pour impulser un *communauty-driven development process*, et la coopération et la convergence d'intérêts entre l'État et les « communautés » n'ont rien d'évident en réalité. Kokoreff (2003) décrit ce problème à propos des quartiers en France en insistant sur l'obstacle politique que rencontre leur développement à travers les actions collectives dont ils sont l'objet. Qu'elles soient le fait de la société civile, *i.e.* d'associations ou de groupes de citoyens aidés éventuellement des pouvoirs publics, ou celui des collectivités locales et/ou de l'État, toutes ces actions ne parviennent pas à « activer » les « forces vives », voire même elles les annihilent. Ceci ressort nettement avec les dispositifs des politiques de la ville, les lourdeurs bureaucratiques, la logique de projets et ses contraintes (fortes pour les personnes n'ayant pas une grande instruction scolaire), la faiblesse des services publics et d'institutions qui sont importants quand la socialisation par l'école et le travail est défaillante. Kokoreff (*idem*, p. 20) souligne aussi le défaut d'interlocuteur politique pour les populations des quartiers perçu comme un manque de volonté politique de la part de responsables élus dépassés par une situation qu'ils ne décryptent pas et un mouvement difficilement contrôlable. En même temps les élus restent attachés à l'ancienne conception du développement local, à l'idée que la solution passe par un espace économique et un bassin d'emplois favorables. Et dans les zones défavorisées des pays développés où s'est installée la déviance, malgré le dynamisme et la volonté des collectivités locales d'un traitement socioéconomique, l'action publique s'oriente vers un traitement pénal de la misère. On s'éloigne alors d'une situation favorisant autant la participation forte que les innovations institutionnelles pour un développement socioéconomique par le bas.

Prendre en compte la nécessité de préserver l'environnement et d'adopter des comportements écocitoyens dans ce contexte risquerait de déboucher sur un écototalitarisme qui évacuerait du même coup la question de la recherche d'une nouvelle éthique participative. Les premiers travaux de recherche participative datent des années 1960. Il s'est agi dans la décennie suivante de *Participatory Action Research* (Recherche-Action Participative) qui refuse le monopole de la science formelle et le pouvoir des experts, en concevant le changement comme un processus d'essais et erreurs auquel la communauté participe (Droz et Lavigne, 2006, p. 72).

La mouvance participative et ses deux courants qui s'opposent aujourd'hui, à savoir la participation faible ou au contraire forte des individus-citoyens, doivent être rattachés à l'évolution de la pensée du développement des économies et au retour des expériences de terrain, et débouchent assez naturellement sur la problématique du développement durable. Ceci ne doit toutefois pas occulter un autre débat fondamental né directement autour du développement durable qui vient rejoindre certains termes du précédent, en opposant notamment les savoirs locaux aux connaissances scientifiques. Certes tout le monde reconnaîtra que de façon générale toutes les parties prenantes doivent être prises en compte, mais l'expert scientifique peut arguer du fait qu'il est mieux informé et mieux outillé pour déterminer la décision rationnelle, surtout qu'il faut prendre en compte simultanément les trois piliers du développement durable et leur complexité interne (*idem*, p. 66-68), quitte à favoriser un processus technocratique et à faire peu de cas de la participation. Conçue ainsi, l'écologie scientifique est contraire au contenu positif, participatif et mobilisateur du développement durable. Mais ce débat fondamental est ouvert et nous n'en aborderons ici que quelques points.

Ce sujet sérieux, surtout quand il est question de l'avenir de la planète, du changement climatique, de la biodiversité, donne lieu parfois à un catastrophisme dans les médias, accentué par l'usage de notions telles l'empreinte écologique (*cf.* par exemple les conclusions alarmantes du *Rapport Planète Vivante 2008* de l'ONG WWF). Le catastrophisme se révèle contre-performant s'il en arrive à bloquer toute initiative constructive et déresponsabilise les individus, mais la représentation d'un avenir potentiellement catastrophique en soi n'est pas le problème. Bien au contraire, si on suit Hans Jonas (Sève, 1990), elle peut alerter quant aux décisions à prendre dans le présent et donc guider l'action politique. La peur peut obliger à anticiper, à réagir et inciter à chercher à limiter les risques que l'on fait courir à l'humanité future en connaissance de cause. Elle induit une responsabilité du citoyen et peut se transformer en engagement dans la mesure où elle exprime notre liberté, permet de retrouver la valeur et le sens des actions humaines. Certaines personnalités dont les médias se font l'écho, comme Maurice Strong d'un côté et Martin Durkin de l'autre, s'opposent sur le bien-fondé des discours catastrophiques. Selon Riesel et Semprun (2008, p. 35), le fond commun à toutes ces représentations catastrophistes, c'est l'idéal maintenu de la rationalité technique, le modèle déterministe de la connaissance objective, c'est donc d'accorder plus de réalité à la représentation que les instruments de mesure permettent de construire qu'à la réalité elle-même (à ce qui est « directement vécu ») [...].

Le risque est la recherche d'une sécurisation par le renforcement des contraintes sur les personnes et sur leur vie. L'écototalitarisme, l'écologisme, l'environnementalisme sont des termes utilisés pour dénoncer la proscription de toute liberté que nécessiterait la survie de la terre et des espèces, ainsi que la fabrique d'un consensus et d'une image des acteurs économiques qui refléteraient une fausse « prise de conscience écologique » en réalité.

Un élément pesant fortement dans ce débat est la place prise par la notion d'écologie scientifique, et l'Appel de Heidelberg en 1992, en vue du Sommet de Rio, et donc occupée depuis dans la pensée du développement durable. Le nombre de signataires de l'Appel a atteint plus de quatre mille, dont plus de soixante-dix prix Nobel. Paradoxalement, l'écho a été faible dans les médias. Mais le texte est intéressant (*Le Monde* du 3 juin 1992) car il exprime la crainte des scientifiques et intellectuels qu'émerge « une idéologie irrationnelle qui s'oppose au progrès scientifique et industriel » et réaffirme l'intérêt de l'écologie scientifique au service de ce progrès. Nous n'entrerons pas ici dans la question des rapports entre la science et la démocratie, ou dans celle des devoirs et responsabilité de la science à l'égard de la société[11]. Mais il est clair que l'option forte de la participation est exclue *a priori* dans une démarche relevant de l'écologie scientifique. Par contre elle va de pair avec l'écologie politique qui insiste beaucoup sur la capacité des citoyens et des groupes à être réellement les acteurs de leur existence. C'est ce qui justifie l'importance de la participation démocratique pour un abord et un traitement plus intelligents et responsables des problèmes écologiques (Gollain, 2000). Elle correspond sur le terrain à ce que l'on désigne parfois simplement l'écologie citoyenne qui traduit l'*empowerment* au niveau des populations locales concernées par un projet précis ou une action environnementale à entreprendre (Hainard, Nedelcu, 2006).

En conclusion, en posant directement la question de la participation des individus-citoyens se présente un autre angle d'attaque des problèmes posés par la recherche d'un développement durable. Cela rompt

11 On peut renvoyer vers des auteurs comme J.-M. Lévy-Leblond (notamment *La pierre de touche*), mais notons toutefois avec Merchant (1980) que pour Bacon, il s'agissait bien de libérer l'homme « des incommodités de l'état d'homme ».

avec l'habitude qui consiste à ajouter cette dimension participative à un développement reposant déjà sur trois piliers : économique, social, environnemental. Mais les difficultés sont grandes dans le champ des pouvoirs politico-économiques, comme le montre le schéma pourtant simplifié à trois niveaux. Une articulation est proposée à partir d'une coopération État/communautés avec redistribution des pouvoirs et des responsabilités. Les populations y gagnent la participation et le développement local, et celui-ci est durable dans la mesure, et c'est tout l'objet de la démonstration qui précède, où il se fonde sur le principe de *self-reliance*. La généralisation de l'économie de survie est un élément fort du contexte actuel qui crédibilise de plus en plus le retour à une économie maîtrisée, à l'échelle humaine, enchâssée dans le social, et respectueuse de la nature et des hommes, et donc une stratégie alternative de développement durable. Nous montrons ici qu'il s'agit de choix sociopolitiques fondamentaux qui dépassent le cadre du travail de l'économiste. Les enjeux d'une réelle participation des populations vont bien au-delà de ce que l'on en dit habituellement.

Il reste que, même dans sa version forte, la participation peut être instrumentalisée par les autorités publiques, les organisations internationales et les « experts » ou être réduite à un discours manipulateur et/ou populiste ou à une technique de gestion pour la mise en œuvre de projets élaborés indépendamment des populations concernées. Certaines organisations internationales sont la cible de telles critiques. Toutefois, la recherche participative a pu parfois amener les communautés à se questionner, à élaborer un point de vue propre, à faire part de leur analyse de la situation et de leur position, à s'imposer comme interlocuteurs, à gagner du pouvoir et exercer une influence sur les décisions des autres, alors que du côté des « experts », le processus de recherche est apparu comme un processus politique et que l'on a été amené à reconnaître qu'il était improductif d'opposer les savoirs locaux aux apports de la science. Les citoyens en participant (fortement) deviennent simplement partie prenante dans la stratégie de développement durable et dans la définition de son contenu. Sinon, il est bien sûr difficile d'espérer les innovations sociales que la participation suppose et induit.

Bibliographie

Abélès, M., *Politique de la survie*, Paris, Flammarion, 2006.

Alkire, S., "Measuring Agency : Issues and Possibilities", in *Indian Journal of Human Development*, vol. 1, n° 1, 2007, p. 169-175.

Association PADES (Programme Autoproduction et Développement Social, http://www.padesautoproduction.org.

Association 4 D, *Dossiers et Débats pour le Développement Durable*, http://www.association4d.org/, site consulté le 25 novembre 2008.

Bacqué, M.-H., Rey, H., Sintomer, Y., *Gestion de proximité et démocratie participative. Une perspective comparative*, Paris, La Découverte, 2005.

Cahn, M., "Indigenous entrepreneurship, culture and micro-entreprise in the Pacific Islands : case studies from Samoa", in *Entrepreneurship and Regional Development*, n° 20, 2008, p. 1-18.

Chambers, R., "Putting People First", in Pitt, D. (ed.), *The Future of the Environment*, London, Routledge, 1988, p. 5-22.

Chambers, R., Conway, G., "Sustainable rural livelihoods : practical concepts for the 21st century », *IDS Discussion Paper*, 296, Brighton, IDS, 1991.

Crétiéneau, A.-M., « Les aspects politiques des projets de survie des hommes et de la nature », in ORCADES, *Les enjeux du développement durable*, Poitiers, 2002, p. 155-159.

Crétiéneau, A.-M., « Les stratégies de survie individuelles : des enseignements utiles pour une autre approche du développement économique », in *Économies et Sociétés*, série F, n° 43, 2005a, p. 365-383.

Crétiéneau, A.-M., « Les stratégies individuelles de survie : quel apport à l'approche des Capacités ? », *5e Conférence internationale sur l'approche en termes de capacités*, Paris, UNESCO, 11-14 septembre 2005b.

Crétiéneau, A.-M., « Les pratiques de survie individuelles : un cadre d'analyse pour l'action contre l'exclusion et la précarité », in Crevoisier, O., Hainard, F. et Ischer, P. (dir.), *L'économie informelle : une alternative à l'exclusion économique et sociale ?*, Berne, Commission suisse pour l'UNESCO, Université de Neuchâtel, 2007, p. 163-200.

Crocker, D., "Deliberative Participation in Local Development", in *Journal of Human Development*, vol. 8, n° 3, 2007, p. 431-455.

Das Gupta, M., Grandvoinnet, H., Romani, M., "Fostering Community Driven Development. What Role for the State ?", in *Policy Research Working Paper*, 2969, World Bank, 2003.

De Soto, H., *L'autre sentier. La révolution informelle dans le tiers monde*, Paris, La Découverte, 1994.

Distaso, A., "Local Sustainable Development and Well-being / Quality of life. An Application of the Capability Approach at Regional Level", *5th International Conference on the Capability Approach*, Paris, 11-14 septembre 2005.

Droz, Y., Lavigne, J.-C., *Éthique et développement durable*, Paris, Karthala, 2006.

Galtung, J., O'Brien, P., Preiswerk, R. (eds.), *Self-reliance. A strategy for Development*, London, Bogle-L'Ouverture Publications Ltd., 1980.

Gollain, F., *Une critique du travail : entre écologie et socialisme*, Paris, La Découverte, 2000.

Hainard, F., Nedelcu, M., *Pour une écologie citoyenne*, Paris, L'Harmattan, 2006.

Hardt, M., Negri, A., *Empire*, Cambridge, Harvard University Press, 2000.

Hayek, F., *Droit, législation et liberté*, vol. 1, Paris, PUF, 1980.

Hodgson, G., "What are Institutions ?", in *Journal of Economic Issues*, vol. XL, n° 1, 2006, p. 1-25.

Ibrahim, S. S., "From individual to collective capabilities : The capability approach as a conceptual framework for self-help", in *Journal of Human Development*, vol. 7, n° 3, 2006, p. 397-416.

Institut de recherche et débat sur la gouvernance, *Participation aux affaires publiques : démocratie et citoyenneté*, http://www.institut-gouvernance.org/fr/axes/motcle-axes-2.html, site consulté le 5 décembre 2008.

Kokoreff, M., *La force des quartiers. De la délinquance à l'engagement politique*, Paris, Payot et Rivages, 2003.

Lévy-Leblond, J.-M., *La pierre de touche*, Paris, Gallimard, 1996.

Merchant, C., *The Death of Nature : Women, Ecology and the Scientific Revolution*, Harper and Row, 1980.

Rapport de la Commission Gulbenkian présidée par Immanuel Wallerstein, *Ouvrir les sciences sociales*, Paris, Descartes & Cie, 1996.

Riesel, R., Semprun, J., *Catastrophisme, administration du désastre et soumission durable*, Paris, Éditions de l'Encyclopédie des Nuisances, 2008.

Roustang, G., « L'autoproduction accompagnée comme outil de développement social », in Crevoisier, O., Hainard, F., Ischer, P. (dir.), *L'économie informelle : une alternative à l'exclusion économique et sociale ?*, Berne, Commission suisse pour l'UNESCO, Université de Neuchâtel, 2007, p. 27-39.

Sachs, I., *L'écodéveloppement*, Paris, Syros, 1993.

Sève, B., « Hans Jonas et l'éthique de la responsabilité », in *Revue Esprit*, octobre 1990.

Speirs, C., « Le développement durable dans la ville », in Matagne, P. (dir.), *Les enjeux du développement durable*, Paris, L'Harmattan, 2005, p. 122-146.

Tarrius, A., *La mondialisation par le bas. Les nouveaux nomades de l'économie souterraine*, Paris, Balland, 2002.

United Nations Economic Commission for Europe, *Convention sur l'accès à l'information, la participation du public au processus décisionnel et l'accès à la justice en matière d'environnement,* http://www.unece.org/env/pp/documents/cep43f.pdf, site consulté le 16 décembre 2008.

Verschave, F.-X., *Libres leçons de Braudel. Passerelles pour une société non excluante*, Paris, Syros, 1994.

CHAPITRE 8

L'économie de fonctionnalité

Une contribution à la préservation de l'environnement par la substitution de services à des activités de production

Jacques POIROT

Dans les secteurs d'activité ayant adopté les principes de l'économie de fonctionnalité, les relations économiques ne se fondent plus sur la vente de biens durables ou de biens intermédiaires et sur des transferts de propriété mais sur des relations de services. Les besoins des consommateurs et des entreprises sont satisfaits par des prestations de services, mobilisant des biens durables et/ou des intrants. Les entreprises sont ainsi incitées à prolonger la durée de vie des produits qu'elles mettent à disposition des utilisateurs. Il devrait en résulter une certaine dématérialisation de l'économie, c'est-à-dire une réduction dans l'usage des ressources naturelles et une moindre consommation d'énergie. Dans les secteurs de l'économie de fonctionnalité, les activités de services se sont substituées, en effet, partiellement aux activités de production matérielle.

Ne plus orienter l'activité de l'entreprise vers la vente d'un produit, mais vers la satisfaction des besoins des consommateurs n'est pas une idée nouvelle. Kotler (1971, p. 25) définissait le marketing, comme « l'analyse, l'organisation, la planification et le contrôle des activités, des stratégies et des ressources d'une entreprise qui ont un influence directe sur le client, en vue de satisfaire les désirs et les besoins de groupes de clients sélectionnés de façon rentable. » Bien que cet auteur ait reconnu (*ibid.*, p. 20) que « le produit peut très bien ne constituer qu'une faible partie des satisfactions que l'acheteur recherche, car ce dernier veut également une certaine commodité, un certain service et certaines valeurs symboliques et esthétiques aussi », ce souci de satisfaire les besoins des clients de façon rentable s'est limité souvent à une simple adaptation du produit aux souhaits des clients. Le développement des ventes de biens réels a été préféré à la fourniture de services. À cet égard, J. Rifkin (2000, p. 99), déplorant cette attitude des entreprises, se demande « à quoi ressemblerait aujourd'hui notre monde si Henry Ford avait conçu l'automobile comme un service plutôt que comme un produit et avait décidé de louer les voitures au lieu de les vendre ».

La première partie concernera les modalités concrètes de mise en œuvre d'une économie de fonctionnalité contribuant à la préservation de l'environnement. La seconde partie soulignera les transformations économiques, sociales, politiques et mentales qui accompagneraient l'adoption des principes de l'économie de fonctionnalité par de larges secteurs d'activité dans un pays développé ou qui devraient accompagner l'instauration d'une économie de fonctionnalité pour que celle-ci puisse devenir pérenne et contribuer durablement à la préservation de l'environnement.

I. Les modalités de mise en œuvre des principes de l'économie de fonctionnalité contribuant à la protection de l'environnement

Après avoir analysé comment des prestations de services pourraient se substituer à la vente de biens durables et intermédiaires, et contribuer ainsi à la protection de l'environnement, nous examinerons l'organisation du système productif dans une économie de fonctionnalité.

A. La substitution de la vente de services à celle de biens durables et de biens intermédiaires

Le développement de l'économie de fonctionnalité implique, d'une part l'extension de la location de biens durables et, d'autre part, l'émergence d'une nouvelle gestion des biens intermédiaires dans le cadre d'une relation de services avec les entreprises clientes.

- *La location de biens durables*

L'économie de fonctionnalité, sans que ce terme même ne soit employé, il faut le reconnaître, a été appliquée, depuis longtemps, dans le domaine de la location de biens durables, mais principalement pour des usages exceptionnels d'un produit relativement coûteux. On peut à ce propos distinguer deux grands types de location : la location intermittente d'un bien, utilisé seulement au cours d'une période de temps limitée, et la location permanente d'un bien durable.

La location intermittente d'un bien recouvre des réalités très diverses. Elle peut tout d'abord avoir un caractère exceptionnel, comme la location de vêtements (robe de mariée, déguisements pour des fêtes), de matériel pour des personnes malades (lits pour malade, matériel médical etc.). Par ailleurs, la location d'un bien durable, bien qu'intermittente, peut avoir aussi un caractère relativement régulier. La location de vélos dans les villes (citée par la Fondation Nicolas Hulot, lors du Grenelle de l'environnement, comme un exemple d'économie de fonctionnalité) permet aux usagers de se rendre d'un site propre à l'autre, plus rapidement parfois qu'avec d'autres moyens de transport privés (automobiles) ou publics (transports en commun). Il en est de même de la location des automobiles et de biens durables ménagers comme les lave-linge[1] ou de la location d'outils par les ménages.

La location de longue durée pour un usage constant d'un bien durable, qu'il s'agisse d'un ménage ou d'une organisation, constitue sans doute le domaine le plus récent et le plus développé de l'économie de fonctionnalité. Il apparaît aussi comme le plus novateur sur plan de l'organisation et du mode de fonctionnement des entreprises qui ont choisi d'être des acteurs de cette forme d'économie. La location d'un bien durable pour une longue durée est encore principalement le fait, du moins en Europe, des entreprises. Elle s'inscrit dans la logique de l'externalisation de nombreuses activités, comme la comptabilité, les études de marché ou certaines opérations de logistique. Des entreprises proposent à leurs clients, exclusivement ou en option, de leur louer le matériel dont elles ont besoin, au lieu de le leur vendre. Les clients n'ont plus à gérer l'entretien et le renouvellement du matériel qui sont à la charge du loueur. Xerox représente le cas typique d'une entreprise de l'économie de fonctionnalité qui loue la plus grande partie des biens produits au lieu de les vendre aux usagers. Les clients, qui bénéficient d'une prestation de services, payent en fonction du nombre de photocopies réalisées.

Si l'économie de fonctionnalité dans le domaine de la location des biens durables, peut se développer aisément auprès des entreprises pour des motifs économiques, son extension est plus limitée au niveau des ménages. Des co-propriétés d'immeuble abandonnent néanmoins de plus en plus fréquemment leurs opérations de chauffage à des entreprises spécialisées qui se chargent de fournir le matériel et d'en assurer le bon fonctionnement durant les périodes de chauffe. Elles s'engagent à une certaine qualité de service (température dans les appartements ; rapidité du dépannage) et le prix demandé aux clients dépend de la température moyenne extérieure. La location de longue durée d'automobiles prend de plus en plus d'importance et représente une part croissante des véhicules. Selon Jérémy Rifkin (*ibid.*, p. 100), un tiers des automobiles et des camions qui circulent sur les routes des États-Unis

1 Les premiers lave-linge étaient relativement coûteux dans les années 1950 et 1960 et faisaient l'objet d'une location intermittente. L'appareil était déplacé d'un ménage à l'autre selon un calendrier précis. Ce système se perpétue dans une certaine mesure actuellement avec la création de blanchisseries en libre service.

sont loués aux producteurs ou aux concessionnaires, notamment pour les véhicules de luxe. Pour cet auteur, dans certaines banlieues, qui rassemblent des familles aisées, notamment en Californie, plus de 60 % des automobiles sont louées. En Allemagne, cette proportion s'élève à 20 %, mais il s'agit principalement de locations effectuées par les entreprises. Selon Rifkin, les études marketing montrent que la location d'automobiles rencontre le plus de succès auprès des catégories bénéficiant des plus hauts revenus. Ces « consommateurs haut de gamme », selon les termes de cet auteur, ne souhaiteraient pas immobiliser des liquidités importantes en achetant des véhicules coûteux. Ils adoptent le comportement de nombreuses entreprises qui ont recours à des différentes formes de leasing (immeubles ou machines-outils).

- *Une nouvelle gestion des biens intermédiaires dans le cadre d'une relation de services avec les entreprises clientes*

Au lieu de se contenter de vendre un bien intermédiaire, les fournisseurs, étroitement associés à l'entreprise cliente, effectuent à leur place les opérations liées à l'emploi de ce produit. Une prestation de services se substitue par conséquent à la simple cession classique du bien intermédiaire.

Michelin en constitue un exemple emblématique. Cette entreprise se charge de monter et de changer les pneus des flottes des transporteurs routiers, et d'en contrôler leur état, leur usure et le gonflage. L'entreprise, liée par un contrat de longue durée aux transporteurs, a été incitée à faire des recherches pour offrir à ses clients des pneus assurant une moindre résistance au roulement réduisant ainsi la consommation de carburant. L'intervention au niveau du gonflage des pneus directement chez les transporteurs routiers permet non seulement de limiter l'usure des pneus mais encore, pour le client, de réduire la consommation de carburant, par rapport aux pratiques traditionnelles d'entretien du matériel qui ne permettent pas des réglages aussi précis. Enfin, en cas d'incident, les clients bénéficient d'un dépannage immédiat, ce qui, dans le domaine du transport routier, peut contribuer à réduire sensiblement les coûts de fonctionnement des entreprises de transport routier. La location de véhicules ou de matériel de chantier relève de la même logique.

L'économie de fonctionnalité peut s'étendre au processus de production lui-même. J. Rifkin (*ibid.*, p. 120) cite l'exemple d'une usine de Chrysler, à Belvedere, dans l'Illinois, qui a passé un contrat avec PDG Industries. Ce fournisseur a pris la responsabilité de gérer tous les produits chimiques utilisés pour le nettoyage, le traitement et la peinture des carrosseries. Comme l'explique J. Rifkin, « Chrysler n'achète pas la peinture mais paye son fournisseur en fonction de la qualité du service par véhicule traité. » PPG n'est plus un simple vendeur de peinture mais un prestataire de service qui gère, chez son client Chrysler, le processus de finition des carrosseries. Le constructeur d'automobiles bénéficie de l'expertise et du savoir-faire d'un fournisseur spécialiste en matière de peinture automobile, qui a pu bénéficier d'effets d'expérience dans ce domaine (économies d'échelle et effets d'apprentissage). Cette économie de fonctionnalité permet aux clients de bénéficier des économies d'échelle réalisées par les entreprises qui ont choisi cette nouvelle forme d'économie, ainsi que de leur savoir-faire. Le coût de gestion de certaines de leurs activités en est réduit par rapport à une gestion directe classique.

B. La contribution de l'économie de fonctionnalité à la protection de l'environnement

Dans une économie de fonctionnalité, les entreprises sont incitées à réorganiser leur processus de production dans le sens d'une plus grande dématérialisation de l'économie. Pour rendre leur profit maximum, les entreprises appliquant les principes de l'économie de fonctionnalité cherchent à réduire leurs coûts. Nous envisagerons successivement, à l'aide d'exemples, le cas des producteurs qui louent directement leur matériel aux usagers au lieu de leur vendre et celui des producteurs qui gèrent l'usage des biens intermédiaires dans le cadre d'une relation de services avec les entreprises clientes.

- *Contribution à la protection de l'environnement dans le cas de la location de biens durables*

Les producteurs, qui louent directement leur matériel aux usagers au lieu de le leur vendre, cherchent à réduire leur coût d'investissement, leur coût d'exploitation, ainsi que le coût de recyclage des déchets. Leur recette dépendant du volume des prestations fournies, ces producteurs ont tout d'abord intérêt, pour limiter le coût des investissements, à rendre plus durables les biens loués afin d'éviter un renouvellement fréquent du matériel et de réduire ainsi les coûts de production.

Pour les biens durables complexes, il est nécessaire d'adopter une conception modulaire des produits. Le cas emblématique est représenté à cet égard par l'entreprise Xerox. Cette dernière a commencé, à partir de 1991, à récupérer et à réutiliser les cartouches d'encre des photocopieurs, mais surtout elle a su révolutionner le marché en proposant non plus de vendre des photocopieurs, mais de vendre un service de photocopie. En ayant opté pour l'économie de fonctionnalité, elle prête les photocopieurs qu'elle fabrique, et la facture, présentée aux clients, dépend des prestations fournies, dans ce cas, du nombre de photocopies. La conception modulaire des produits permet de limiter la production de nouvelles pièces, lorsque l'entreprise remplace le matériel et même lorsqu'elle crée un nouveau produit. Dans une conception modulaire des produits, les mêmes pièces se retrouvent en effet dans les produits finals d'une « même génération » et dans les générations successives de produits. Les pièces sont réutilisables et près de la moitié des usines de l'entreprise sont des sites, non de production, mais de reconditionnement : l'entreprise démonte les appareils déclassés ou obsolètes et récupère une partie des pièces. Selon Laville (2002, p. 181), 90 % des pièces (en pourcentage du poids total des pièces) d'un nouveau photocopieur proviennent de modèles anciens. L'intérêt économique de l'entreprise est de fabriquer des pièces de qualité, et de limiter la production de nouvelles pièces. Une économie de fonctionnalité contribue alors à la dématérialisation de l'économie, tout en maintenant et en améliorant constamment la qualité des services fournis aux clients grâce à la création constante de nouveaux produits incorporant de nouvelles fonctionnalités. Il apparaît un découplage entre, d'une part, les flux de matières et d'énergie et, d'autre part, les flux financiers. Les recettes de l'entreprise augmentent à un rythme plus rapide que la production matérielle et l'usage de matières premières et d'énergie. Par rapport à une économie classique de vente de biens matériels, l'économie de fonctionnalité contribue ainsi efficacement à la protection de l'environnement.

Dans le cadre de la maîtrise des coûts d'exploitation, l'entreprise est également incitée à ne monter que des pièces de qualité et à rendre fiable le matériel prêté afin de limiter le nombre des dépannages et à espacer, dans la mesure du possible, les opérations de révision du matériel. Pour réduire les coûts d'entretien du matériel, les entreprises de l'économie de fonctionnalité, comme d'ailleurs celles du reste de l'économie, ont intérêt à adopter une maintenance préventive, qui consiste à faire des révisions à intervalles réguliers, pour éviter les pannes, ou même une maintenance prédictive, qui consiste à ne changer les pièces qu'à bon escient, lorsqu'il apparaît un risque de panne, plutôt qu'une maintenance curative, qui a pour objet de réparer l'appareil après une panne. Cette dernière politique se révèle la plus coûteuse, pour le locataire, qui peut connaître un arrêt de sa production, comme pour l'entreprise loueuse dont le planning d'interventions chez ses clients peut être gravement perturbé. Une entreprise de l'économie de fonctionnalité, qui demeure propriétaire du matériel qu'elle a fabriqué, doit également assurer le recyclage des déchets de ses produits. Elle a intérêt à limiter, par appareil déclassé, le nombre de pièces à recycler ; la réparation des pièces est également préférée à leur déclassement.

L'économie de fonctionnalité rompt définitivement avec les pratiques trop souvent employées, qui consistent à « programmer la disparition du produit » en utilisant des pièces essentielles de médiocre qualité et dont la défaillance entraîne le déclassement du matériel, qui se révèle trop coûteux à réparer. Cette situation est souvent acceptée par les usagers qui considèrent que les biens ont, par nature, une durée de vie limitée, et, par conséquent, ne protestent pas contre l'obligation, qui leur est faite, de changer relativement fréquemment de matériel. Dans l'économie classique les entreprises souhaitent développer constamment le volume de leur production, dont dépendent exclusivement ou principalement leurs profits, tandis que dans une économie de fonctionnalité, les profits proviennent de la prestation des services faisant de la production de matériel un simple input, dont le coût doit être minimisé, et non pas une production finale destinée à la vente, dont le volume doit être maximisé.

De nombreux biens durables peuvent entrer dans cette économie de fonctionnalité et par conséquent faire l'objet d'une prestation de service plutôt que d'une vente aux usagers, tels que les logements principaux, les résidences secondaires, les automobiles, les gros appareils électroménagers, les appareils de chauffage (notamment collectif) ou les climatiseurs.

- *Contribution à la protection de l'environnement dans le cas de la gestion directe des biens intermédiaires*

L'économie de fonctionnalité ne se limite pas aux producteurs de biens durables complexes comme les photocopieurs, mais concerne également les biens intermédiaires. Le second cas emblématique de l'économie de fonctionnalité est représenté par l'entreprise Michelin, dans le domaine de la gestion des pneus des flottes de transporteurs. Ces derniers ont externalisé la gestion de leurs pneumatiques à leurs fournisseurs ; Michelin a été l'initiateur de l'économie de fonctionnalité dans ce secteur pour lequel l'entreprise a joué un rôle proactif. Pour maximiser son profit, cette entreprise, comme Xerox dans le cas précédent, a tout intérêt à limiter le volume de son intrant « pneus », car ses recettes ne dépendent plus du volume des produits vendus mais du volume des prestations fournies. L'entreprise procède au remplacement des pneumatiques avant qu'ils ne soient trop fortement usés, de façon à procéder à leur rénovation. Les pneus sont recreusés et réchappés plusieurs fois avant d'être retirés et de devenir des déchets. L'entreprise a pu ainsi multiplier par 2,5 la durée de vie d'un pneu, soit une économie de 36 % par rapport au remplacement direct des pneumatiques usés par des pneus neufs. Dans le scénario imaginé par Michelin, 20 pneus neufs seulement sont nécessaires quand 64 étaient précédemment utilisés (Bourg et

Buclet, 2005, p. 31). L'entreprise doit assurer un suivi très régulier chez les clients transporteurs pour maintenir un gonflage adéquat limitant une usure prématurée des pneumatiques ainsi qu'un suivi de leur état pour assurer le cycle de rénovation le plus long possible.

- *Une plus forte contribution de l'économie de fonctionnalité à la protection de l'environnement dans le cadre des opérations d'entretien des biens durables*

C'est plus particulièrement dans les stratégies d'entretien que l'économie de fonctionnalité se distingue de l'économie traditionnelle et qu'elle contribue à la protection de l'environnement. Erkman (2004b, p. 165), reprenant une typologie proposée par Walter Stahel, distingue, à cet égard, quatre boucles dans cette stratégie de la durabilité : la réutilisation du produit liée à un usage plus intensif grâce à la location, la réparation du produit, la remise en état du produit qui implique l'incorporation de nouvelles pièces et enfin le recyclage des matériaux, lorsque le produit, en tant qu'objet, cesse d'exister. Ce recyclage ne doit intervenir qu'en dernier recours, lorsqu'il n'est plus possible de recourir aux « boucles précédentes ». La location n'entraîne pas un usage plus intensif du bien, lorsque le bien « loué » est détenu de façon permanente par l'usager, comme dans les cas précédents de Xerox et de Michelin, mais la stratégie d'écoconception des producteurs peut contribuer à la dématérialisation de l'économie, avec les modalités de réparation des produits, de remise en état du produit et de recyclage des matériaux, réduisant le rejet de déchets pour une même degré d'utilisation du produit. Pour les locations correspondant à un usage intermittent du produit, le produit est utilisé de façon plus intensive (réutilisation du produit par un usage plus intensif grâce à la location, dans la typologie précédente), entraînant sans doute, comme pour la location de vélos, l'usure de certaines pièces proportionnellement à leur usage ; mais, pour de nombreux autres éléments du produit, l'usure n'est pas directement proportionnelle à l'utilisation du produit et participe à une dématérialisation de l'économie ; les loueurs se contentent de remettre en état le produit en incorporant de nouvelles pièces. Dans notre exemple, la location de vélos évite, pour un même volume de prestations, une production massive de matériel, inutilisé pendant de longues périodes de temps.

C. Le choix d'une organisation intégrée de la production pour garantir une contribution efficace et pérenne des entreprises à la protection de l'environnement dans le cadre d'une économie de fonctionnalité

Les entreprises opérant dans le cadre d'une économie de fonctionnalité ont intérêt à retenir un processus de production relativement intégré pour assurer la pérennité de leurs activités ainsi que de leur contribution à la protection de l'environnement. Les entreprises, qui confieraient la gestion de leurs relations avec leurs clients à des prestataires des services indépendants, risqueraient de perdre une partie de leur pouvoir au sein de leur filière et de compromettre même l'efficacité de leur stratégie en perdant tout contact avec l'utilisateur final du produit. Leur stratégie de protection de l'environnement pourrait en être directement affectée. Les fabricants de photocopieurs qui sont entrés dans l'économie de fonctionnalité ou les producteurs de pneumatiques comme Michelin qui entretiennent directement la flotte de leurs clients à ce niveau ont conservé une gestion directe de leur clientèle. La confrontation directe et constante avec les problèmes rencontrés par les utilisateurs des biens mis à disposition leur permet d'améliorer constamment leurs prestations en transformant progressivement leur matériel et leur mode d'intervention, parfois chez le client lui-même.

Le cas de la Société Electrolux illustre parfaitement le risque de perdre son pouvoir et même une partie de ses marchés en cas d'appel à des intermédiaires. Cette entreprise (Bourg et Buclet, 2005, p. 33), avait décidé d'expérimenter le concept d'économie de fonctionnalité sur une période de quatre ans en fournissant gratuitement des machines à laver aux habitants de l'île de Gotland et de ne faire payer aux usagers que les cycles de lavage. Cette expérience a été rendue possible grâce à la collaboration avec le fournisseur local d'électricité qui a été capable d'installer un système « intelligent » de comptage d'électricité. Electrolux, néanmoins, au bout d'un an, a mis un terme à ce projet, car la direction de l'entreprise a craint de perdre son marché ; en effet, le producteur local d'électricité, en relation directe avec les clients d'Electrolux, avait toute liberté de proposer ultérieurement aux usagers un contrat leur garantissant, dans des conditions comparables à celle du fabricant d'électroménager, une facturation en fonction des cycles de lavage ; le producteur d'électricité se serait alors chargé de fournir gratuitement des lave-linge qui auraient pu provenir d'autres fournisseurs ; Electrolux courait le risque d'être écarté du marché.

Si le producteur local d'électricité avait repris cette expérience, estimant que cette opération était rentable pour lui, aucune action particulière n'aurait sans doute été faite en faveur de l'environnement ; les producteurs de lave-linge se seraient contentés de vendre, de façon classique, leur matériel au producteur local d'électricité, sans être incités plus particulièrement à modifier leur produit ou leur processus de production afin de protéger l'environnement. Il pourrait même en résulter des effets pervers en accélérant le rythme de renouvellement du matériel. Dans notre exemple, en effet, le producteur d'électricité serait sans doute tenté de ne mettre à disposition de ses clients que du matériel récent pour demeurer attractif et éviter de supporter le coût toujours élevé des dépannages. On peut supposer que si cette expérience avait été généralisée, il aurait été capable d'obtenir des prix d'achat sensiblement plus faibles que le prix payé par les usagers, qui doivent passer par des distributeurs. La recherche du profit aurait pu amener le fournisseur d'électricité à faire produire un volume de biens durables supérieur à celui qui serait réalisé dans une « économie classique de vente de biens durables ».

II. Les transformations économiques, sociales, politiques et mentales accompagnant une généralisation de l'économie de fonctionnalité

L'économie de fonctionnalité, si elle était généralisée, devrait entraîner une amélioration des conditions de l'emploi ; son extension s'accompagnerait également d'une transformation de la mentalité des acteurs et de l'apparition de nouvelles formes de politiques économiques, indispensables pour garantir son extension et sa pérennité.

A. Amélioration des conditions de l'emploi dans une économie de fonctionnalité

L'économie de fonctionnalité devrait contribuer à accroître le degré de qualification des emplois et à limiter l'ampleur des fluctuations économiques dans les domaines où elle serait mise en œuvre.

- *Augmentation du degré de qualification des emplois dans l'économie de fonctionnalité*

Avec les stratégies de durabilité et d'utilisation intensive des biens, liées à l'économie de la fonctionnalité, des ressources, plus importantes que dans une économie traditionnelle, sont affectées à la réparation et à la maintenance. Pour l'entreprise, les dépenses en main-d'œuvre viennent se substituer aux dépenses en matière et en énergie. En effet, les entreprises réduisent les activités liées à la production, à la distribution de produits neufs et à la gestion des déchets au profit des activités de maintenance et de réparation. En choisissant l'économie de fonctionnalité, l'entreprise Xerox, retenue comme un exemple de ce nouveau type d'économie, a augmenté le nombre d'actifs travaillant dans le domaine des services (services de gestion de la location des appareils, intervention en site propre chez les clients) au détriment du nombre d'actifs engagés dans des opérations de production[2].

Les emplois, dans l'économie de fonctionnalité, exigent généralement des qualifications plus élevées en moyenne que les industries traditionnelles comparables, tant dans les secteurs de la maintenance que dans ceux de la vente ou de la fourniture de services aux clients. Les opérations de maintenance mobilisent en effet souvent des « technologies de pointe » et exigent un effort en recherche-développement entraînant la création de nombreux postes de travail hautement qualifiés dans ce domaine.

Par rapport aux secteurs de l'économie classique, les vendeurs, chargés de location de biens durables auprès des entreprises ou des ménages, doivent être formés plus particulièrement à la gestion de contrats souvent relativement plus complexes que de simples contrats de cession de bien (clauses pour traiter de la mauvaise utilisation du produit ou de dégradations volontaires ou non volontaires). Le vendeur doit aussi se charger de comprendre l'organisation des services et des fonctions chez le client, notamment pour y préparer les interventions en sites propres, qui caractérisent l'économie de fonctionnalité, et proposer les prestations les mieux adaptées aux besoins des clients.

Les prestations de service chez les clients requièrent non seulement des compétences techniques mais aussi des compétences de communication pour intervenir de façon rapide et efficace au sein des organisations clientes, entreprises et administrations, de manière la plus discrète possible sans perturber leur activité. Les interventions chez les particuliers loueurs de biens durables exigent également des compétences techniques mais sans doute des compétences encore plus grandes que dans l'économie classique pour comprendre les exigences des usagers et s'y adapter.

---

2 Erkman (*ibid.*, p. 158) rappelle que pour l'entreprise Xerox, dans son usine de Venray, la fabrication d'une cartouche neuve de photocopie laser coûte de 50 à 100 dollars, selon le modèle, pour un temps de fabrication de 12 minutes. Mais pour reconditionner une nouvelle cartouche, le coût diminue, mais le temps d'intervention augmente sensiblement et passe à 20 minutes. La consommation de matière diminue mais le nombre d'emplois qualifiés augmente.

- *Une disparition probable des cycles d'activité et des risques de délocalisation dans les secteurs de l'économie de fonctionnalité*

Les actifs employés par les entreprises, qui ont opté pour l'économie de fonctionnalité, courent des risques moins élevés de chômage partiel ou total que les autres, car leur travail ne dépend plus directement d'achats de biens durables par les clients. Les entreprises de l'économie de fonctionnalité ne subissent plus les conséquences négatives du mécanisme de l'effet d'accélération de la demande, qui caractérise le secteur produisant des biens durables. En outre, on peut s'attendre à ce que les salariés d'une économie de fonctionnalité soient, du moins pour certains d'entre eux, moins soumis au risque de délocalisation et de transferts d'activités à l'étranger.

Dans l'économie classique, la demande de biens durables, comme les biens d'équipement, peut subir, ce que les économistes appellent un effet d'accélération. Une légère croissance de la demande au niveau du consommateur final peut entraîner parfois mécaniquement une forte augmentation de l'achat de biens d'équipement. En outre, une bonne conjoncture économique, caractérisée par une expansion des ventes, crée un climat favorable à la mise en œuvre des plans d'investissement. Au contraire, les achats de biens durables ou de biens d'équipement sont généralement différés, lorsque les perspectives de croissance économique deviennent moins favorables aux entreprises. Il en résultera inévitablement, pour les entreprises traditionnelles, qui produisent pour vendre des biens durables, de brutales fluctuations d'activité. À la différence des activités traditionnelles de production de biens durables, les entreprises, qui mettent les biens durables ou les biens d'équipement à la disposition de leurs utilisateurs, dans le cadre de l'économie de fonctionnalité, bénéficieront d'un rythme d'activité globalement plus régulier. Elles incorporent, en effet, progressivement les innovations technologiques dans les appareils qu'elles remplacent. Selon les termes de Suren Erkman (*ibid.*, p. 169), leur méthode de travail entraîne « une amélioration permanente des biens en usage plutôt qu'une substitution incessante de produits imparfaits par de nouveaux produits imparfaits ». La notion même de produit neuf disparaît, car les pièces usées ou obsolètes sont remplacées par des pièces nouvelles ou des éléments nouveaux plus performants, grâce au progrès technique. Le renouvellement du matériel chez les clients se fait à un rythme régulier, généralement programmé dans l'entreprise longtemps à l'avance. Quant aux activités d'entretien et de maintenance, qui ont un caractère généralement préventif ou même prédictif, elles présentent par nature un caractère de régularité. Les secteurs de l'économie de fonctionnalité seraient, en grande partie, à l'abri des fortes fluctuations conjoncturelles que peuvent connaître les industries des biens d'équipement, qui produisent exclusivement en vue de la vente.

Les territoires, qui rassembleraient, de façon importante, des activités de l'économie de fonctionnalité, devraient connaître ainsi un développement plus harmonieux et plus régulier que les autres. Dans l'économie de fonctionnalité la ressource principale est la main-d'œuvre qualifiée, indispensable pour assurer le reconditionnement, la transformation progressive des biens ainsi que leur maintenance. Comme le soulignent Reinhard et Van Niel (2007, p. 5), reprenant les propos de W. Stahel, « de nombreuses activités d'entretien, de ré-utilisation et de recyclage donnent de meilleurs résultats si elles sont réalisées localement, là où sont situés les clients et les produits ». Le risque de délocalisation et de transfert d'activités à l'étranger en est limité ; la plupart des emplois sont, en effet, nécessairement localisés auprès des centres utilisateurs, qu'il s'agisse des emplois correspondant aux opérations de maintenance, d'entretien ou de réparation du matériel ou des emplois créés pour assurer le conseil et le suivi des clients ainsi que pour gérer le réseau de récupération, de ré-utilisation et de recyclage des produits déclassés.

Au contraire, dans l'économie traditionnelle de la production de biens durables, la compétitivité des entreprises, principalement pour des activités en phase de maturité, dépend essentiellement d'un faible coût de production, résultant de l'emploi d'une main-d'œuvre non qualifiée, peu coûteuse, associée à des volumes élevés de production. Il en a résulté, pour les pays anciennement développés, des mouvements de délocalisation et de transfert de la production vers les pays émergents, qui bénéficient, à cet égard, d'un avantage comparatif. Une politique d'aménagement du territoire visant à re-dynamiser certaines zones en déclin deviendrait plus efficace dans le cadre de l'économie de la fonctionnalité que dans celui de l'économie traditionnelle, car les emplois créés ont un caractère plus pérenne. Par ailleurs, l'économie de fonctionnalité, freinant les transferts d'activité vers les pays émergents, contribuerait à réduire, dans une certaine mesure, les flux d'échanges internationaux, et par conséquent toutes les nuisances qui leur sont associées (rejet de gaz à effet de serre, nuisances supportées par les populations riveraines des infrastructures de transport).

B. Une transformation des mentalités chez les acteurs de l'économie de fonctionnalité

Le développement de l'économie de fonctionnalité est étroitement lié à l'acceptation par tous les acteurs, organisations ou ménages, d'un nouveau mode de fonctionnement de l'économie et parfois de nouveaux risques.

- *Acceptation de l'économie de fonctionnalité par les organisations : entreprises et administrations*

Les entreprises de l'économie de fonctionnalité ont comme clients principalement des organisations, d'autres entreprises ou des administrations, comme cela est le cas dans les exemples emblématiques de Xerox ou de Michelin. L'entreprise Michelin n'a développé ses prestations dans l'économie de fonctionnalité qu'en direction des flottes de transporteurs. Les entreprises adhèrent de plus en plus nombreuses à cette nouvelle économie, comme clientes ou comme fournisseurs, qu'il s'agisse de biens durables ou de biens intermédiaires, qui servent de support à un service. Selon Bourg et Buclet (2005, p. 31), plus de 50 % des grandes flottes de poids lourds, en Europe, font entretenir leurs pneumatiques directement par leurs fournisseurs. Les États-Unis, dans ce domaine, suivent l'Europe avec un léger retard. Les possibilités de développement de cette économie de fonctionnalité sont très larges et sont susceptibles de modifier encore profondément l'organisation économique et sociale. À cet égard, Bourg et Buclet (2005) s'interrogent sur les profonds changements qu'entraînerait une adoption massive, tant au niveau des entreprises que des particuliers, de l'économie de fonctionnalité dans le domaine de la construction automobile : « Imaginez, soulignent ces auteurs, ce qui se passerait si les industriels se convertissaient massivement à l'économie de fonctionnalité ? » « Leur métier changerait tout autant que les automobiles qu'ils finiraient par produire » (*ibid.*, p 35.).

Le choix par les entreprises et les administrations d'adhérer à cette économie de fonctionnalité est étroitement lié au maintien, sinon à l'accroissement, de la rentabilité financière de leurs opérations qui conditionne, dans une certaine mesure, la pérennité de leur choix. Les organisations doivent également tenir compte de l'émergence de nouvelles incertitudes susceptibles de compromettre les résultats financiers.

a) La condition nécessaire mais non suffisante de l'acceptation de l'économie de fonctionnalité par les acteurs : le maintien, sinon l'accroissement, de la rentabilité de leur entreprise

Le développement des activités dans le domaine de l'économie de fonctionnalité, notamment celui des deux entreprises emblématiques, Xerox et Michelin, la première pour la production de biens durables d'équipement, la seconde pour celle de biens intermédiaires, support de la prestation de services, a montré que, pour les offreurs, ces activités étaient financièrement rentables sans aucune aide des pouvoirs publics.

L'option pour l'économie de fonctionnalité chez les entreprises clientes s'inscrit dans la logique d'externalisation de certaines activités, qui s'est révélée souvent très avantageuse. En louant le bien durable, et/ou en bénéficiant des prestations qui lui sont liées, les entreprises clientes évitent d'immobiliser des capitaux tout en bénéficiant d'une économie d'impôt immédiate, car le règlement des prestations vient réduire le niveau du bénéfice imposable et par conséquent le montant de l'impôt sur les sociétés (IS) qu'elles doivent acquitter. Cependant, les entreprises perdent la possibilité de réaliser des économies d'impôt liées aux amortissements qu'elles ne pratiquent plus, car elles ne sont pas propriétaire du bien[3]. À cet égard, la baisse du taux de l'IS ou la possibilité de procéder à des amortissements accélérés ne favoriseraient pas *a priori* le développement de l'économie de fonctionnalité[4], tandis que la hausse des taux d'intérêt accroîtrait l'attrait pour cette nouvelle forme d'économie.

Concernant les prestations liées à la livraison d'un bien intermédiaire, les contrats de partage des économies aux États-Unis constituent une preuve de l'augmentation de la rentabilité qu'apporte le passage à l'économie de fonctionnalité. J. Rifkin (2000, p. 120-121), explique que certains contrats, qui lient l'entreprise à son prestataire de service dans le cadre de l'économie de fonctionnalité, sont complétés par un système de « partage des économies » entre les deux partenaires.

> Si le fournisseur, précise cet auteur, réussit à introduire des innovations qui permettent de diminuer la production de déchets toxiques, le fabricant, qui est directement responsable de ces externalités, s'accorde à partager les économies réalisées avec son fournisseur, ce qui incite ce dernier à faire encore plus d'efforts d'innovation et entraîne des réductions ultérieures des coûts pour le fabricant.

L'utilisation par Ford de plaques d'aluminium dans la fabrication des carrosseries entraînait une augmentation de la pollution, à cause des produits toxiques transportés par les eaux usées. Son fournisseur, explique J. Rifkin (*ibid.*, p. 121), réussit à modifier le traitement des eaux usées et parvint à réduire de 27 % la production de vidange toxique, permettant à Ford de faire des économies en matière de traitement des déchets. Les gains ainsi réalisés par Ford ont été partagés entre les deux partenaires.

---

3 Ces amortissements permettent d'accumuler des réserves financières indispensables pour disposer de la capacité de renouveler le matériel ou de rembourser, le cas échéant, les emprunts qui ont permis le financement du matériel.

4 Il faudrait tenir compte également de certains impôts, notamment en France, dont l'assiette est établie, tout ou partiellement, à partir du volume des immobilisations qui n'existent plus dans une économie de fonctionnalité.

La recherche de rentabilité pourrait s'opposer, cependant, dans certains secteurs, à ce qu'une économie de fonctionnalité contribue à la protection de l'environnement. Si la réparation de l'appareil et/ou des pièces se révèle fortement consommatrice d'heures de travail, notamment de travail qualifié, il apparaîtra plus avantageux pour le fabricant de déclasser le matériel et de le recycler ou de le faire recycler plutôt que de tenter de récupérer des pièces. C'est le cas, en particulier, lorsque les pièces sont fabriquées en grande série, qu'elles bénéficient d'économies d'échelle lors de leur production et qu'elles ont par conséquent une faible valeur marchande. Le producteur du bien durable peut proposer de fournir un service directement à son client, en mettant le bien à disposition, en assurant sa maintenance et en le changeant, lorsque cela est nécessaire. Le client peut préférer un tel contrat de services à l'achat du bien, un ordinateur par exemple, dans la mesure où il n'a plus le souci de gérer son matériel, en assumant parfois le risque d'une défaillance technique. Le producteur qui demeure propriétaire du bien sera sans doute amené à prévoir le recyclage du produit déclassé. Il pourra se contenter, à ce propos, de respecter les prescriptions légales ; l'économie de fonctionnalité ne contribuera pas alors nécessairement mieux que l'économie classique, à la protection de l'environnement. Le déclassement de biens peut même être plus rapide que dans l'économie classique, dans la mesure où le prestataire de services cherchera à limiter les pannes, et donc les interventions coûteuses chez les clients. Une entreprise socialement responsable pourra naturellement faire des efforts pour limiter les déchets polluants, mais il ne s'agira que d'une stratégie *end of pipe*, qui s'inscrit dans la logique d'un système productif linéaire.

b) Acceptation par les entreprises gestionnaires et les entreprises clientes de l'émergence de nouvelles incertitudes

Les entreprises qui choisiraient de s'intégrer dans l'économie de fonctionnalité et leurs clients devraient, sans doute, faire face à de nouvelles incertitudes.

Les producteurs pourraient craindre un comportement négligent de la part des usagers, entraînant un déclassement prématuré des biens durables qui leur sont confiés, ou engendrant une forte hausse non anticipée de leur coût de production. C'est le cas lorsque les clients utilisent sans ménagement le bien loué, aèrent inutilement les appartements ou n'entretiennent pas correctement les fermetures de leur logement dans l'hypothèse d'un contrat de chauffage collectif ou un contrat de climatisation. Dans ce cas, il est nécessaire d'introduire des clauses particulières dans le contrat, rendant plus complexe la gestion du fournisseur et, par conséquent, plus coûteuses pour les usagers les prestations qui leur sont fournies. Par ailleurs, les producteurs ne peuvent adhérer durablement à une économie de fonctionnalité que s'ils ne courent pas le risque de perdre le contrôle de leur marché, comme nous l'avons signalé précédemment. Les distributeurs pourraient parfois aisément proposer des services analogues à ceux qui sont offerts par les producteurs de biens durables ; leur puissance peut empêcher l'émergence d'une véritable économie de fonctionnalité, respectueuse de l'environnement.

Les clients, de leur côté, comme lors de toute opération d'externalisation, doivent faire confiance à leur prestataire de services, qu'il s'agisse de la location de biens durables ou de la fourniture de services ayant comme support un bien intermédiaire. Les expériences réussies de quelques entreprises choisissant l'économie de fonctionnalité peuvent, toutefois, créer une véritable dynamique, aboutissant à faire « basculer » l'ensemble des autres producteurs du secteur dans cette nouvelle économie. Comme le rappelle Rifkin (*ibid.*, p. 121), des auteurs environnementalistes estiment en effet qu'avec « l'avènement de l'âge de l'accès », notamment avec l'émergence d'une économie de fonctionnalité, les « simples vendeurs de produits vont devenir de plus en plus suspects ». Pour Rifkin,

> tout client potentiel ne pourra pas s'empêcher de se poser la question suivante : si votre produit comporte tous les avantages opérationnels que vous lui attribuez, pourquoi voulez vous me le vendre au lieu de bénéficier vous-même de ces avantages en me le fournissant simplement sous forme de service ?

Et, selon cet auteur, le client pourra penser que, si on veut lui vendre le produit et le laisser prendre en charge les coûts d'opération, c'est que « sa qualité laisse en fait à désirer ».

Au-delà des problèmes de rentabilité ou de l'émergence de nouvelles incertitudes dans l'économie de fonctionnalité, cette dernière se heurte aussi, dans son développement, à des obstacles d'ordre organisationnel et/ou psychologique chez les usagers. Bourg et Buclet (2005, p. 36) rappellent à cet égard l'échec d'Interface, loueur de moquettes. L'entreprise avait su résoudre les problèmes techniques, en imaginant des carrés de moquettes remplaçables en cas d'usure. Dans le cas d'Interface, les entreprises clientes, compte tenu de la nature des dépenses, avaient séparé la responsabilité de la gestion de leurs moquettes entre le service des achats et le service de maintenance et n'avaient pas une vue d'ensemble pour juger de l'intérêt financier réel de recourir à une prestation de service. Il est apparu, par ailleurs, que les entreprises clientes préféraient gérer elles-mêmes l'installation et l'entretien de leurs moquettes, d'une part, parce que les dépenses correspondantes étaient d'un montant relativement faible, et, d'autre part, parce que les dirigeants acceptaient difficilement l'intrusion au sein de leur entreprise d'un service d'intervention pour ce genre d'opérations.

Si des obstacles psychologiques rendent parfois difficile l'acceptation par les entreprises de l'économie de fonctionnalité, ces obstacles sont encore plus forts, lorsque les clients sont des ménages.

- *Acceptation de l'économie de fonctionnalité par les ménages*

Les particuliers sont, semblent-ils, relativement peu intéressés par l'économie de fonctionnalité, même si, dans quelques cas, comme en Allemagne ou aux États-Unis, la location d'automobiles a rencontré un certain succès. L'abandon du statut de propriétaire pour celui de locataire se heurte, chez les individus et les ménages, à l'instinct de propriété et au besoin psychologique d'inviolabilité du domicile difficilement compatible avec la nécessité d'intervention des entreprises au domicile de leurs clients.

Malgré la réussite de quelques expériences de l'économie de fonctionnalité, la possession de certains biens comme l'automobile est préférée à leur location. Comme le rappelle J. Rifkin (*ibid.*, p. 99), l'achat d'une automobile pour les jeunes est un « rite d'initiation à l'âge d'adulte et au statut de propriétaire ». Et l'auteur ajoute que, dans une « culture obsédée par les notions d'autonomie et de mobilité », l'automobile est « une parfaite incarnation technologique de ces valeurs suprêmes ». Bien emblématique par excellence, cette voiture est considérée par les individus comme leur « bien le plus précieux » et perçue « comme un prolongement de leur personnalité et le fondement même de leur image sociale ».

L'ensemble de ce que possède un individu constitue une extension de sa personnalité, et ce puissant instinct de propriété s'oppose à la généralisation d'une économie de fonctionnalité. Le statut de locataire ne donnerait pas, aux yeux de la plupart des individus, un sentiment d'autonomie aussi grand que celui de propriétaire, alors que les individus deviennent, de fait, de plus en plus dépendants les uns des autres dans le cadre des économies mondialisées.

Par ailleurs, l'inviolabilité du domicile apparaît comme un besoin psychologique fondamental chez la plupart des individus, pour qui le besoin d'enracinement géographique demeure très puissant. La généralisation de l'économie de fonctionnalité qui implique souvent des interventions fréquentes dans les logements individuels se heurte à un obstacle majeur[5].

C. Une transformation de la politique économique de l'État en faveur de l'économie de fonctionnalité

Pour que l'État et les administrations publiques, dans leur ensemble, puissent soutenir l'économie de fonctionnalité, il faudrait que les responsables partagent, avec les acteurs engagés, une nouvelle vision de l'économie fondée sur l'usage des biens plutôt que sur leur possession. Les pouvoirs publics, pour laisser l'économie de fonctionnalité se développer, devraient aussi abandonner les mesures classiques de politique économique qui consistent à soutenir directement l'acquisition des biens ou leur possession.

- *Une nouvelle vision de l'économie indispensable chez les responsables politiques*

Le soutien à une économie de fonctionnalité supposerait chez les responsables politiques l'émergence d'une nouvelle perception de l'économie. Traditionnellement, la majorité des économistes et des responsables, qu'ils soient publics ou privés, considèrent la propriété d'un bien comme un élément essentiel pour rendre les individus plus responsables. La disparition de la propriété individuelle risquerait, selon eux, de faire disparaître également les devoirs et des obligations liés à la détention directe d'un bien, notamment à l'obligation faite à son propriétaire de gérer son bien en « bon père de famille ». Les choix politiques et sociaux ont consisté jusqu'à présent, principalement, à renforcer l'accès à la propriété ; les biens en commun et la propriété collective ont été progressivement supprimés pour être remplacés par des propriétés privées, comme le souligne, en Angleterre, le mouvement des enclosures. Des économistes comme R. Coase ont proposé d'élargir le système des droits de propriété à de nouveaux domaines, notamment dans le cadre de la lutte contre la pollution, pour permettre aux acteurs de négocier et de retenir des solutions meilleures au plan économique que celles qui seraient imposées par les autorités publiques. L'extension de l'économie de fonctionnalité s'accompagnerait inévitablement d'une nouvelle conception de la politique économique.

5 On échange très facilement son adresse e-mail sans donner son adresse personnelle. Le relevé des compteurs se fait de plus en plus à distance, sans que l'employé chargé de cette opération ne soit obligé de pénétrer dans les logements individuels.

- *L'abandon de mesures de politiques économiques classiques*

Pour ne pas entraver l'essor d'une économie de fonctionnalité, il faudrait que les pouvoirs publics acceptent, dans un premier temps, de ne plus privilégier les mesures économiques qui ne concernent que les propriétaires, qu'ils s'agissent des individus ou des organisations. Traditionnellement, dans le cadre d'une politique de relance de l'économie, les gouvernements ont proposé des déductions fiscales pour favoriser les investissements dans les entreprises ou l'accès à la propriété de leur logement pour les ménages. En France, le remplacement des véhicules anciens par des neufs a bénéficié du soutien des autorités publiques. Pour lutter contre le changement climatique, des aides, en France notamment, ont été accordées aux particuliers et aux entreprises qui investissent en énergie propre (rachat de l'électricité d'origine solaire, à un tarif supérieur au tarif public concernant la consommation d'électricité). Ces mesures traditionnelles ont pour conséquence de favoriser l'économie classique au détriment de l'économie de la fonctionnalité naissante ; pour conserver une attitude de neutralité, vis-à-vis de l'économie classique et de l'économie de fonctionnalité, l'État devrait renoncer à ce type d'actions.

- *Les modalités d'un soutien actif à l'économie de fonctionnalité*

Même si certains secteurs de l'économie de fonctionnalité sont rentables sans le soutien de l'État, ce dernier pourrait faire « basculer » d'autres secteurs dans cette nouvelle économie en proposant des mesures incitatives, destinées à vaincre la réticence, chez de nombreux acteurs, à abandonner le statut de propriétaire. L'État peut chercher à favoriser directement l'émergence d'une économie de fonctionnalité ou taxer l'économie traditionnelle et soutenir ainsi indirectement une économie de services.

Pour stimuler l'émergence et le développement d'une économie de fonctionnalité, l'État pourrait réduire les taxes sur les prestations de services, en diminuant, dans le cas de la France, le taux de TVA et en le fixant à un niveau moins élevé que celui frappant les achats de biens durables. Dans le cas d'un État appartenant à l'Union européenne, l'adoption d'un taux de TVA réduit pour les prestations de services devrait cependant recevoir l'accord de tous les pays de l'Union européenne, car l'unanimité est la règle pour modifier la liste des biens entrant dans la catégorie de taux de TVA réduits. Or, les intérêts économiques des pays de l'Union sont, à cet égard, divergents. Les pays les moins développés en Europe, notamment les pays en transition, préféreront sans doute le développement de l'économie traditionnelle qui privilégie une production de masse à faible coût unitaire, à l'émergence d'une économie de fonctionnalité, venant freiner le processus de mondialisation. Ils disposent, en effet, d'avantages comparatifs pour ce type de production, grâce au coût modéré de leur main-d'œuvre ; ils souhaiteront, sans doute, attirer pour cette raison les investissements directs étrangers susceptibles de favoriser leur croissance économique et d'accroître le volume des emplois disponibles dans leur économie. Paradoxalement, l'élargissement des compétences européennes dans le domaine fiscal pourrait avoir un effet négatif sur le développement d'une économie de fonctionnalité. L'expérimentation de cette nouvelle forme d'économie serait alors rendue plus difficile au sein de l'Union européenne ; certains pays pourraient être empêchés de jouer le rôle de « laboratoire d'essai », un rôle pionnier capable d'inspirer les politiques économiques des autres États.

Au lieu de favoriser directement l'économie de fonctionnalité, les pouvoirs publics pourraient pénaliser le développement de l'économie traditionnelle en prenant des mesures contraignantes à l'égard des entreprises vendant des biens durables. Une taxation supplémentaire pour chaque bien durable vendu[6], justifiée par les prélèvements de ressources, le rejet inévitable des déchets ultimes, ou le coût du recyclage, serait plus défavorable aux secteurs de l'économie classique qu'aux secteurs de l'économie de fonctionnalité, qui produit une plus faible quantité de biens, pour un volume égal de services fournis à l'ensemble de la collectivité. Grâce à leur expérience acquise dans le recyclage des biens déclassés, les entreprises de l'économie de fonctionnalité pourraient, en outre, développer de nouveaux marchés et renforcer leur position concurrentielle face aux entreprises classiques.

Les pouvoirs publics pourraient obliger également toutes les entreprises à reprendre, pour les recycler, les biens durables qu'elles ont commercialisés, en considérant que leur responsabilité environnementale (ou sociale) concerne tout le cycle de vie du produit. Les entreprises de fonctionnalité seraient avantagées par rapport à leurs concurrentes de l'économie classique. Ces dernières pourraient alors être tentées d'opter pour l'économie de fonctionnalité en proposant à leurs clients de nouvelles options. Le soutien direct ou indirect à l'économie de fonctionnalité peut néanmoins être en contradiction avec le principe

---

6 Par exemple une taxe prélevée sur chaque véhicule neuf vendu ou en circulation et calculée en fonction des rejets de CO_2 par kilomètre parcouru. Il existe, à ce propos, un système de bonus-malus en France ; la Commission européenne a le projet de taxer les véhicules neufs en fonction de leur rejet de CO_2 par kilomètre parcouru, et également en fonction de leur poids.

de concurrence loyale vis-à-vis des partenaires commerciaux étrangers, dans la mesure où ces derniers peuvent difficilement se rattacher à l'économie de fonctionnalité et vendent directement leurs biens aux usagers.

L'extension de l'économie de fonctionnalité s'accompagnerait nécessairement pour s'imposer et assurer sa pérennité de transformations économiques et sociales importantes ainsi que de la politique économique.

Conclusion

L'économie de fonctionnalité, qui a comme objectif de substituer la vente de services à celle de biens durables et de biens intermédiaires, peut contribuer à protéger l'environnement en dématérialisant l'économie. Seules les entreprises, qui contrôlent l'ensemble du cycle de vie du produit, de sa création à son recyclage peuvent réellement se montrer efficaces, en conciliant protection de l'environnement et performances économiques. Elles sont les principaux acteurs capables de créer une véritable économie de fonctionnalité. L'émergence de cette nouvelle économie devrait entraîner une amélioration de la qualité des emplois en augmentant le degré de qualification du personnel et en garantissant à ces derniers une meilleure pérennité de leur emploi. Les délocalisations et les transferts d'activités vers les pays émergents devraient en être freinés. Mais cette transformation des structures économiques suppose que les acteurs économiques, entreprises, administrations, ménages renoncent à leur statut de propriétaire pour devenir des locataires ; l'acceptation de cette forme d'économie ne soulève pas de difficultés majeures pour les administrations et les entreprises clientes de ces nouveaux prestataires de services ; elles ont déjà souvent choisi d'externaliser certaines de leurs activités ; les producteurs n'accepteront toutefois de s'intégrer à une économie de fonctionnalité que si la vente de services se révèle plus rentable que celle des biens durables, et si les nouvelles incertitudes qui apparaissent ne leur semblent pas accroître trop fortement leurs risques économiques. Il sera sans doute plus difficile de vaincre les réticences des individus et des ménages qui sont attachés à la possession de biens durables et qui répugnent à permettre aux prestataires de services d'accéder à leur domicile. Le soutien de l'État sera aussi indispensable pour faciliter l'émergence d'une économie de fonctionnalité ; mais cela suppose un changement complet de la vision qu'ont les responsables politiques de l'économie ainsi que l'abandon de nombreuses mesures de politiques économiques classiques au profit d'une politique favorisant la prestation de services au détriment des ventes de biens durables et de biens intermédiaires.

Bibliographie

Berger, A., « L'économie de fonctionnalité, un modèle pour le développement durable », AEDEV (Association e-développeemnt internet au service du développement durable) http://www.aedev.org/spip.php ?article1318, 2007.

Bergossi, O., Brullot-Dermine, S., « Premières expériences d'écologie industrielle en France », in Matagne (dir.), *Les effets du développement durable*, Paris, L'Harmattan, 2006.

Bourg, D., Buclet, N., « L'économie de fonctionnalité », *Futuribles*, n° 313, 2005, p. 27-37.

Bourg, D., *Quel avenir pour le développement durable*, Paris, Le Pommier, 2002.

Bourg, D., Grandjean, A., Libaert, T., *Environnement et entreprises*, Paris, Village mondial, Pearson Éducation France, 2006.

Erkman, S., *Vers une écologie industrielle*, Paris, Charles Léopold Mayer, 2004a.

Erkman, S., « L'écologie industrielle : une stratégie de développement », www.ecolo.be, 2004b.

Hulot, N. (Fondation), « Six mesures pour un changement de cap, Mesure 2 : promouvoir une économie de fonctionnalité », http://www.pacte-ecologique.org/pdf/Mesure-2-DURABILITE-Fondation-Nicolas-Hulot-Grenelle-Environnement.pdf, 2007.

Kotler, P., *Marketing-Management, analyse, planification et contrôle*, Paris, Clm publi-union, 1971.

Laville, E., *L'entreprise verte*, Paris, Village Mondial, 2002.

Michelin, Charte Performance et responsabilité Michelin, 2003.

Ministère de l'Écologie, du Développement Durable et de l'Aménagement du Territoire, Dossier récapitulatif des tables rondes tenus à l'Hôtel Roquelaure, 24, 25 et 26 octobre 2007.

Ministère de l'Écologie, du Développement Durable et de l'Aménagement du Territoire, Le Grenelle de l'environnement, l'économie de fonctionnalité, http://www.legrenelle-environnement.fr/grenelle-environnement/spip.php ?rubrique160, 2009.

Nefussi, J., « Économie des services et développement durable : le cas de l'agriculture », Congrès joint de l'ERSA et de l'ASRDLF, Paris, 29 août-2 septembre, 2007.

Poirot, J., « De la symbiose industrielle a la ville durable : incidences de la création des écosystèmes industriels et urbains sur la structuration et la gouvernance des territoires », XLIIIe colloque de l'Association de Sciences Régionales de Langue Française, Les dynamiques territoriales : débats et enjeux entre les différentes approches disciplinaires 11-12-13 juillet 2007.

Reinhard, M., Van Niel, J., « L'économie de fonctionnalité : une nouvelle approche pour un développement régional durable ? », Congrès joint de l'ERSA et de l'ASRDLF, Paris, 29 août-2 septembre, 2007.

Rifkin, J., *L'âge de l'accès, la révolution de la nouvelle économie*, Paris, La Découverte, 2000.

Tranchant, C., Vasseur, L., Ouattara, I., Vanderlinden, J.-P., 2004, « L'écologie industrielle : une approche écosystémique pour le développement durable », Colloque développement durable, Ouagadougou, http://www.francophoniedurable.org/sommaire.html, 2004.

Xerox, 2007, *Environment, Health, Safety information sheet*, 2007.

Zacklad, M., « L'économie de fonctionnalité encastrée dans la socio-économie des transactions coopératives : dynamique servicielle et fidélisation soutenable », http://archivesic.ccsd.cnrs.fr/sic_00142759/en/, 2007.

TROISIÈME PARTIE

PERSPECTIVES ET ENJEUX

CHAPITRE 9

Risques globaux

Une menace d'un genre nouveau sur les biens publics mondiaux

Laure DOLIQUE

Introduction

L'amplification du mouvement de mondialisation des échanges s'accompagne et coïncide avec une importante prise de conscience : l'activité déployée par plus de six milliards d'humains comporte des menaces pour la planète. L'équilibre fragile qui a permis l'apparition de la vie sur Terre est remis en cause. Changement climatique et pénurie énergétique constituent deux risques globaux d'un genre nouveau, tous deux conséquences directes de notre modèle de développement économique et social. Une rupture de paradigme semble désormais inévitable. Elle sera plus ou moins brutale, selon les voies de transition et de régulation qui seront choisies ou subies.

I. Changement climatique et effet de serre : de l'origine de la matière organique à l'accumulation de CO_2 dans l'atmosphère

Dans le contexte actuel caractérisé par une forte expansion économique des pays émergents et par une consommation croissante d'énergies fossiles dans les vieux pays industriels, les émissions courantes de gaz à effet de serre connaissent un accroissement tendanciel. Tant que la croissance économique sera corrélée à la consommation énergétique, le risque climatique augmentera d'année en année. Pour assurer une compréhension correcte de la problématique du changement climatique, il nous paraît nécessaire de revenir, même brièvement, aux origines de la matière.

La matière organique s'organise et se désorganise en un mouvement continu, selon des cycles plus ou moins longs. Le cycle du carbone est particulièrement long. Ainsi, le carbone passe de l'état gazeux (CO_2,

CH_4, etc.) à l'état solide (matière organique, calcaire, etc.), et inversement, selon trois processus naturels :

- Échanges entre végétaux et atmosphère (photosynthèse et respiration des végétaux).
- Échanges entre océans et atmosphère (dissolution et évaporation).
- Échanges entre océans de surface et vie marine.

Une fois dans l'atmosphère, le CO_2 a une durée de résidence comprise entre cinquante et cent ans[1]. Néanmoins, grâce à ces trois processus, la concentration de CO_2 dans l'atmosphère est, à l'origine, naturellement régulée. Charbon, pétrole et gaz naturel, matières organiques fossilisées, sont un formidable réservoir d'énergie. Elles se sont constituées par l'action combinée de l'énergie solaire, de la photosynthèse, et d'un processus de fossilisation de la biomasse étalé sur plusieurs millions d'années. C'est le temps qu'il a fallu à la nature pour concentrer autant d'énergie dans une biomasse[2].

Depuis la domestication des énergies fossiles et le passage à une économie du carbone[3], il a fallu très peu de temps à l'Homme pour disperser cette matière et l'énergie qu'elle comprenait. La biosphère, malgré les mécanismes naturels de régulation, se trouve aujourd'hui incapable d'absorber toute la quantité de CO_2 rejetée dans l'atmosphère. Le cycle naturel du CO_2 n'est plus respecté, ce qui explique l'augmentation inquiétante de la concentration de CO_2 dans l'atmosphère constatée depuis la seconde moitié du 20e siècle.

Mécanisme naturel de captation et conservation d'une certaine quantité de chaleur à la surface du globe, l'effet de serre est aujourd'hui renforcé, déréglé, aggravé, du fait de l'accumulation de gaz à effet de serre dans l'atmosphère, accumulation directement provoquée par l'activité humaine *via* la combustion massive d'énergies fossiles. L'augmentation de la concentration de gaz à effet de serre dans l'atmosphère est à l'origine de changements climatiques. Ainsi, la température globale à la surface de la Terre est en train de s'élever. Augmentation globale de la température, ce qui veut dire que le thermomètre peut baisser en certains endroits et monter en d'autres. Une variation de seulement 1°C peut

---

1 C'est-à-dire que chaque molécule émise reste dans l'atmosphère, où elle est stockée pendant ce laps de temps. La durée de résidence des autres gaz à effet de serre dans l'atmosphère varie de 10 ans pour le méthane à plusieurs centaines d'années pour les gaz industriels de type CFC.

2 La biomasse désigne ici les produits organiques végétaux et animaux utilisés à des fins énergétiques.

3 Par « carbone », on entendra hydrocarbures, c'est-à-dire pétrole, charbon et gaz naturel.

avoir un impact très fort sur les conditions météorologiques de toute la planète. Multipliées par plus de quatre depuis 1950[4] les émissions de CO_2 d'origine anthropique semblent les seules à même d'expliquer cette augmentation globale de la température.

L'influence de l'homme sur le climat

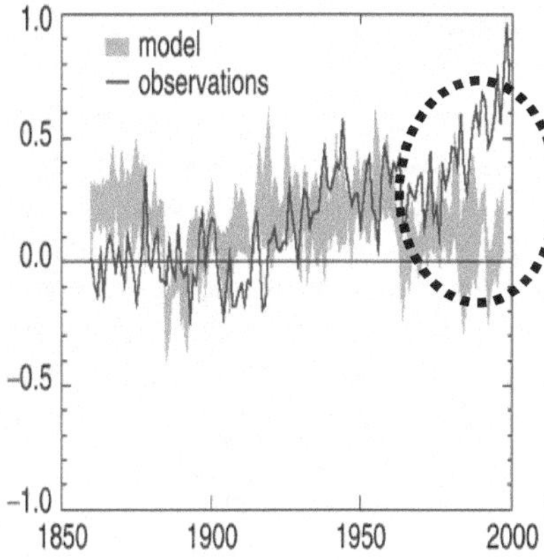

Scénario 1 : Évolution des températures, sans prendre en compte la combustion des ressources fossiles

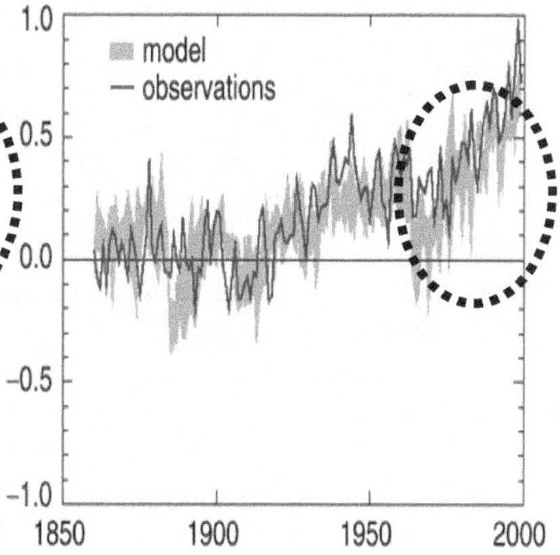

Scénario 2 : Évolution des températures avec prise compte de la combustion des ressources fossiles

Source : GIEC, 2001.

Le climat est un système dit *chaotique*[5]. De petits effets initiaux peuvent induire de grands bouleversements, et des conséquences totalement imprévisibles à la chaîne. Première conséquence visible du réchauffement global de la planète, l'augmentation du niveau des eaux due à l'action combinée de la fonte des glaces et de la dilation thermique de l'eau de mer. Le Groupement international de l'étude des climats des Nations Unies (GIEC) prévoit ainsi que le niveau de la mer s'élèvera de 9 à 88 cm d'ici 2100, selon les différents taux de réchauffement des régions. Les régions côtières et les archipels sont particulièrement vulnérables au changement du niveau de la mer. Des millions de

4 Jancovici (2002) et www.manicore.com.

5 Un système chaotique est un système dans lequel la sensibilité des éléments aux conditions initiales est telle que, en partant de conditions initiales très proches (mais différentes), on arrive à des résultats très éloignés. Ainsi, en matière de climat, on illustre ce fait par l'idée que la seule turbulence du battement d'aile d'un papillon en un endroit du globe est à même de modifier le temps qu'il fera les jours suivants.

personnes vivant à moins de 10 mètres d'altitude verront un jour leur habitat submergé par les eaux.

Les études indiquent également que la fréquence et la gravité des phénomènes météorologiques extrêmes, canicules, inondations, tempêtes et cyclones, augmenteront à mesure que le climat se réchauffera. Si par le passé les écosystèmes ont su évoluer en réponse aux conditions climatiques, la nouveauté réside dans la soudaineté des changements actuels, qui ne laisse pas le temps aux espèces animales et végétales de s'adapter.

Le changement climatique constitue un risque global, qui n'épargne aucune région du monde et aucune population. L'accumulation de gaz à effet de serre dans l'atmosphère, gaz qui ne se dissiperont pas avant des centaines d'années, est bien concrète. La durée de résidence des gaz à effet de serre dans l'atmosphère ne permet pas d'espérer un retour aux équilibres naturels du climat à l'échelle d'une vie humaine. Pour éviter toute aggravation supplémentaire de ce phénomène, il faudrait d'ores et déjà ramener le niveau des émissions de gaz à effet de serre à la moitié des émissions enregistrées en 1990, soit une diminution de 60 % par rapport aux émissions actuelles, soit une diminution d'autant des consommations d'énergie fossiles.

II. Le risque de pénurie énergétique : notre modèle de développement socioéconomique repose sur une ressource épuisable

Le modèle économique et social dominant est dangereusement dépendant d'une ressource épuisable, l'énergie fossile. Sa raréfaction entraînera donc une crise économique sans précédent. L'enjeu n'est pas tant de savoir quand précisément aura lieu le pic à partir duquel la production décroîtra inexorablement, mais plutôt de savoir comment se produira le déclin et quelles alternatives nous devons développer. Dans un monde où le pétrole occupe une place centrale, il n'est plus possible d'ignorer la perspective d'une explosion du prix du baril. Il est nécessaire d'étudier ces questions pour aider l'économie à se préparer et à amortir le choc. Entreprises et pouvoirs publics doivent prendre la mesure de ces risques et agir pour éviter une crise énergétique mondiale qui relève plus que jamais du champ des possibles. D'une concentration et d'un potentiel énergétique sans équivalents, facilement stockables, les énergies fossiles ont rendu possibles les gains de productivité qui caractérisent le développement économique moderne. Formées au cours d'un processus étalé sur plusieurs millions d'années, ces énergies sont « non renouvelables » à l'échelle humaine. Les réserves qui sont puisées actuellement sont les seules dont nous disposions.

Il n'est pas possible d'inventer, de créer, de nouvelles sources d'énergie primaire. On ne peut qu'apprendre à mieux exploiter celles dont nous disposons. Des progrès peuvent être fait notamment en matière d'exploitation des énergies solaires et éoliennes. Toutefois, ces énergies sont par nature diffuses et ne pourront de ce fait jamais atteindre les rendements des énergies concentrées comme les énergies fossiles ou le nucléaire. Il serait donc illusoire de compter sur les avancées technologiques pour garantir à l'humanité une nouvelle ère de sécurité énergétique. La civilisation industrielle s'est construite sur l'utilisation massive des énergies fossiles, qui s'imposent comme le socle de la croissance économique. Machine à vapeur, chemins de fer, automobile, transport de marchandises sur de longues distances, rendements agricoles fortement accrus : sans les énergies fossiles, l'homme n'aurait pas pu se développer à une telle vitesse et à une telle intensité. Conséquence de cela, l'énergie est aujourd'hui au cœur de tout le système économique et social moderne, qui en est rendu extrêmement dépendant.

Chacun des produits et services que nous consommons a nécessité pour sa fabrication et sa distribution, et nécessitera pour son élimination, une certaine quantité d'énergie. Cette énergie concerne tout le cycle de vie du produit : extraction des matières premières, production, emballage, conditionnement, stockage, distribution, transport, élimination, recyclage, etc. L'introduction des énergies fossiles dans l'agriculture, avec les engrais et surtout la traction automobile, a considérablement amélioré les rendements de l'agriculture et ainsi entraîné un essor démographique sans précédent. Telle est la dépendance de l'agriculture moderne aux énergies fossiles : pour produire 1 calorie de viande rouge, 28 calories d'énergies fossiles sont nécessaires, entre la production du fourrage nécessaire à l'alimentation des bêtes (engrais, produits phytosanitaires, tracteurs), le conditionnement et le transport. Comment nourrirons-nous six ou dix milliards d'individus lorsque l'agriculture devra se passer de pétrole ?

L'organisation de l'espace, l'aménagement du territoire *via* le développement des réseaux et dessertes de transport, sont également une conséquence directe de la domestication du pétrole. La tendance à l'étalement spatial qui caractérise l'urbanisme moderne est permise et encouragée par le rétrécissement des distances. L'amplification du commerce international n'a été rendue possible que par le développement à des coûts réduits du transport de marchandise à forte capacité. Lieux de production et de consommation sont de plus en plus déconnectés.

Le succès des énergies fossiles repose à la fois sur leurs qualités naturelles (grande concentration d'énergie par rapport à leur masse), sur leur abondance et sur leur prix. Abondance et prix sont fortement remis en question et menacés de manière structurelle. Nous vivons la fin de l'énergie abondante et peu chère. La preuve en est donnée chaque jour : le prix du pétrole a un impact direct sur les coûts fixes de production et donc sur les bénéfices des entreprises et sur les prix à la consommation ; sur le coût du transport et donc sur l'intensité des échanges et du commerce ; sur la capacité de production et donc sur l'emploi.

Depuis les débuts de l'exploitation massive des champs de pétrole géants du Proche Orient, et l'entrée de l'économie mondiale dans l'ère du pétrole, les cours du baril ont toujours connu des fluctuations très importantes. Le pétrole est en effet un produit particulièrement imprévisible et volatil, qui semble se moquer des règles économiques classiques. La concentration de 65 % des réserves de pétrole au Proche Orient, région politiquement très instable, explique en grande partie ces fluctuations. La lutte pour le contrôle des réserves de pétrole est à la source des nombreuses tensions géopolitiques à l'échelle mondiale. Les marchés fluctuent, inquiets quant à la capacité des pays exportateurs à satisfaire la demande mondiale, alternativement rassurés puis déçus par les estimations des différents stocks mondiaux bruts qui sont rendues publiques.

Si les facteurs géopolitiques suffisent à expliquer un affolement temporaire des cours du baril, ils ne peuvent se substituer à l'analyse des tendances de fond. Après l'envolée de l'été 2008, qui a poussé la valeur d'achat du baril de brut à 149US$, niveau inimaginable il y a encore deux ans, les prix peuvent redescendre à la faveur de la diminution des tensions géopolitiques, d'une crise financière qui assèche les liquidités du marché financier mondial, ou grâce à une certaine élasticité de la production. Pour autant, le plafonnement puis la diminution structurelle de l'offre de pétrole, due à des facteurs physiques et technico-économiques rendent inévitable le décrochage entre offre et demande de pétrole. Les réserves de pétrole s'épuisent, c'est un fait. Le rapprochement des prévisions de production de pétrole de l'évolution de la demande énergétique conduit à une constatation simple : la production de pétrole va devenir structurellement inférieure à la demande, entraînant une hausse durable et inéluctable des cours du pétrole. Les économies modernes ne disposeront plus de sources d'énergie aussi performantes à un coût comparable.

Les avancées technologiques permettent de produire plus vite, voire moins cher, pour satisfaire une demande pressante. Mais elles n'augmentent en rien la quantité totale de pétrole contenu dans un champ, quantité qui repose sur des données géologiques. En effet, même s'il devient techniquement possible et économiquement rentable d'extraire des huiles de plus en plus lourdes, ou d'exploiter des champs de plus en plus isolés, la question de la rentabilité énergétique du forage doit être posée. Le prix n'est pas le seul facteur d'incitation à l'exploitation. Le jour où une quantité d'énergie équivalente à celle d'un baril de pétrole sera nécessaire pour extraire un baril, l'extraction pétrolière aura vécu. 10 ans, 20 ans, 50 ans : les spécialistes débattent du laps de temps qui nous sépare de l'épuisement des ressources pétrolières. Ces tergiversations nuisent à la bonne compréhension et à la crédibilité du message d'alerte concernant le risque énergétique. Au-delà des polémiques sur le nombre d'années restant, il convient de souligner le distinguo à faire entre la perspective d'une raréfaction relative (horizon proche) et celle de l'épuisement total des ressources (horizon de moyen terme). La raréfaction relative (décrochage entre l'offre et la demande) menace à court terme le pétrole, puis quelque dix années plus tard le gaz naturel. Ainsi, une crise pétrolière sans précédent interviendra, avant même que les réserves ne soient épuisées.

L'estimation des réserves ultimes de pétrole (somme de la production cumulée, des réserves existantes restant à produire, et de ce qui reste à découvrir) est sujette à caution, du fait notamment de l'ambiguïté entretenue par les sources officielles sur les termes et les unités dans lesquels s'expriment les chiffres. Bien souvent les optimistes sont ceux qui sont le moins bien informés. Les recherches géologiques effectuées sur l'ensemble de la planète concordent pour dire que les réserves de pétrole diminuent, c'est-à-dire que les réserves nouvelles découvertes ne suffisent plus à compenser les réserves consommées. La production annuelle étant deux fois supérieure aux quantités découvertes, les réserves ultimes diminuent depuis 1980. Les communications officielles, qu'il s'agisse des pays producteurs ou des compagnies pétrolières, sont avant tout politiques et visent, selon les époques et les objectifs poursuivis par les acteurs, à rassurer ou, au contraire à faire grimper les prix. Les pays producteurs annoncent ainsi parfois des chiffres de réserves identiques d'une année sur l'autre, comme si la production pouvait être strictement identique aux nouvelles réserves découvertes. Les données techniques, elles, sont secrètes. Cependant, des agences d'espionnage spécialisées existent qui permettent de façon plus sûre de se faire une idée des réserves de pétrole. Les réserves ultimes de pétrole seraient aujourd'hui de[6] :

[6] D'après Jean Laherrère (2006), géologue physicien, ancien directeur des techniques d'exploration chez Total, membre de l'ASPO, l'Association for the Study of Peak Oil.

- 2 000 Gb[7] de pétrole brut ;
- 1 000 Gb de pétroles non conventionnels (500 Gb d'extra lourd, 250 Gb de liquides de gaz et 250 Gb de pétroles synthétiques).

La consommation totale de pétrole depuis 1859 est estimée à environ 900 milliards de barils, soit un tiers des réserves ultimes. Il resterait donc à ce jour l'équivalent de 1000 milliards de barils de pétrole brut sur Terre, ce qui représente une trentaine d'années au rythme actuel de production et de consommation[8]. Or la consommation ne cesse de croître. Plus la consommation est importante, plus vite les réserves sont épuisées. En effet, la pression actuelle pour satisfaire la demande conduit à retenir des techniques d'exploitation qui, si elles permettent de produire plus vite et éventuellement moins cher, peuvent nuire à la récupération maximum totale, et donc réduire la quantité de réserves ultimes.

Du fait de notre dépendance extrême à cette ressource, la demande en pétrole est très élastique et ne souffre pas encore trop des hausses récentes de son prix. Cependant, il est facile d'imaginer qu'il existe un seuil au-delà duquel le recours au pétrole ne sera plus possible pour une série de plus en plus importante d'activités. Les conséquences de ce décrochage pourront être particulièrement brutales en matière de commerce international – du fait du prix des transports – et d'agriculture. Pour compenser l'écart entre production et consommation, les compagnies pétrolières tentent sans cesse d'intensifier l'exploitation des puits en activité. Cependant, cette stratégie, si elle permet à court terme de mieux satisfaire la demande, soulève à long terme différents problèmes. D'une part, la capacité de production des infrastructures d'extraction existantes est limitée. D'autre part, une exploitation plus intensive des puits de pétrole en activité ne fera pas croître les ressources. Surexploiter les puits ne servirait qu'à décaler l'échéance de l'inévitable décroissance de la production de pétrole. Les économies ainsi maintenues sous perfusion pétrolière sombreraient dans une crise d'autant plus violente par la suite.

80 % des ressources énergétiques mondiales sont aujourd'hui constituées d'énergies fossiles : 39 % de pétrole, 28 % de charbon et 23 % de gaz naturel. À court terme, seul le marché du pétrole est menacé d'un déséquilibre entre offre et demande. La menace d'épuisement des réserves de gaz semble moins imminente. Gouvernements et compagnies d'énergie se positionnent déjà pour assurer le report d'une partie de la production de pétrole sur les autres énergies fossiles. Cette option

---

[7] Gb = 1 milliard de barils.

[8] Les besoins journaliers sont d'environ 87 Mb, soit 31,75 milliards de barils par an.

soulève pourtant plus de problèmes qu'elle n'apporte de solutions. L'horizon de l'épuisement des ressources en gaz naturel n'est pas si éloigné dans le temps. En effet, d'après l'ASPO, le *pic* de gaz devrait se produire 10 ans après celui du pétrole, c'est-à-dire vers 2020. Le niveau actuel de consommation de gaz, rapporté à l'état des réserves, ne permet donc pas d'envisager plus d'une quinzaine d'années de consommation avant le décrochage entre offre et demande. Des premières tensions commencent d'ailleurs déjà à gagner le marché du gaz. Par ailleurs, si l'ensemble, ou ne serait-ce qu'une part importante des consommations pétrolières, était reporté sur le gaz, l'épuisement des ressources mondiales de gaz s'en trouverait d'autant accéléré.

Bien que peu exploitables en Europe, les réserves mondiales de charbon sont encore très significatives. De nombreux pays en tirent une source importante d'énergie et des recettes d'exportations substantielles. Certains pays développés songent même à recommencer à exploiter massivement leurs réserves de charbon, pour compenser la raréfaction du pétrole. Toutefois, la perspective d'une exploitation et d'une consommation massive de charbon rend toute idée de durabilité saugrenue. Extraction et consommation de charbon constituent en effet une grave source de perturbations pour la biosphère, aussi bien en termes de pollution locale (qualité de l'air), que globale (effet de serre). Tant qu'aucune technologie d'extraction propre n'aura été développée à une échelle industrielle, un litre de charbon liquéfié, jouissant des mêmes propriétés énergétiques que le pétrole, émettra, au cours de sa production, environ 4 fois plus de gaz à effet de serre qu'un litre de pétrole.

III. Crise et rupture : de nouvelles opportunités économiques

Les contraintes liées aux risques globaux vont se faire de plus en plus fortes. Face à ces menaces d'un genre nouveau, il serait illusoire de croire que les avancées technologiques ou la main invisible du marché pourront nous permettre de sortir d'une économie dirigée par le carbone – pétrole, gaz et charbon – sans une large remise en question. Un développement alternatif, en rupture avec le paradigme hérité des révolutions industrielles, est possible sans renoncer ni à l'économie, ni au progrès. Le passage à une économie sans carbone peut offrir de nouvelles opportunités aux entreprises (nouveaux secteurs de production, nouveaux services liés aux nouvelles habitudes de consommation, moindre dépendance aux aléas du marché du pétrole).

La production matérielle continue d'avoir une position nodale dans l'économie, elle joue un rôle moteur dans la création de richesses. Toutefois, les activités trop intensives en énergie doivent être abandonnées. Le changement de paradigme impose la définition de nouvelles relations entre producteurs et consommateurs. Ainsi, à la logique consumériste qui impose un renouvellement permanent, est opposée une éthique du producteur, qui va chercher à fournir des efforts en termes de durée de vie des produits. L'obligation de recyclage pour les entreprises constitue un puissant incitatif dans ce sens. La relation entre le producteur et le consommateur vise à apporter une satisfaction à un besoin. Cette relation ne s'inscrit pas nécessairement dans la vente d'un produit. Elle peut passer par la location du produit, la mise à disposition ou le transfert d'un savoir faire, la délivrance d'un service apportant une satisfaction équivalente, voire plus importante qu'un bien, mais dont la production entraîne une ponction moindre du capital naturel. Recyclage, valorisation énergétique, valorisation matière : le devoir des acteurs économiques est de s'adapter aux risques globaux, en proposant de nouveaux modes de consommation et de satisfaction des besoins.

Le développement de nouvelles technologies doit permettre d'optimiser les quantités d'intrants. De nouveaux produits et donc de nouveaux marchés peuvent naître de cette approche. En effet, la mise au point de ces technologies et la mise à disposition d'appareils plus efficaces motivent la création de nouvelles entreprises. Le marché de l'énergie en est le plus bel exemple. L'évolution de la demande en énergie crée de nouveaux besoins à satisfaire et de nouveaux marchés, tels que le marché de la rénovation et de l'isolation dans le BTP, ou la fabrication d'installation de production d'énergies renouvelables sur site, panneaux photovoltaïques, géothermie, solaire thermique. Les entreprises doivent passer d'une perception curative de leurs actions environnementales à une perception stratégique. Jusqu'alors la contrainte environnementale était plus ou moins intégrée dans la fonction de production. Il est aujourd'hui nécessaire et urgent d'inverser la logique.

La réorganisation du système productif repose sur une série de mouvements affectant la sphère de la production matérielle, les services périproductifs et les services aux personnes. Si l'on considère la sphère des services péri-productifs, des nouveaux marchés de service aux entreprises naissent du fait du passage à une économie sans carbone. Des besoins nouveaux émergent, liés aux mutations technologiques, au développement des modes alternatifs de transport. Les activités de conseil aux entreprises peuvent se positionner sur l'amélioration de la qualité des *process* industriels ou la personnalisation de l'offre d'énergie.

L'information, la visibilité et la prévisibilité des contraintes et opportunités sont les conditions essentielles du bon fonctionnement de l'économie. Il importe en effet que les acteurs économiques, puissent disposer d'informations fiables sur les évolutions impactant les facteurs de production, afin d'être en mesure de prendre les décisions stratégiques optimales à leur niveau. Les coûts de la prévention sont toujours plus faibles que ceux qui résulteraient d'un manque d'anticipation. Une information correcte sur l'évolution prévue permet par ailleurs aux consommateurs de faire leurs arbitrages entre les diverses possibilités de substitution qui leur sont offertes dans de bonnes conditions, et aux promoteurs de nouvelles technologies d'anticiper de façon fiable l'évolution de la demande. Pourtant, les exemples ne manquent pas aujourd'hui, qui illustrent les fortes incertitudes qui pèsent sur un ensemble de paramètres primordiaux pour les acteurs économiques.

En matière de consommation d'énergie fossile, la solution la plus rationnelle serait de diriger l'augmentation du prix. Imposer un prix supérieur au prix du marché dans un premier temps, et le faire évoluer doucement, permettraient d'éviter les hausses brutales, sources de chocs économiques. En effet, l'histoire récente montre une fois de plus les évolutions chaotiques qui résultent d'une régulation par le seul marché, avec son lot de hausses brutales et imprévisibles.

Évolution jour par jour prix du baril de WTI (*West Texas Intermediate*) sur le marché de New York

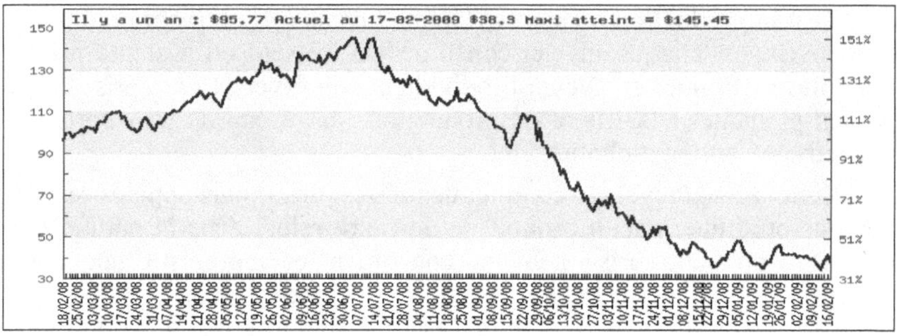

Source : Mercantile Exchange.

Avec une hausse progressive et programmée des prix, les effets de l'augmentation peuvent en revanche être lissés et atténués. L'introduction de telles contraintes doit être envisagée comme la contraction d'une assurance. Prendre une assurance, c'est avant tout adopter un comportement responsable, qui revient à étaler dans le temps les coûts liés à la transition.

IV. La quête de l'efficacité systémique

Il nous faut réfléchir à de nouvelles formes d'organisation sociale, être en quête de l'efficacité systémique. Ainsi, de la construction d'une unité de valorisation énergétique des déchets aux engagements pris au niveau multinational pour la réduction des émissions de gaz à effet de serre, alors même que les problématiques sont globales, la mise en œuvre des solutions peut se décliner à tous les niveaux, de l'échelle la plus large à la plus fine. L'amélioration des *process* industriels entraîne également une réduction de l'intensité énergétique de la production matérielle. Le rapprochement des lieux de production et d'assemblage, l'intégration des circuits de production, de distribution et de consommation, la mise au point de nouveaux procédés sont autant d'éléments de nature à faire naître une organisation systémique plus efficiente.

Le maître mot de cette nouvelle donne est de réorganiser l'ensemble des activités humaines au sein de circuits de taille réduite. Pour tendre vers cet objectif, les systèmes productifs, les organisations spatiales et sociales, nos modes de vie, nos comportements en tant qu'acteurs de nos vies, doivent être réorientés. Cette approche nous amène à reconsidérer tous les enjeux qui posent problème dans le modèle actuel. En matière de transports, il faut intégrer la nécessité d'une réduction des distances parcourues. En matière d'urbanisme et d'aménagement du territoire, il convient de tendre vers la densification de l'habitat et des zones d'activités. Plus largement, l'économie mondiale doit être repensée, et les termes de la compétition mondiale redéfinie. La primauté doit être donnée à la production locale. Différents niveaux d'intervention doivent être envisagés, chaque niveau constituant à lui seul un système propre qui doit fonctionner en cycle : l'individu et son foyer ; l'entreprise et ses parties prenantes ; la filière de production ; le réseau de transports ; la collectivité dans sa globalité, etc.

Déchet zéro, recyclage complet des restes, désormais appelés résidus ou sous-produits : aucun produit ne doit être rejeté dans la nature. Les résidus d'une entreprise peuvent constituer les entrants d'une autre entreprise, au bénéfice des cycles naturels (carbone, azote, etc.), qui ne sont alors plus affectés, ni saturés, par l'activité humaine. Le système industriel n'agit plus en parasite de la biosphère, mais devient une nouvelle forme d'écosystème. La compétition entre territoires est aujourd'hui généralisée. L'approche systémique doit permettre aux territoires de s'organiser en espaces de cohérence intégrés. La globalisation de l'économie a imposé une spécialisation à l'extrême et entraîné la fragilité des systèmes sociaux. Le retour à des circuits économiques locaux disposant d'une certaine autonomie est plus que souhaitable.

Le bon fonctionnement d'un territoire repose sur la qualité de la combinaison productive, et sur l'efficience de son système d'organisation. Plusieurs pistes peuvent ainsi être lancées. Ces pistes s'inspirent très largement des préceptes présidant à la création des technopôles dans le paysage actuel de l'aménagement du territoire. Le technopôle ne doit cependant pas être l'apanage d'une minorité de territoires favorisés. Si l'objectif est de resserrer les différents maillons de la sphère productive, il convient de réfléchir à une meilleure intégration des acteurs et des fonctions productives : recherche et développement, études, fabrication, distribution, logistique, marketing, commandements administratifs et financiers. Entre ces maillons, réseau et nœuds de distribution peuvent être optimisés pour réduire les transports.

Sur un territoire donné, la mise en réseau de la production matérielle (industrie, agriculture, production locale d'énergie) et de la sphère péri-productive permet une meilleure articulation notamment entre grande firmes et PME. La disponibilité en main-d'œuvre qualifiée, grâce à l'adaptation de la formation aux besoins de l'économie locale, intègre enfin le facteur humain, tout en permettant des gains d'efficacité.

En matière d'urbanisme, la réduction des déplacements par la mise en place de réseaux efficaces de transports collectifs peut être envisagée dans le cadre d'une redéfinition des schémas de déplacements urbains et inter cités. La densification du tissu urbain est rendue possible par une réduction de l'espace aujourd'hui consacré à la circulation automobile. Autre effet bénéfique, la densification de l'habitat permet de faire des gains d'efficacité en matière de chauffage domestique. Peuvent naître ainsi des systèmes relativement autonomes, organisés autour d'une complémentarité des zones d'activités sur une unité de lieu. Reste à déterminer l'échelle spatiale dans laquelle peut s'opérer cette organisation des fonctions autour d'un système autonome ; et pour chaque territoire à définir un projet de développement qui soit de nature à mobiliser tous les acteurs. Il ne s'agit évidemment pas de promouvoir un retour à l'autarcie. Les échanges sont essentiels à la création de richesses, mais ils doivent être rationalisés.

Conclusion : Le développement durable est un projet éminemment politique

La diversification de l'offre d'énergie, la lutte contre le changement climatique, la modération de la consommation des ressources naturelles non renouvelables, le recours à des méthodes d'agriculture plus respectueuses des équilibres naturels, relèvent d'une bonne gestion de biens collectifs mondiaux (voir à ce propos chapitre 12). Projet politique, le développement durable a pour objet la recherche de la meilleure allocation possible des ressources entre les différentes catégories d'acteurs, selon des critères de justice définis par consensus. Les ressources sont désormais mondiales (biens publics mondiaux) et un équilibre doit être trouvé entre générations actuelles et futures. La question de la gouvernance du changement doit être posée, afin de limiter les coûts sociaux de la transition.

L'histoire récente a montré que s'en remettre aux seules lois du marché pouvait conduire à des ajustements brutaux, imprévisibles, chaotiques. Une régulation normative est nécessaire pour garantir le temps d'adaptation nécessaire aux évolutions de fonds. Si l'on veut inscrire l'humanité dans une évolution et un développement pérennes, une modification radicale de nos comportements est désormais inévitable. Seul un changement de paradigme est à même d'assurer une anticipation suffisante de la transition.

Quelles sont les modalités susceptibles de permettre une gestion de la transition au moindre coût ? Il nous faut considérer pour cela le coût total de la transition, c'est-à-dire la somme des coûts à prendre en compte à court, mais aussi à moyen et long termes. D'autre part, la recherche du meilleur coût nous oblige à poser la question de la répartition de ces coûts entre les différentes catégories d'acteurs, en termes d'efficacité, d'efficience et de justice. En l'absence d'un organe supranational chargé de garantir la production et l'entretien des biens collectifs globaux comme le climat et la sécurité énergétique, plusieurs risques se présentent : le risque d'un mauvais entretien chronique, entraînant une dégradation du climat ; le risque d'une gestion dispendieuse des ressources naturelles ; le risque de voir se développer les comportements de « passagers clandestins » qui profitent des sacrifices consentis par les autres, sans prendre les mesures nécessaires à leur niveau (exemple des États non signataires du protocole de Kyoto).

Du fait des destructions d'emplois dans les secteurs trop consommateurs en énergie – secteurs de ce fait voués à la disparition –, il se peut que la transition ait un impact social négatif dans un premier temps. Alors que les bénéfices de la transition sont peu visibles à court terme, les coûts de la transition sont eux très visibles (obligation de modification des *process*, taxation de la consommation de ressources) et pèsent dans les processus de décisions économiques et politiques. Pourtant, si la régulation était choisie, la transition correctement anticipée et programmée, des opportunités inattendues pourraient se révéler. S'il existe un domaine où le multilatéralisme doit s'imposer, c'est bien celui de la lutte contre tous les risques majeurs pour la planète et ses habitants… si et seulement si une perception correcte du risque est partagée par tous. Les avantages à retirer d'actions de protection des biens collectifs globaux ne peuvent pas être mesurés au niveau régional.

Des initiatives multilatérales apparaissent, qui démontrent la volonté de certains États de s'organiser afin de sortir de la logique du « laisser-faire ». Ainsi, avec le protocole de Kyoto une forme nouvelle de gouvernance mondiale, réponse inédite à la prise en compte d'un risque global, émerge. Les objectifs de réduction des émissions de gaz à effet de serre portant sur les fins et non sur les moyens, des expérimentations ont vu le jour dans le cadre notamment des mécanismes de développement propre[9], qui réservent une place centrale aux acteurs économiques.

Face au changement climatique, il est très difficile de dresser un bilan coûts/avantages. Il faut en effet tenir compte du fait que les coûts sont affectés au présent (maîtrise des émissions), alors que les bénéfices sont futurs, et difficilement évaluables (mitigation des conséquences dommageables du changement climatique). Des outils existent pourtant pour réguler la réduction nécessaire des émissions de gaz à effet de serre. Le protocole de Kyoto, entré en vigueur en 2005, appelle les nations du monde, sur la base du volontariat, à contracter un certain nombre d'engagements visant à réduire les émissions de gaz à effet de serre pour limiter l'impact du changement climatique. La création d'une contrainte financière liée aux émissions – chaque tonne de carbone émise a désormais un coût – permet d'introduire une logique dissuasive sur les comportements néfastes, mais surtout d'encourager les comportements vertueux et d'accélérer la transition vers des *process* industriels moins denses en énergie.

Autre exemple de gouvernance innovante, les Agenda 21 locaux, projets portés par la collectivité et basés sur un diagnostic complet du territoire, aboutissent à l'élaboration, en concertation avec l'ensemble des parties prenantes (décideurs, acteurs économiques, habitants), d'une stratégie de développement régional intégrant les interactions économiques et sociales, les déplacements de biens et de personnes, et d'une manière plus générale l'allocation optimale de l'espace et des ressources naturelles.

Entreprises, associations, organisations multilatérales, responsables politiques nationaux, opinions publiques, société civile : qui sont les acteurs privilégiés du changement ? Quels sont les acteurs à même d'avoir une vision stratégique de long terme : États, collectivités, ONG, organisations multilatérales ? Quelle est l'échelle d'action la plus pertinente : nationale, régionale, multilatérale, globale ? Quels moyens et leviers d'actions choisir : l'incitation, par une orientation douce des choix, l'obligation et l'interdiction, par une orientation forte des choix ? Comment gérer la contrainte ? Comment répartir le coût de la transition

---

9 Les mécanismes de développement propre offrent aux entreprises la possibilité de compenser leurs émissions de gaz à effet de serre en développant des projets « propres » dans les pays émergents. Les crédits carbone représentent la contribution des projets à l'atténuation du changement climatique, que ce soit une réduction d'émissions de gaz à effet de serre ou une absorption de carbone.

entre les générations actuelles et les générations futures ? Comment répartir le coût de la transition entre différentes catégories d'acteurs : entreprises, particuliers, usagers, contribuables ?

Il est inutile de mettre dos à dos le principe d'une action coordonnée d'en haut et celui d'une réaction initiée par la base. Les gouvernements et les décideurs ont un rôle éminent à jour, dans le contrôle et l'édiction de normes, dans l'orientation des choix par la fiscalité, dans l'impulsion de politiques de transport, de l'énergie, d'aménagement du territoire. Par ailleurs, seule une mobilisation collective pourra avoir un impact réel, notamment si l'on considère l'enjeu nodal : la maîtrise des consommations énergétiques. Il est plus que jamais urgent de prendre conscience qu'en tant que consommateurs, et donc prescripteurs de l'offre économique, en tant que producteurs, et donc responsables de l'orientation des choix de production et de l'utilisation des technologies disponibles, en tant qu'utilisateurs d'énergie et de ressources naturelles, nous sommes tous acteurs de ce changement.

Bibliographie

Bal, J.-L., Chabot, B., « Quelle place pour les énergies renouvelables ? », in *Futuribles*, n° 315, janvier 2006.

Dolique, L., *Risques globaux et développement durable*, Paris, L'Harmattan, 2007.

Faucheux, S., Le rôle des fonctions de production dans les politiques de rationalisation énergétique : une analyse critique, *Stratégies Énergétiques, Biosphère et Sociétés*, octobre 1992.

Jancovici, J.-M., *L'avenir climatique, quel temps ferons-nous ?*, Paris, Seuil, 2002.

Laherrère, J., « La fin du pétrole bon marché », in *Futuribles*, n° 315, janvier 2006.

Rapport du groupe de travail sur la division par quatre des émissions de gaz à effet de serre de la France, à l'horizon 2050, dit « facteur 4 », DGEMP-Observatoire de l'énergie.

CHAPITRE 10

Les politiques publiques de l'environnement en France

Le cas de la gestion de l'eau

Patrick MATAGNE

Introduction

L'objectif de ce chapitre est de contribuer à une réflexion sur les politiques publiques de l'environnement en France, dans un contexte de marchandisation. Le contexte français de l'organisation du « Grenelle de l'environnement », puis de l'après « Grenelle », sur fond de modernisation de l'État, sera d'abord précisé. Ensuite, l'invention par la France d'une nouvelle forme de partenariat public-privé sera présentée, en relation avec le contexte de la politique européenne de l'eau. Enfin, la réflexion se portera au niveau mondial, à partir de quelques exemples choisis en Amérique latine.

I. « Grenelle de l'Environnement » et modernisation de l'État

Le « Grenelle de l'Environnement »[1], dont la phase de négociation est organisée à Paris du 24 au 26 octobre 2007, après cinq mois de réunions préparatoires, est l'événement majeur qui réunit pour la première fois l'État et les représentants de la société civile afin de définir une feuille de route dans les domaines de l'écologie, du développement et de l'aménagement durables[2].

---

1 Porté par Jean-Louis Borloo, Dominique Bussereau et Nathalie Kosciusko-Morizet www.legrenelle-environnement.fr.

2 Du 15 juillet à fin septembre 2007, six groupes de travail présidés par des experts et composés de représentants de l'État, de collectivités locales et territoriales, du patronat, des salariés, des syndicats et des associations familiales, de consommateurs et de protection de l'environnement, élaborent des propositions pour : « lutter contre les changements climatiques et maîtriser la demande d'énergie » ; « préserver la biodiversité et les ressources naturelles » ; « instaurer un environnement respectueux de la

Aux origines du « Grenelle » se trouvent des organisations de conservation de la nature prenant des initiatives visant à nourrir le débat préalable aux élections présidentielles du printemps 2007. À cette fin, le Comité français de l'UICN (Union mondiale pour la nature) organise le 7e Congrès français de la nature, le 13 décembre 2006, au Conseil régional d'Île-de-France. Il témoigne de l'accord entre les organisations représentées sur l'opportunité offerte par l'échéance du printemps 2007 de porter collectivement leurs propositions et de susciter un débat public sur des questions vives comme le changement climatique ou l'extinction de la biodiversité. C'est ainsi que la LPO (Ligue pour la protection des oiseaux) et ses représentants en régions et départements avaient décidé, dès septembre 2006, de présenter leurs propositions pour une meilleure prise en compte de l'environnement dans les politiques publiques et avaient rédigé le « Manifeste de la LPO pour l'élection présidentielle 2007 », un répertoire de 20 propositions.

Comme suite aux réflexions conduites au sein des commissions et groupes de travail auxquels participent aussi des administrations, des établissements publics et de nombreux experts scientifiques, le Comité français de l'UICN souhaite interpeller les candidats, les partis et futurs responsables politiques, notamment sur les mesures qu'ils s'engagent à prendre pour enrayer l'érosion de la biodiversité.

Nicolas Hulot organise une grande manifestation au Trocadéro le 1er avril 2007 et demande, avec les grandes associations environnementales françaises, à rencontrer les trois principaux candidats. C'est chose faite avec Ségolène Royale le 27 mars, François Bayrou le 28 mars et Nicolas Sarkozy le 31 mars 2007[3]. Ce dernier, se voyant pointer les faiblesses de ses propositions, s'engage à organiser un « Grenelle de l'environnement » s'il est élu. Le 21 mai 2007, les 9 ONG[4] qui l'avaient interpellé sont invitées à l'Élysée pour discuter de l'organisation du « Grenelle » avec le ministre de l'Écologie Alain Juppé. Après le remaniement ministériel, elles sont reçues par Jean-Louis Borloo le 25 juin

---

santé » ; « adopter des modes de production et de consommation durables » ; « construire une démocratie écologique » ; « promouvoir des modes de développement écologiques favorables à l'emploi et à la compétitivité ». Du 28 septembre au 12 octobre 2007, le public est consulté via Internet et via des réunions dans 17 villes françaises entre le 2 et le 17 octobre 2007.

3 Le mouvement « Alliance pour la planète », animé par le WWF et Greenpeace, a initialement attribué la note de 16/20 aux candidats du PS et de l'UDF pour leur programme environnemental, et 8,5/20 au programme du leader de l'UMP.

4 Greenpeace France, WWF, Amis de la Terre, Écologie sans frontière, Réseau Action Climat, France Nature Environnement, Ligue ROC (rassemblement opposé à la chasse, présidé par Hubert Reeves), LPO, Fondation Nicolas Hulot.

2007. Finalement, quatre tables rondes, en présence de cinq collèges, seront structurées autour de quatre grands objectifs :

- lutter contre les changements climatiques – énergie, habitat, transports, urbanisme et fiscalité et recherche *ad hoc* ;
- santé et environnement, économie de fonctionnalité, économie circulaire[5], déchets ;
- préserver la biodiversité et les ressources naturelles, pratiques agricoles, OGM ;
- instaurer une démocratie écologique.

À l'issue du « Grenelle », quinze à vingt mesures concrètes sont programmées : depuis le 1er janvier 2008, un système de bonus-malus sur les véhicules neufs selon leur niveau de pollution[6] ; réduction de 50 % de l'usage des pesticides dans un délai de dix ans ; stabilisation de la production de déchets à l'horizon 2008 ; multiplication par trois des surfaces consacrées à l'agriculture biologique d'ici 2012, pour atteindre 20 % de la surface agricole en 2020 ; etc. Les objectifs du « Grenelle », qui veut être le moteur d'une mobilisation de la société française autour du développement durable, ne peuvent s'entendre en dehors du processus de modernisation de l'État engagé par le président de la République[7]. En effet, la « Révision générale des politiques publiques » (RGPP, cadrage triennal pour la période 2009/2011) impacte aussi le ministère de l'Écologie et du Développement Durable (MEDD), devenu ministère de l'Écologie, du Développement et de l'Aménagement Durable (MEDAD), puis ministère de l'Écologie, de l'Énergie, du Développement durable et de l'Aménagement du Territoire (MEEDDAT)[8]. Il s'agit d'un grand ministère technique issu de la fusion des ministères de l'Écologie, des

---

[5] L'économie de fonctionnalité (ou économie de services) et l'économie circulaire (ou écologie industrielle), chère à Nicolas Hulot, sont deux moyens complémentaires pour dématérialiser l'économie (voir notamment chapitres 8 et 4).

[6] Le système accorde un bonus à l'achat pour les véhicules neufs émettant au plus 130 grammes de CO_2/km et un malus pour ceux qui dépassent 160 g de CO_2/km.

[7] www.modernisation.gouv.fr.

[8] Le premier ministre de l'environnement était Robert Poujade (1971) sous le gouvernement de Pierre Messmer. Alain Juppé a été le premier ministre de l'Écologie, du Développement et de l'Aménagement durables (ministre d'État), du 18 mai au 18 juin 2007 sous le premier gouvernement de François Fillon. Sous l'actuel gouvernement Fillon, le ministère est dirigé par Jean-Louis Borloo. Le ministre et son cabinet occupent l'hôtel de Roquelaure, 246 bd Saint-Germain à Paris ; l'administration centrale se trouve à La Défense (Arche de la Défense et Tour Pascal).

Transports et de l'Équipement, ainsi que d'une partie du ministère de l'Industrie[9].

Les compétences du nouveau ministère sont donc beaucoup plus vastes que celles des ministères de l'écologie qui l'ont précédé[10]. Elles couvrent désormais, non seulement les questions classiquement rattachées au développement durable et à l'environnement[11], mais aussi celles qui concernent l'énergie et les matières premières, les transports et leurs infrastructures, l'équipement, l'urbanisme, la mer et l'aménagement du territoire. Autrement dit, les attributions historiques du corps des Ponts et Chaussées lui sont rattachées. Certains craignent que les questions directement écologiques soient alors diluées dans un méga-ministère dominé par l'esprit « ingénieur des ponts et chaussées ».

II. Les dessous du budget

Le MEEDDAT, ministère « unique au monde », créé pour porter et traduire les orientations du « Grenelle de l'Environnement », aura-t-il les moyens de ses ambitions en matière de budget comme en matière d'effectif ? Pour 2008, le budget total dépasse les 20 milliards d'euros, soit une hausse de 2,6 % par rapport à l'ensemble des crédits affectés en 2007[12]. Selon le gouvernement, il s'agit d'un budget de transition, qui n'a pas encore pris en compte l'ensemble des mesures décidées dans le cadre du « Grenelle ». Malgré l'effort financier important porté sur les questions environnementales (447 millions d'euros en 2008 pour le programme gouvernemental « protection de l'environnement et prévention des risques »)[13], l'écologie ne représente au final que 3 % du budget

---

9 Le remaniement du 18 mars 2008 entraîne la création de deux secrétariats d'État dépendant de ce ministère : secrétariat au Développement de la Région-Capitale (Christian Blanc), et à l'Aménagement du Territoire (Hubert Falco).

10 Décret n° 2007-995 du 31 mai 2007.

11 Intégration des politiques du développement durable dans l'élaboration et la mise en œuvre de l'ensemble des politiques conduites par le gouvernement ; politique de lutte contre l'effet de serre et les changements climatiques ; politique de l'eau et protection de la biodiversité ; protection de la nature et des paysages ; police de la chasse et de la pêche ; protection de l'environnement et de la santé.

12 Le budget global atteint 20,140 milliards d'euros (4,5 milliards pour les transports, 4,2 milliards pour les régimes sociaux et de retraite, 1,33 milliard pour la recherche de l'ensemble des domaines de compétence de l'hyper-ministère, 0,9 milliard pour l'énergie et les matières premières, 378 millions d'euros pour l'aménagement du territoire). http://www.developpement-durable.gouv.fr/IMG/pdf/plaquettebudget_cle24ffef.pdf.

13 Prévention des risques et lutte contre la pollution (+26,4 % par rapport à 2007), politique de l'eau, préservation de la biodiversité, de la nature et des paysages (+30 %). Les crédits supplémentaires sont dédiés à la création de deux parcs nationaux (Guyane et Réunion) et à l'Agence des aires marines protégées.

total. En effet, le budget inclut celui de l'Autorité de Sûreté nucléaire (245,15 millions d'euros), très supérieur à celui consacré à la maîtrise de l'énergie (28,74 millions d'euros) et aux risques technologiques (5,87 millions d'euros). De plus, le non remplacement sur deux départs en retraite prévu par la RGPP se soldera, pour le MEEDDAT, par aucun remplacement des départs en retraite durant la période 2009-2011. Il ne bénéficiera donc d'aucune exception ministérielle, contrairement au ministère de la justice. On peut même constater que l'impact de cette mesure sera particulièrement fort sur le MEEDDAT[14]. Dans ces conditions, la « révolution verte » prônée par le président de la République sera-t-elle effective ?

La controverse gronde déjà dans le secteur sensible des transports[15]. Les acteurs du « Grenelle » sont divisés, les oppositions sont particulièrement vives à l'échelle des régions, des municipalités et des organismes publics. Le médiatique bonus-malus écologique automobile coûterait 200 millions d'euros en 2008. En conséquence, le ministre de l'écologie Jean-Louis Borloo évoque l'éventualité d'une adaptation du dispositif pour 2009. L'ensemble du dossier transport nécessite de trouver quelques dizaines de milliards d'euros et l'État ne semble prêt à financer que quelques milliards d'euros[16]. Beaucoup de questions sont donc en suspens ou encore débattues : l'eurovignette, l'augmentation de la TIPP[17], le péage urbain, la taxation du secteur aérien. Mais il est aussi nécessaire d'interroger nos modes de vie et nos modèles économiques, d'envisager notamment une réduction des besoins de mobilité des personnes et des biens, voire une relocalisation de l'économie. Ainsi, la question du financement des engagements du « Grenelle » reste posée.

D'aucuns craignent un sacrifice des objectifs sur l'autel de la RGPP et une plus forte mainmise du privé, notamment dans le secteur de l'eau. D'autres observent que les mesures phares proposées ne visent que l'application stricte de directives européennes déjà obligatoires ou qui le

---

14 Sur les 30 600 fonctionnaires non remplacés, l'Éducation en fournira 13 500, la Défense 8 250, l'Intérieur 2 953, le Budget 2 812 et l'Écologie 1 400. En revanche, 512 postes seront créés au ministère de la Justice.

15 Rouba Naaman, « Transports : comment financer les engagements du Grenelle ? », novethic.fr. Mis en ligne le 25 juin 2008.

16 43 milliards d'euros dont plus de la moitié pour l'Île-de-France : rénovation des infrastructures ferroviaires (400 millions d'euros), construction de 2 000 km de lignes à grande vitesse d'ici 2020 (16 milliards d'euros), généralisation des transports urbains propres (18 milliards d'euros hors Île-de-France), etc.

17 La Taxe intérieure de consommation sur les produits pétroliers (TIPP) est un droit d'accise (elle porte sur une quantité et non sur une valeur). Cette taxe vise des produits dont la liste est commune à tous les États membres de l'Union européenne (Directive 2003/96/CE du Conseil du 27 octobre 2003.

seront bientôt. Il s'agirait d'un simple rattrapage dans la voie du développement durable et de l'application des directives européennes. Par exemple, le Grenelle propose une sévère restriction de la norme d'émission de CO_2 par véhicule de 130 g/km à 120 g/km en 2012, etc., comme la directive européenne. Autre exemple, malgré une opinion française favorable au développement de l'éolien[18], la France accuse un grand retard : 10e rang européen par la capacité éolienne installée (1500 MW), loin derrière l'Allemagne (20 000 MW) et l'Espagne (11 000 MW).

III. La situation française et la « marchandisation » de l'eau

Selon le code de l'environnement, « l'eau fait partie du patrimoine commun de la nation. Sa protection, sa mise en valeur et le développement de la ressource utilisable, dans le respect des équilibres naturels, sont d'intérêt général »[19]. On note cependant que la question de l'eau ne devait pas être abordée frontalement à l'occasion du « Grenelle », sinon de façon transversale[20], notamment par les groupes 2 (« préserver la biodiversité et les ressources naturelles ») et 4 (« adopter des modes de production et de consommation durables »), avant qu'un groupe constitué au sein du n° 2 ne s'empare du problème dès l'été 2007[21]. Au final, le rapport du groupe 2 contient une annexe relative à la question de l'eau, issue des travaux des groupes 2 et 4.

Dans ce document, le rapport prend acte du retard de la France dans la mise en œuvre de la Directive traitement des eaux résiduaires urbaines de 1991(DERU)[22] : « À l'heure actuelle, la France n'a toujours pas pleinement respecté ces échéances avec un millier d'agglomérations

---

18 91 % des français sont favorables au développement de l'énergie éolienne (Sondage d'opinion de Rhônalpénergie-environnement avec Louis Harris, du 15 au 16 avril 2006).

19 Code de l'environnement. Version consolidée au 24 juillet 2008. Titre Ier : Eau et milieux aquatiques. Article L210-1. Modifié par Loi n° 2006-1772 du 30 décembre 2006 - art. 1 JORF 31 décembre 2006.

20 « L'eau dans le Grenelle de l'environnement : une synthèse des propositions », *Office International de l'Eau*, www.oieau.fr/grenelle/

21 Il s'agit d'un « groupe de contact spontané » composé de : Bernard Guirkinger (PDG de la Lyonnaise des Eaux France et président de la Fédération professionnelle des entreprises de l'eau créée par Veolia, Suez, Saur ; Guy Fradin (directeur de l'Agence de l'eau Seine-Normandie) ; Rémi Bailhache (président de la Chambre d'agriculture de la Manche) ; Bernard Rousseau (président d'honneur de France Nature Environnement) ; Gilles Vincent (Maire de St Mandrier-sur-Mer).

22 Directive 91/271/CEE du Conseil, du 21 mai 1991, relative au traitement des eaux urbaines résiduaires.

non conformes (sur un total de l'ordre de 3000 agglomérations de plus de 2000 EH[23]), les montants de travaux nécessaires pour la mise aux normes des stations d'épuration (existantes et constructions neuves) et de la collecte de temps sec étant estimés entre 8 et 10 milliards d'euros sur la période 2007-2012. La France a été condamnée le 23/09/2004 par la Cour de justice des communautés européennes pour l'échéance 1998, puis mise en demeure en juillet 2004 et décembre 2005 par la Commission européenne pour l'échéance 2000. La Cour européenne de justice pourrait condamner la France à une amende forfaitaire de 50 M€ et à une astreinte de 785 000 euros par jour. Le montant total de l'amende que pourrait devoir payer la France a été estimé par le SGAE[24] à 344 M€ pour l'échéance 1998 uniquement. Une procédure de précontentieux est également en cours pour l'échéance 2000. La mise en conformité des réseaux et des ouvrages d'épuration constitue bien évidemment la priorité des 9e programmes d'intervention des agences de l'eau (2007-2012) qui ont prévu d'y apporter entre 30 et 40 % de subvention ».

Sur le plan de l'épuration des eaux usées et d'écoulement, la situation du « Grand Paris », est éclairante. Le système est tellement déficient que la Commission européenne menace la France de sanctions. Le bassin de la Seine serait le plus pollué d'Europe selon le WWF. Plus d'une centaine de localités sont dans une situation qui entraîne des rejets insuffisamment traités (nitrates, pesticides, métaux lourds, hydrocarbures, PCB[25]). Le rapport se poursuit avec la question des logements : « la France compte environ 5 millions de logements non collectifs dont les deux tiers ne sont pas conformes, soit 3,3 millions d'habitations », puis est soulevé le problème des aires d'alimentation des 500 captages les plus menacés.

Concernant l'état des masses d'eau : « avec environ 30 % de masses d'eau dont le bon état en 2015 est déjà acquis, la France se situe dans la moyenne européenne ». « Sur les 8 dernières années, une vingtaine de départements connaissent des limitations de consommation d'eau en année "normale" ». « Pour éviter une fuite en avant vers des mesures curatives, il faut mettre en œuvre un plan de gestion de la rareté de l'eau

---

[23] EH : Equivalent-Habitant. Unité de mesure permettant d'évaluer la capacité d'une station d'épuration. Elle est basée sur la quantité de pollution émise par personne et par jour (1 EH = 60 g de DBO5/jour, soit 21,6 kg de DBO5/an). La DERU définit l'EH comme la charge organique biodégradable ayant une demande biochimique d'oxygène en cinq jours (DBO5) de 60 g d'oxygène par jour.

[24] Secrétariat général des Affaires européennes.

[25] Polychlorobiphényles. Ils font partie des contaminants bioaccumulables dans certains tissus gras humains, y compris le lait.

permettant de réduire le nombre de secteurs en déficit chronique en eau ». Enfin,

> la population en zone inondable en France métropolitaine aujourd'hui est estimée à plus de 5,5 millions d'habitants sur une superficie de zones inondables de 26 810 km^2. L'importance des dommages s'est considérablement accrue depuis un siècle en raison de l'important développement urbain effectué dans les zones inondables.

Les eaux marines sont aussi prises en compte :

> L'atteinte du bon état des eaux dans les masses d'eau côtières et de transition, constitue un premier enjeu (DCE et directive eaux de baignade). Toutefois, les objectifs de qualité des eaux ne se limitent pas aux seuls enjeux liés à la baignade, mais doivent aussi répondre aux normes de santé publique liée à l'exploitation des zones conchylicoles (pour les activités aquacoles et les activités de pêche sur gisement sauvage). Il convient donc de tout mettre en œuvre pour permettre aux activités de production de coquillages de se maintenir dans l'assurance du respect des normes sanitaires imposées par la réglementation communautaire.[26]

L'actualité récente relative au Bassin d'Arcachon montre que les problèmes sont loin d'être résolus. D'une certaine façon, le MEDAD et les agences de l'eau reconnaissent les déficiences du système français dans la gestion des eaux.

Quelle est la situation et comment évolue-t-elle ? Sous l'effet des fusions et des regroupements de compétences qui affectent l'ensemble des secteurs, le nouvel Office national de l'eau et des milieux aquatiques (ONEMA)[27] se voit confier de nombreuses missions, notamment celles des Agences et de la Direction de l'eau. Les acteurs de l'eau craignent que l'ONEMA, dont le personnel est composé en majorité des 700 garde-pêches de l'ancien Conseil supérieur de la pêche, n'ait pas les moyens de piloter les politiques publiques et la recherche comme le faisait la Direction de l'eau. Conséquences prévisibles (ou redoutées) : Suez (Ondeo), Veolia et Saur, auparavant délégataires de missions de service public, deviennent co-producteurs des politiques publiques[28]. Les trois *majors* françaises contrôlent 40 % du marché mondial de l'eau, géré par le secteur privé dans plus d'une centaine de pays.

---

[26] Rapport de synthèse du groupe 2, 124p. Annexe 2 : « vers un bon état des eaux, tant en qualité qu'en quantité », p. 39-50.

[27] Créé par la loi sur l'eau du 30 décembre 2006.

[28] Ondeo, filiale de Suez-Lyonnaise est le n° 1 mondial (125 millions de clients) ; Veolia, ex-Vivendi est n° 2 (110 millions de clients) et leader en France ; Saur, propriété du groupe Bouygues jusqu'en novembre 2004 est n° 3 (26 millions de clients).

Au niveau mondial, plus de 90 % des services d'eau et d'assainissement sont régis par la puissance publique[29]. En France, huit habitants sur dix sont desservis par un opérateur privé, ce qui ne signifie pas que le secteur soit privatisé. Les moyens techniques et humains dont disposent les nombreux syndicats de l'eau gérés par les communes, sont sans commune mesure avec ceux des entreprises. En conséquence, depuis les années 1980, le secteur privé accroît sa mainmise sur des services publics essentiels comme l'eau et l'assainissement, arguant du manque de professionnalisme de la puissance publique[30]. Dans la grande majorité des municipalités, le principe de la « concurrence libre et non faussée » qui doit présider au système des appels d'offre devient un mythe, face à des transnationales bien implantées qui se succèdent généralement à elles-mêmes... La situation de monopole est un fait avéré.

La France est en train d'inventer une nouvelle forme de partenariat public-privé (PPP), dans lequel une collectivité publique confie à une entreprise la mission de

> financer, concevoir, construire, maintenir et gérer des ouvrages ou des équipements publics et services concourant aux missions de service public de l'administration, dans un cadre de longue durée et contre un paiement effectué par la personne publique et étalé dans le temps. Il a pour but d'optimiser les performances respectives des secteurs public et privé pour réaliser dans les meilleurs délais et conditions les projets qui présentent un caractère d'urgence ou de complexité pour la collectivité : hôpitaux, écoles, systèmes informatiques, infrastructures[31].

Le partenaire privé n'est donc pas un simple exécutant, comme c'est le cas lorsqu'il est titulaire d'un marché public. Les avantages attendus sont une réalisation plus rapide de projets innovants, une meilleure performance et une répartition des risques, une réelle plus-value par rapport à la classique passation de marché. Les opposants à ce nouveau type de contrat dénoncent le fait que le contribuable risque d'éponger les pertes tandis que l'entreprise enregistre les profits, dans la mesure où la répartition précise des risques entre le partenaire public et le partenaire privé s'effectue au cas par cas.

On note cependant que les irrégularités de gestion sont de plus en plus souvent contestées, notamment depuis la création, au début des années 1990, de la Coordination des associations de consommateurs

---

[29] Ces services sont totalement privatisés au Chili, en Angleterre et au Pays de Galles.

[30] Comme dans d'autres secteurs sensibles : énergie, transports, restauration scolaire, etc.

[31] www.ppp.bercy.gouv.fr. Le PPP est inspiré du PFI (*Private Finance Initiative*) apparu en Grande-Bretagne au début des années 1990. Dans les années 2000, les PPP sont introduits au Québec par la ministre Monique Jerôme-Forget.

d'eau (CACE), forte de quelque 120 associations réparties sur l'ensemble du territoire national. Mais dans ce domaine la France est en retard sur l'Italie, les Pays-Bas ou la Belgique, qui installent de véritables freins juridiques à l'ouverture du marché de l'eau. Depuis peu, on relève donc une floraison de mouvements de remise en cause de ce processus de « marchandisation » de l'eau de la part des usagers, de sociétés d'économie mixte, de maires, qui vont dans le sens d'une « re-municipalisation » de l'eau (Bordeaux, Lyon, Toulouse, Neufchâteau, Saint-Dizier, Paris, Lille)[32]. Ainsi, le 7 juillet 2008, le Conseil de Paris, en votant un budget supplémentaire, a donné son aval au rachat pour 6,2 millions d'euros des 30 % d'actions du capital de la Société d'économie mixte eau de Paris, qui n'appartient pas à la Ville. En mars 2007, 28 % de ces 30 % avaient déjà été rachetés par la Caisse des Dépôts afin de faire sortir du capital de la SEM les deux sociétés distributrices d'eau à Paris, la Compagnie des eaux de Paris (Veolia Eau) et Eau & Force-Parisienne des Eaux (Suez-Lyonnaise des Eaux). La transformation de la SEM Eau de Paris en un Épic (établissement public industriel et commercial) est désormais possible, sans alourdir la facture des usagers.

IV. La politique européenne de l'eau

En lien avec les effets sociaux, économiques et environnementaux prévisibles des changements climatiques, une politique européenne de l'eau se réorganise, quelques années après la directive-cadre (DCE 2000) du 23 octobre 2000, d'ailleurs incomplètement appliquée. Les chiffres sont parlants : 17 % du territoire de l'Union européenne est affecté par un « stress hydrique sévère » et les perspectives, en l'état actuel de la technologie, des évolutions climatiques connues et de la croissance des besoins[33], sont de 35 % en 2070 ! La canicule de 2003 a coûté 9 milliards d'euros, touché cent millions de personnes et un tiers du territoire de l'Union. Les sécheresses ont déjà coûté 100 milliards d'euros au cours des trente dernières années et le changement climatique laisse présager des insuffisances encore plus marquées dans les années à venir. Les conséquences sont énormes puisqu'elles concernent aussi la biodiversité, les sols, les risques d'incendies de forêts, la production hydroélectrique. De plus, on évalue l'eau gaspillée dans l'Union européenne entre 20 % et 40 %. Le contexte est donc celui d'une menace grandissante de pénurie d'eau utilisable.

---

32 Jean-Luc Touly, *Les Échos*, 8 juillet 2008.

33 La consommation d'eau par les ménages, l'industrie et l'agriculture pourrait augmenter de 16 % à l'horizon 2030.

Dans la perspective d'une gestion durable de l'eau, il est évident que la production (ressources irriguées, biomasse, agrocarburants[34], électricité, etc.) doit être adaptée à la quantité d'eau disponible sur les territoires. La vigilance s'impose donc, dans le cadre d'une politique européenne de l'eau fondée sur la notion de bien commun et de service public, quand ce bien se raréfie et quand la pratique du PPP se généralise. Ainsi, une nécessaire régulation du marché est prônée par l'Institut européen de recherche sur les politiques de l'eau (Ierpe), qui travaille en faveur de la reconnaissance du droit à l'eau comme droit humain individuel et collectif, et de la considération de l'eau comme un bien commun et un service public, comme une source de coopération interrégionale et transnationale. L'Ierpe en appelle également à la participation des citoyens à la gestion du cycle de l'eau[35].

Au-delà de la promotion et de la généralisation des bonnes pratiques qui entraînent des économies substantielles[36], il conviendrait de mettre en place une nouvelle législation organisant notamment la solidarité entre États[37]. Cependant, les pays du nord de l'Europe rechignent à engager de nouvelles dépenses destinées à ceux du sud. Sans une politique globale et cohérente, il existe un risque de repli des États sur des politiques nationales traitant uniquement les urgences. La perspective de véritables « guerres de l'eau » au sein même de l'Europe n'est pas à écarter[38].

À l'échelle d'une région, de véritables situations de concurrences confinent déjà à des formes de guérillas, comme le montre Pascal Chauchefoin, de l'Université de Poitiers, pour la région Poitou-Charentes. D'une façon générale, le caractère local de la plupart des conflits d'usage place les protagonistes dans une situation de « proximité physique choisie ou imposée », qui ne doit pas conduire à occulter le contexte global. Le bassin versant de la Charente[39] a un régime tel qu'il ne peut répondre aux besoins en eau en période d'étiage, alors que c'est le moment où la demande est la plus forte. Les conflits d'usages

---

34 1000 litres d'eau sont nécessaires pour produire un litre d'agrocarburant.

35 L'Ierpe est créé à l'automne 2007 sous l'impulsion de Riccardo Petrella, initiateur du Contrat mondial de l'eau. http://ierpe.eu/.

36 Compteurs d'eau chez les exploitants agricoles, bâtiments équipés pour collecter et recycler l'eau de pluie, etc.

37 Par exemple, une coordination frontalière pour la gestion des bassins hydrographiques situés sur plusieurs États membres.

38 Marc Laimé, « Politiques publiques de l'environnement en France », *Le Monde Diplomatique*, décembre 2007. « Main basse sur l'eau des villes », *idem*, mars 2005. « La marchandisation de l'eau s'accélère », *idem*, mars 2008.

39 Le plus grand de la région Poitou-Charentes, il couve plus de 10 000 km^2 sur les départements de la Charente et de la Charente-Maritime.

entre agriculture, ostréiculture, tourisme et industrie sont les plus aigus au cours de cette période. En effet, l'essor de l'irrigation depuis les années 1980 place les ostréiculteurs dans une situation de plus en plus difficile, d'autant qu'ils produisent un coquillage particulièrement sensible à la qualité des eaux[40]. L'étalement urbain, la multiplication des piscines privées, des golfs et des parcs aquatiques aggrave la situation. Au cours de la période estivale, les villes touristiques du littoral multiplient leur population par six en moyenne, à l'origine d'une surconsommation et d'une saturation des stations d'épuration et des systèmes d'assainissement. Enfin, il faut compter avec les pollutions directes et indirectes liées à l'essor de la navigation de plaisance, les pollutions industrielles de nature diverse, dues aux activités de nombreuses PME et PMI (pâte à papier, conserveries, abattoirs, usines chimiques). Si les prélèvements d'eau pour un usage industriel sont limités (7 % du total), les risques de pollutions accidentelles ne sont par contre jamais écartés.

L'avenir du secteur de l'ostréiculture et de la conchyliculture du Bassin d'Arcachon semble d'ailleurs incertain. Le préfet de la Gironde a interdit le 7 août 2008 la consommation des huîtres et des moules du Bassin, suite à des tests réalisé par l'IFREMER[41], mettant en évidence la présence de micro-algues toxiques. C'est la deuxième fois en quatre semaines[42]. Les professionnels mettent en cause les eaux usées provenant d'une usine de pâte à papier (Smurfit Kappa Cellulose du pin, un des premiers producteurs européens de papier pour l'emballage) située sur Biganos (commune du Parc naturel régional des Landes de Gascogne) et décident d'entamer des procédures judiciaires pour pollution. Le 15 août, la commercialisation des huîtres est à nouveau autorisée à la suite de tests biologiques favorables. Cependant, l'interdiction qui frappe les productions du banc d'Arguin depuis le 24 juillet n'est toujours pas levée[43].

D'une façon générale, la solution durable des conflits ne passe évidemment pas par le seul binôme dénonciation/sanction. Elle doit être relayée par la mise en œuvre de politiques publiques de régulation de comportements, seules capables de garantir et de faire respecter le principe d'un intérêt général équilibrant les contraintes économiques,

---

40 Les surfaces irriguées en Poitou-Charentes sont passées de 31 000 ha en 1979 à 160 000 en 2003 selon le Comité régional de l'Environnement.

41 Institut Français de Recherche pour l'Exploitation de la Mer.

42 La récolte et la commercialisation des huîtres et des moules de l'étang de Thau (Hérault) ont aussi été suspendues par le préfet de l'Hérault, après des analyses microbiologiques dont les résultats sont supérieurs à la norme autorisée.

43 Le Banc d'Arguin, classé réserve naturelle depuis 1972, se trouve à l'entrée du Bassin d'Arcachon, entre la Dune du Pilat et la Pointe du Cap Ferret.

sociales et écologico-environnementales. P. Chauchefoin insiste sur la dialectique du local et du global qui doit présider à la résolution des conflits d'usage. Le contexte mondial est donc toujours présent dans les conflits d'usage.

En dehors de la France, d'autres pays européens, l'Allemagne, la Grande-Bretagne et l'Espagne notamment ont développé des systèmes de gestion de l'eau depuis un certain temps. Il existe une grande variété de situations hydrologiques, politiques et sociales, ainsi qu'une grande variété de systèmes techniques et d'administrations. On peut les regrouper autour de trois types :

- Gestion majoritairement publique. C'est le cas des Pays-Bas et de l'Allemagne, qui connaît toutefois une tendance à la privatisation, opérée à partir de l'Est.
- Gestion entièrement privée. C'est le cas en Angleterre, où il existe aussi une régulation forte par des organismes publics.
- Gestion déléguée (France)[44].

Quel que soit le mode de gestion, la tendance générale est au regroupement des collectivités, à l'instauration de districts géographiques.

V. L'or bleu en Amérique latine

Au niveau mondial, plus d'un milliard d'êtres humains n'ont pas d'accès à l'eau potable, plus de 2,5 milliards manquent de moyens sanitaires basiques. 106 pays peuvent être considérés comme souffrant de ressources en eau rares ou de pénuries d'eau. En revanche, moins de 10 pays se partagent 60 % des ressources[45]. Concernant les eaux continentales, dix bassins hydrographiques sont particulièrement menacés : Indus, Nil/Lac Victoria (changement climatique) ; Gange, Rio Grande/Rio Bravo (pompage excessif) ; Yangtzé (pollution) ; Salouen, Rio de la Plata, Danube (construction de barrage, infrastructures excessives pour la navigation) ; Mekong/Lancang (pêche excessive) ; Murray-Darling (introductions d'espèces par l'homme).

[44] Source : le contexte européen de la gestion de l'eau : quelques éléments de comparaison entre l'organisation en France et dans différents pays d'Europe, séminaire du 28 juin 2007, Nantes Métropole, Cemagref, niederlaender julie.

[45] Sources : 15e « Journée mondiale de l'eau », 20 mars 2008 ; www.diplomatie.gouv.fr.

La mobilisation de la communauté mondiale date des années 1970[46]. L'année 2008 est celle de l'exposition internationale de Saragosse (14 juin-14 septembre) sur le thème « eau et développement durable » (106 pays représentés), en 2009 le 5e Forum mondial de l'eau se tiendra les 19 et 20 mars à Istanbul, organisé par le Conseil mondial de l'eau (CME). Si le CME, basé à Marseille, se présente comme un « centre de réflexion international sur l'eau », il est une organisation privée dominée par les *majors* de l'eau, qui promeut le modèle du PPP. La doctrine a été définie à l'occasion du Forum mondial de l'eau de Kyoto (2003) par Michel Camdessus, ancien directeur exécutif de Fonds monétaire international, qui présente un rapport établi à la demande du CME : « Financement de l'eau pour tous ». Il incite les États à favoriser la participation du secteur privé pour la réalisation et l'exploitation des infrastructures, et à leur garantir la pérennité des contrats, donc des bénéfices. Le soutien de la Banque mondiale et du FMI est demandé, pour les projets répondant aux critères du PPP.

Ce type de partenariat symbolise la « bonne gouvernance française » au Forum mondial de Mexico (2006), qui voit une forte représentation (certes masquée par des organismes techniques et des ONG) de Veolia, Suez et Saur. Le contexte est alors celui de la promotion par la France de la « loi Santini », qui permet d'exporter le modèle français de gestion de l'eau et de poursuivre la conquête des marchés par les grands groupes français[47]. Il existe pourtant une autre forme de PPP, qui soit une véritable coopération, qui garantisse le respect des conditions d'une concurrence effective et reste justifié par des motifs d'intérêt général. Le privé disposant de moyens et de compétences que n'ont pas toujours les organismes publics, le public garantissant et régulant le marché afin que l'intérêt général et la démocratie soit garantis[48]. C'est ainsi que la

[46] Conférence de Mar del Plata, à l'origine d'une décennie internationale de l'eau potable et de l'assainissement (1977) ; Sommet de la Terre de Rio (1992) ; 1e Forum mondial de l'eau, Marrakech (1997) ; 2e Forum mondial de l'eau, La Haye (2000) ; Sommet de Johannesburg (2002) avec l'adoption des Objectifs du Millénaire en matière d'eau et d'assainissement, visant à réduire de moitié d'ici 2015 la part de la population du globe qui n'a pas accès à l'eau potable et à un assainissement de base ; Sommet du G8 d'Évian (2003) avec l'adoption d'un plan d'action pour l'eau ; 3e Forum mondial de l'eau Kyoto (2003) ; 4e Forum mondial de Mexico (2006) ; décision des Nations Unies de consacrer 2008, Année internationale de l'assainissement ; 16e Commission du Développement Durable des Nations Unies (mai 2008).

[47] Loi n° 2005-95 du 9 février 2005 relative à la coopération internationale des collectivités territoriales et des agences de l'eau dans les domaines de l'alimentation en eau et de l'assainissement.

[48] « Livre vert sur les partenariats public-privé et le droit communautaire des marchés publics et des concessions », *Commission des communautés européennes*, Bruxelles, 30 avril 2004, COM (2004 327 final).

Bolivie, qui a rompu son contrat avec Suez, est intéressée par ce type de partenariat fondé sur la solidarité et l'échange d'expertise, un partenariat dans lequel le rôle de l'État n'est plus celui d'un opérateur direct, mais d'un organisateur, régulateur, contrôleur.

D'une façon générale, la situation de l'Amérique latine est préoccupante. Selon la Commission Économique pour l'Amérique Latine (CEPAL)[49] quelque 60 millions d'enfants de moins de 18 ans n'ont pas accès à l'eau potable dans leur foyer. Pourtant, le continent latino américain est riche en « or bleu ». Une des plus grandes réserves du monde (1 194 000 km^2) est particulièrement convoitée, l'aquifère Guaraní. Situé dans une zone stratégique, entre le Brésil, l'Argentine, le Paraguay et l'Uruguay, il a une capacité de 55 000 km^3 et pourrait subvenir aux besoins de centaines de millions de personnes. Actuellement, le mauvais usage de la réserve, la déforestation et la privatisation sont les grands maux qui menacent l'aquifère. Les pays du Nord, USA et Europe en particulier, qui connaissent un stress hydrique et un taux de pollution alarmant de leurs réserves, sont désormais autorisés par l'OMC à jeter leur dévolu sur une ressource considérée comme une marchandise exploitable par des entreprises privées. Curieusement, le Nord est attentif à la mise en place par les pays propriétaires de ces réserves, d'une législation conforme aux principes du développement durable, édictés par… le Nord[50]. On soupçonne même les États-Unis de préparer une intervention armée afin de lutter contre le terrorisme qui menacerait la zone de l'aquifère Guarani, avec le dessein inavoué de s'en emparer[51].

Le Nicaragua, pays le plus grand d'Amérique centrale, est lui aussi riche en ressources hydriques. Cependant, il connaît une situation paradoxale : il possède une des plus grandes réserves d'eau douce du continent latino-américain, un tiers de sa population n'a pas un accès permanent à l'eau potable[52]. En Amérique centrale, il est avec le Salvador, le Honduras et le Guatemala, dans une situation des plus critiques. Au Nicaragua, une grande partie de l'eau superficielle est contaminée (eaux domestiques non traitées et déchets industriels). Aussi, les eaux

---

49 La CEPAL est une des cinq commissions régionales des Nations Unies, dont le siège est à Santiago du Chili. Sa mission est de contribuer au développement économique et social de l'Amérique latine.

50 Hinde Pomeraniec, article paru dans www.clarin.com, (Argentine), le 25 septembre 2005. Geneviève Marcotte, *Réserve Aquifère Guarani*, Séminaire sur les grands enjeux de la coopération interaméricaine, Université de Laval, 21 mai 2007.

51 Fernando Glenza, « El "Peligro Terrorista" en La Triple Frontera es "el Agua" », *Koeyu Latinoamericano*, Argentina, Enero del 2004.

52 *Evaluación de recursos de agua de Nicaragua*, Cuerpo de ingenieros de los Estados Unidos de America, mayo 2001.

souterraines sont exploitées préférentiellement[53]. De plus, la distribution d'eau est inadaptée aux besoins de la population, notamment dans la partie Est du pays, où la population est dispersée (8 habitants/km^2) et où le manque d'eau se fait sentir pendant la saison sèche (de novembre à avril). Pourtant, en raison de la forte pluviosité annuelle sur l'ensemble du pays[54], les ressources sont largement suffisantes pour répondre à la demande.

Beaucoup d'agences se partagent la responsabilité d'administrer les ressources en eau. Il manque une administration nationale régulatrice pour coordonner leurs actions et maintenir la distribution de l'eau, pour lutter contre la déforestation et ses conséquences dévastatrices pour l'environnement (érosion des sols, mauvaise recharge des aquifères, augmentation de la turbidité qui détériore les mangroves, etc.). Le pays souffre d'un manque de législation pour garantir les droits des usagers et préserver la ressource. Les effets de la récente loi de 2004 relative à l'administration, la protection, l'usage durable et équitable de l'ensemble des ressources hydriques ne se sont pas encore fait sentir[55]. Enfin, de grands programmes nationaux à long terme pour le traitement des eaux et la protection des aquifères restent à mettre en place.

Les résultats médiocres obtenus par l'entreprise publique chargée des services de distribution d'eau et d'assainissement (ENACAL)[56] sur la plus grande partie du territoire national (55 %, soit 77 % en zone urbaine et 31 % en zone rurale), l'envolée des prix qui a suivi la privatisation dans certaines communes, sont en partie expliqués par ce manque de cohérence et de rationalisation du secteur. Pourtant, à la fin des années 1990, la privatisation, appuyée par le FMI, la Banque mondiale et la Banque interaméricaine de développement, devait apporter la solution (les administrateurs de l'entreprise d'État ENACAL étaient eux-mêmes favorables à sa privatisation).

L'augmentation excessive du prix de l'eau, se soldant par une diminution du nombre d'habitants ayant accès à cette ressource, a entraîné un tollé dans la presse et une mobilisation de la société civile, à l'annonce de la privatisation des services de l'eau par le gouvernement de Enrique Bolaños (2002-2007). Le bilan est clair : d'une part, une privatisation sans contrôle ne permet pas de respecter un véritable droit à l'eau pour tous ; d'autre part, une gestion totalement publique n'est pas satisfai-

---

53 Plus de 70 % de l'eau distribuée provient de sources souterraines.

54 2000 mm par an en moyenne.

55 Il faut aussi résoudre le problème des connections illégales qui, à Managua (la capitale) représenteraient 40 % de la consommation d'eau.

56 ENACAL : *Empresa Nicaragüense de Acueductos y Alcantarillado Sanitario*.

sante car l'État surendetté n'a pas les moyens de conduite des projets à long terme visant à assurer une distribution durable de l'eau et un système d'assainissement efficace.

Conclusion

Le 16 mars 2003, au 3e forum mondial sur l'eau de Kyoto, le président Jacques Chirac déclare :

> une politique de l'eau efficace nécessite des moyens considérables. Ils viendront de l'aide publique, à condition de renforcer la solidarité internationale, les coopérations décentralisées, l'appui aux associations. Mais ils viendront surtout du secteur privé. La France invite les investisseurs à développer leur présence.

Les orientations politiques sont claires, quant à l'espoir fondé sur le secteur privé.

En France, une *realpolitik* privilégiant l'efficacité et les résultats affichables et concrets, parfois au mépris des principes éthiques, sur fond de patriotisme économique, place Veolia et Suez en position d'exercer une pression croissante sur l'action publique. À l'échelle européenne, le nouveau Traité simplifié, qui donne la priorité à la coordination des politiques nationales, plutôt qu'à une politique commune, éloigne les perspectives d'une gestion solidaire de l'eau dans l'espace européen et la mise en place d'un organe de régulation européen.

En plus de la tendance à laisser s'appliquer les règles d'un marché libéralisé pour rechercher des solutions, les menaces de stress hydrique sévère n'incitent pas à une gestion sereine de la crise en train de se produire. Elles risquent au contraire d'entraîner un repli des États sur leurs intérêts particuliers, sur la gestion au coup par coup des urgences. C'est pourtant en renforçant ses capacités de recherche et d'analyse, en se dotant de moyens de régulation globaux et cohérents, et donc en s'appuyant sur la puissance publique des États, que l'Union européenne pourra garantir la sécurité de l'accès aux ressources, et pas seulement l'eau.

Enfin, une donnée commence à être prise en compte, celle du changement climatique, qui affecte immanquablement les cycles de l'eau et les conditions d'accès à la ressource. De nouvelles technologies, coûteuses et donc porteuses d'inégalités entre pays riches et pauvres, sont envisagées à grande échelle : dessalement, traitement des eaux usées pour une réutilisation, transferts d'eau à l'échelle d'un pays ou d'un sous continent, recharge artificielle de nappes phréatiques, construction de barrages, etc. afin de repousser (indéfiniment ?) les limites. Cette fuite en avant technologique permet de surseoir à une véritable réflexion relative à la non durabilité de modèles de développement gaspilleurs et polluants. De plus, elle est déjà la cause de conflits dont l'enjeu est l'appropriation de « l'or bleu ».

L'équilibre entre le respect des conditions d'une concurrence effective et de l'intérêt général, dans le cadre d'un véritable partenariat entre des opérateurs privés et la puissance publique, est recherché par ceux qui considèrent que l'accès aux ressources est un droit humain fondamental.

Bibliographie

Bouba-Olga, O., Chauchefoin, P., « Les services de distribution d'eau et d'assainissement en Europe : entre gestion locale et organisation globale », Actes de la 13e conférence internationale du RESER « Services et développement régional », Mons, 2003.

Chauchefoin, P., « Le développement durable des territoires : enjeux locaux et déterminants globaux. L'exemple des conflits d'usages de l'eau sur le bassin versant de la Charente », in P. Matagne (dir.), *Les effets du développement durable*, Espace Mendès France/L'Harmattan, 2006, p. 67-87.

Chauchefoin, P., Bouba-Olga, O., Mathé J., « Innovation et territoire : une analyse des conflits autour de la ressource en eau. Le cas du bassin versant de la Charente », *Flux*, n° 63, juin 2006.

Dardenne, B., « La France et la Problématique mondiale de l'Eau », in « L'eau : La guerre de l'eau aura t'elle lieu ? », *Revue Politique et Parlementaire*, 2007, p. 7-20.

Laimé, M., Le *dossier de l'eau : pénurie, pollution, corruption*, Paris, Seuil, 2003.

Lenglet, R., Touly, J.-L., Mitterrand, D., *L'eau des multinationales : Les vérités inavouables*, Paris, Fayard, 2005.

CHAPITRE 11

Quelle place pour les biocarburants dans la consommation énergétique mondiale ?

Éliane JAHAN

Introduction

Les biocarburants ont connu un véritable engouement au cours des dernières années, tout en bénéficiant d'un soutien important de la part des pouvoirs publics. Utilisés purs ou en mélange avec les carburants classiques, ces *carburants verts* apparaissent comme une alternative énergétique prometteuse, dans un secteur qui dépend encore aujourd'hui à 98 % du pétrole. Cependant, la récente envolée du prix des matières premières alimentaires, combinée à l'incertitude quant aux impacts environnementaux de ces biocarburants, alimentent un débat centré sur l'opportunité de poursuivre le développement de ces productions agricoles à usage énergétique. L'objet de cette étude est d'analyser quelle place pourraient occuper les biocarburants dans la consommation énergétique mondiale au cours des prochaines décennies.

Dans une première partie, nous verrons que si le développement des biocarburants offre une opportunité à la France pour diversifier son bouquet énergétique et apporter ainsi une contribution à la réalisation de son objectif en termes de réduction des émissions de gaz à effet de serre, en revanche, généralisé à l'ensemble de la planète, cette « politique » est porteuse de risques qui imposent une réglementation de leur production, tant au niveau national que mondial.

I. Les biocarburants : une stratégie énergétique alternative prometteuse pour la France ?

Les biocarburants sont des carburants d'origine végétale généralement utilisés en mélange avec les carburants classiques. Les principales filières développées en Europe sont celle de l'éthanol d'une part, alcool obtenu par la fermentation des sucres ou de l'amidon contenus dans certaines plantes (betterave et blé en Europe, canne à sucre au Brésil et maïs aux États-Unis), puis incorporé à l'essence ; la filière des huiles végétales d'autre part, obtenues à partir de cultures oléagineuses (principalement colza et tournesol), et incorporées au diesel après avoir été transformées en EMHV[1]. Les atouts attribués à ces biocarburants par rapport aux carburants classiques expliquent le regain d'intérêt dont ils font l'objet depuis quelques années, intérêt renforcé par l'envolée récente du prix du pétrole.

A. Les atouts des biocarburants

On retient généralement trois catégories d'arguments pour justifier le développement de la production de biocarburants.

- *La réduction de la dépendance énergétique et la sécurité des approvisionnements*

Historiquement, le premier argument mis en avant en France pour justifier la recherche de nouvelles sources d'énergie, est la volonté de réduire la dépendance énergétique du pays à l'égard de l'extérieur, d'autant plus que l'essentiel de nos sources d'approvisionnement en hydrocarbures se situait dans des zones géographiques peu sûres et politiquement instables. En effet, lorsqu'éclate le premier choc pétrolier (en 1973), le rapport de la *production d'énergie primaire* aux *ressources nettes*, c'est-à-dire *le taux d'indépendance énergétique* de la France est de 23,9 %[2]. Le pétrole représente alors les deux tiers de notre consommation d'énergie primaire et près de 90 % de nos importations de produits énergétiques[3]. De plus, d'un point de vue géographique, la première source d'approvisionnement de la France en hydrocarbures est le Moyen-Orient (71,5 % de nos importations en 1973), devant l'Afrique, dont l'Algérie devenue indépendante (21,4 %). L'objectif principal de la politique énergétique de la France jusqu'alors était de disposer d'une énergie abondante, au détriment d'autres objectifs tels que la sécurité ou le coût de l'approvisionnement. Ainsi, la France subit de plein fouet le premier choc pétrolier, qui se traduit par un quadruplement du prix du baril de pétrole entre 1973 et 1974, puis le second en 1979. Le gouvernement Messmer engage alors dès 1974 une politique énergétique fondée sur la sécurité des approvisionnements à long terme. Celle-ci s'oriente autour de trois axes principaux : les économies d'énergie, le développement de la production domestique et la diversification des sources d'approvisionnement. Les résultats seront à la hauteur des moyens engagés (*cf.* le programme de construction des centrales nu-

---

1 Ethers Méthyliques d'Huiles Végétales.

2 Source : INSEE, *La France en faits et chiffres*. Disponible sur : http://www.insee.fr/fr/ffc/chifcle_fiche.asp ?tab_id=561.

3 Source : Observatoire de l'énergie, d'après DGDDI-C/1 et INSEE.

cléaires) : le taux d'indépendance énergétique de la France se situe aujourd'hui autour de 50 % ; d'autre part, si nous dépendons toujours de l'extérieur pour la moitié de notre consommation d'énergie, nos sources d'approvisionnement se sont diversifiées, tant du point de vue géographique que de celui de la structure de notre consommation d'énergie.

Plus récemment, la France s'est lancée dans la production d'EMHV (en 1992), sur l'initiative des producteurs d'oléagineux réunis au sein de la filière des huiles et protéines végétales. Mais, bloquée par les pouvoirs publics, la production a stagné à partir de 1997, de sorte que la France a perdu sa position de leadership au niveau européen. La stabilisation du prix du pétrole à un niveau relativement bas explique le désintérêt des pouvoirs publics à l'égard de ces nouvelles filières. C'est donc la nouvelle flambée du prix du pétrole, qui fait passer le baril de 36 à plus de 60US$ en quelques mois, associée à l'appréciation de l'euro, qui a relancé le débat sur la recherche d'énergies alternatives et, plus particulièrement, sur le développement des biocarburants. D'un point de vue énergétique, ces derniers présentent un certain nombre d'atouts : d'abord, il s'agit d'une énergie renouvelable, que l'on peut produire localement, ce qui rejoint l'objectif de réduction de notre dépendance énergétique ; ensuite, parce que si les ressources en pétrole sont encore suffisantes pour assurer quelques décennies d'approvisionnement, il est clair que l'ère du pétrole abondant et bon marché semble désormais révolue. Nous entrons dans une nouvelle phase, dans laquelle le pétrole va devenir de plus en plus rare et de plus en plus cher. Même s'il est extrêmement difficile d'estimer le fameux *pic de production*, tant le nombre de variables qui agissent sur celui-ci sont nombreuses. Or, le transport constitue le secteur le plus dépendant du pétrole et dont la part dans la consommation totale d'énergie ne cesse d'augmenter : le transport représente aujourd'hui le tiers de l'énergie finale utilisée en France[4]. En offrant une énergie de substitution aux carburants classiques, les biocarburants apparaissent tout naturellement comme une réponse au problème énergétique.

- *Les avantages environnementaux*

Plus récemment, à cette volonté d'indépendance énergétique est venue s'ajouter une nouvelle préoccupation, de nature environnementale. Il y a une vingtaine d'années, ont surtout été mises en avant les vertus des biocarburants en matière de diminution de la pollution de l'air. Aujourd'hui, grâce aux progrès techniques réalisés au niveau des véhi-

---

4 Source : ministère de l'Économie, des Finances et de l'Industrie, DGEMP. Disponible sur : http://www.industrie.gouv.fr/energie/developp.econo/textes/se_evol_demande.htm.

cules, à la substitution de l'essence sans plomb au super, les émanations toxiques se sont considérablement réduites. Le débat écologique s'est alors focalisé sur l'impact des biocarburants sur les émissions de gaz à effet de serre. Les travaux du GIEC[5] ont en effet montré que le climat s'était réchauffé de 0,6 degré en moyenne au cours du siècle dernier. Et, on peut désormais affirmer avec certitude, que la responsabilité de ce réchauffement incombe aux activités humaines qui, par leurs émissions de GES[6] dans l'atmosphère, viennent amplifier le phénomène naturel que constitue l'effet de serre. Selon les estimations et projections qui ont été établies, si l'on n'entreprend rien pour modifier nos comportements, le réchauffement pourrait atteindre jusqu'à 5-6 degrés d'ici la fin du siècle. Si une telle variation de température s'est déjà produite par le passé, d'une part elle n'était pas due à l'activité humaine (et pour cause, c'était il y a quelques centaines de milliers d'années) et, d'autre part, jamais elle ne s'est produite dans un laps de temps aussi court. Ajoutons que s'il est impossible de prévoir avec certitude toutes les conséquences de ce changement climatique, certaines d'entre elles, telle que l'élévation du niveau des mers, ont une probabilité de réalisation très forte. Or, si l'on regarde la répartition de la population au niveau mondial, il est clair que les conséquences de cette montée des océans seront catastrophiques dans des régions déjà en situation précaire (Bengladesh, etc.).

Aussi un certain nombre de pays ont-ils décidé d'appliquer dans ce domaine le principe de précaution, qui consiste à agir avant d'avoir acquis des certitudes scientifiquement prouvées, en signant le protocole de Kyoto. Celui-ci a fixé comme objectif la stabilisation des émissions de GES en 2008-2012 par rapport à 1990. La France pour sa part a pour objectif la réduction de ses émissions de GES de 8 % par rapport à 1990. Or, pour que l'ampleur du réchauffement climatique soit réellement limitée et donc *soutenable*, il faudrait réduire les émissions de GES de 75 % d'ici 2050. C'est dire le chemin qui reste à parcourir et l'urgence à prendre des mesures efficaces.

Dans quelle mesure les biocarburants peuvent-ils contribuer à apporter une solution à ce problème ? La combustion des hydrocarbures fossiles est responsable d'émissions de CO_2, qui figure parmi les GES les plus importants. Or, le secteur des transports représente à lui seul 27 % des émissions mondiales de GES[7], une proportion qui s'accroît avec l'augmentation du parc automobile, et dépend encore à 97 % du

---

5 Groupe d'experts intergouvernemental sur l'évolution du climat. On peut trouver une synthèse des trois rapports du GIEC sur http://www.effet-de-serre.gouv.fr/la_synthese_des_rapports_du_giec.

6 Gaz à Effet de Serre.

7 Source : Agence Internationale de l'Énergie.

pétrole. Ainsi, l'un des avantages des biocarburants, est qu'ils sont fabriqués à partir de matières végétales, de sorte que la quantité de gaz carbonique rejetée au moment de leur combustion s'équilibre avec celle absorbée pour leur croissance, d'où un impact nul sur l'effet de serre ; ce qui n'est pas le cas pour les hydrocarbures, qui sont extraits de la croûte terrestre. Pour estimer le bilan écologique des biocarburants, il faut également prendre en compte la quantité d'énergie consommée pour les produire. Or, en ce qui concerne le bilan écologique des biocarburants, les études donnent des résultats très variables, qui tiennent principalement à des différences méthodologiques et à l'incertitude qui pèse sur les données utilisées. De plus, ce bilan écologique varie en fonction de la biomasse et de l'énergie utilisée pour la transformation de la matière première (gaz naturel, charbon, etc.). Au Brésil par exemple, l'utilisation des résidus de canne à sucre permet de limiter de manière assez significative les émissions de GES. Cependant, si la valeur du gain en termes de réduction des GES est difficile à quantifier avec précision, on observe une convergence des résultats des différentes études, qui s'accordent pour conclure que les biocarburants permettent une réduction *significative* des émissions de GES par rapport aux carburants classiques. Selon une récente étude réalisée par l'OCDE, cette réduction serait de l'ordre de 3 % par rapport aux carburants classiques[8]. C'est inférieur aux résultats des premières études réalisées, mais compte tenu de l'enjeu que représente le changement climatique, aucune piste n'est à négliger.

Le bilan écologique des biocarburants, en termes de bilan de GES, est donc indéniablement positif ; de plus, ce bilan pourra être amélioré avec les biocarburants dits de seconde génération, qui reposent sur l'utilisation de la plante entière ou utilisent les résidus, et offrent de surcroît un rendement énergétique beaucoup plus important.

- *Des avantages économiques*

Le troisième atout des biocarburants est de nature économique. En premier lieu, ils offrent de nouveaux débouchés à l'agriculture. Rappelons que depuis la réforme de la PAC de 1992, les aides directes au secteur des grandes cultures (céréales et oléagineux) sont conditionnées par la mise en jachère d'un certain pourcentage des terres (une mise en jachère des terres néanmoins suspendue pour la campagne 2007-2008 en raison de la tension des prix sur le marché mondial des céréales). Mais pour éviter que cette mesure n'entraîne une compétition entre usage alimentaire et usage industriel des terres agricoles, la Communauté européenne a instauré une aide de 45 euros par hectare, pour les terres consacrées aux cultures énergétiques, aide plafonnée à 1,5 million

[8] OCDE, Perspectives agricoles de l'OCDE et de la FAO 2007-2016, Paris, 2007.

d'hectares sur l'ensemble de l'Europe des Quinze. L'objectif de cette aide est d'assurer un équilibre entre prix alimentaires et prix industriels.

Le second avantage des biocarburants sur le plan économique est lié à l'existence de co-produits. En effet, en produisant des huiles végétales et de l'éthanol, on obtient des tourteaux et des drèches, riches en protéines, qui peuvent être utilisés pour l'alimentation animale, ainsi que de la glycérine (production d'EMHV), produit qui trouve des débouchés dans l'industrie chimique. Or, du fait de l'interdiction des farines animales, la France est contrainte d'importer ce type de produit ; aussi, la filière des biocarburants peut-elle assurer également un débouché supplémentaire pour l'agriculture en alimentation animale. La filière diester a donc des effets positifs sur la balance commerciale, grâce aux substitutions d'importations qu'elle induit, à la fois sur le gazole et sur les tourteaux de soja. Ajoutons que le niveau de la valorisation de ces co-produits influe sur les coûts de production du diester, ce qui permet d'accroître la compétitivité de la filière. Pricewaterhouse Coopers estime à plus de 151 millions d'euros par an, l'impact de la filière des biocarburants sur la balance commerciale de la France[9] : 63 millions d'euros pour la filière éthanol et 88 millions pour la filière diester.

Enfin, le troisième effet positif de la filière biocarburants, est qu'elle permet de lutter contre la désertification des campagnes en créant et/ou en maintenant des emplois en milieu rural. En effet, depuis son instauration, la PAC a favorisé le développement d'une agriculture intensive, de sorte que les campagnes se sont vidées au profit des zones urbaines. Le développement des biocarburants pourrait contribuer à freiner cet exode rural, voire s'inscrire dans une politique plus large de redynamisation des campagnes, entraînant la création d'emplois publics (écoles, services publics) et d'emplois de proximité. Si l'on parvient à créer des emplois agricoles, alors on peut espérer des retombées économiques. Selon une étude[10] réalisée en 2004, les effets sur l'emploi des filières de biocarburants ont été estimés à six emplois créés ou maintenus pour une production de 1 000 t d'éthanol à partir de betteraves ; 10 emplois pour 1 000 t de diester. À titre de comparaison, 0,8 emploi suffit pour produire 1 000 t d'essence. Les biocarburants sont donc beaucoup plus intensifs en main-d'œuvre que les carburants fossiles. Sur le total des emplois créés, la proportion des emplois ruraux est de deux tiers pour la filière éthanol et supérieure à un demi pour la filière diester.

---

9 Selon le rapport d'information de la Commission des finances sur les biocarburants, n° 1622, mai 2004.

10 Étude de Pricewaterhouse Coopers.

Au total, le développement des biocarburants peut apporter des éléments de solution à des problèmes aussi divers et complexes que l'indépendance énergétique, le changement climatique, ou encore la désertification des campagnes. Utilisés en mélange avec les carburants classiques, ils pourraient constituer une énergie de substitution dans un contexte marqué par la flambée des prix du pétrole. Il convient maintenant d'analyser les potentialités de la France dans le domaine des biocarburants.

B. Les biocarburants : une bonne idée pour la France ?

Bien entendu, les biocarburants ne pourront jamais remplacer totalement le pétrole, que ce soit au niveau de la France ou au niveau mondial, ni résoudre le problème de la dépendance énergétique des pays importateurs de pétrole. L'objet de ce point est d'analyser la contribution que peuvent apporter les biocarburants à la diversification du bouquet énergétique et de montrer dans quelle mesure ces potentialités sont compatibles avec les objectifs que s'est fixée la France en matière de développement des biocarburants.

- *Le potentiel de biomasse valorisable en France*

Le développement des biocarburants peut constituer une opportunité pour les pays à fort potentiel agricole, dans un contexte international marqué par une concurrence accrue dans un secteur qui, jusqu'à une période récente est resté relativement protégé. La France, premier producteur agricole européen et exportateur depuis les années 1970, pourrait trouver dans ces filières de nouveaux débouchés pour une agriculture confrontée à une diminution des aides agricoles de la PAC, notamment au niveau des exportations, et exposée à une concurrence internationale accrue.

Tableau 1. Les produits agricoles français dédiés en 2005

Type de biomasse	**Superficie Cultivée ($\times 10^6$ ha)**	**Productions ($\times 10^6$ t)**	**Part dédiée aux biocarburants**
Céréales	8,87	62,3	0,2 %
Oléagineux	1,99	5,9	22 %
Betteraves	0,37	29,3	1,4 %
Total	**11,23**	**97,5**	**2 %**

Source : FAOSTAT/ONIC 2005.

Avec ses 18,4 millions d'hectares (Mha) de terres arables, dont une bonne partie est consacrée à des cultures valorisables en biocarburants (11,23 Mha), et ses 16,5 Mha de forêts, la France dispose d'abondantes terres agricoles. Si l'on considère que seulement 2 % des cultures de blé, oléagineux et betteraves étaient en 2005 dédiées aux biocarburants, il reste dans ce pays un vaste potentiel encore inexploité. À moyen terme, la France dispose de deux moyens essentiels pour développer sa production de biocarburants tout en préservant un équilibre entre cultures alimentaires et cultures énergétiques : la reconversion des jachères et l'utilisation des surplus agricoles, c'est-à-dire les produits alimentaires exportés en-dehors de l'UE. En ce qui concerne les jachères, la France a déjà reconverti une partie de ses terres gelées (275 000 ha) en cultures énergétiques, conformément à la législation européenne qui l'autorise depuis 1992. La mise en exploitation des 1,05 Mha de jachère cultivable[11] pourrait fournir jusqu'à 12,2 millions de tonnes (Mt) de biomasse[12]. Quant à l'utilisation des surplus agricoles, ils pourraient fournir, toujours selon la même estimation 25,4 Mt de biomasse dans les conditions d'assolement actuelles et jusqu'à 27 Mt si on adapte les pratiques culturales aux besoins énergétiques.

Tableau 2. Quantité de biomasse mobilisable (surplus agricoles + jachères)

	Quantité de biomasse (Mt)			
	Colza	Blé	Betterave	Total
Jachère	2,5	1,9	7,8	12,2
Surplus agricoles				
- conditions d'assolement actuelles	1,7	14,3	9,3	25,3
- en tenant compte des besoins	5,8	4,2	17	27
Quantité de biomasse maximale	**8,3**	**6,1**	**24,8**	**39,2**

Source : FAO, IFN, INRA, IFP.

À plus long terme, certains biocarburants dits de seconde génération, qui sont encore au stade de la recherche, pourraient devenir industrialisables, ouvrant des perspectives très prometteuses en termes énergétiques. L'un d'entre eux en particulier suscite beaucoup d'espoirs, dans la mesure où il ne consomme pas d'espace, présente un bilan écologique nettement avantageux en termes de GES et offre de meilleurs rendements que les biocarburants de première génération. Il est obtenu à partir de l'exploitation de la biomasse lignocellulosique (résidus de bois et de pailles de céréales). Après la mise au point des procédés qui permettront d'exploiter ces résidus, la France disposera d'un potentiel supplémentaire de 40 Mt de biomasse, compte tenu des déchets de bois et de paille non valorisés dont elle dispose aujourd'hui.

---

11 Selon l'INRA, sur les 1,6 Mha de jachères disponible en France, 70 % sont cultivables.

12 Les estimations proposées ici ont été faites par l'IFP et sont disponibles sur www.ifp.fr « potentiels de mobilisation de la biomasse pour la production de biocarburants à l'échelle du monde, de l'Europe et de la France », Panorama 2007 et sur http://www.effet-de-serre.gouv.fr/images/document... dans un diaporama présenté par J.-F. Gruson et S. His.

À terme, la France peut donc compter sur une quantité maximale de biomasse de l'ordre de 39,2 Mt, sous réserve d'une réorientation des cultures, potentiel qui pourrait être multiplié par deux lorsque les carburants de seconde génération deviendront commercialisables. Cependant, ce potentiel ne sera pas entièrement exploitable, en raison d'une part du nécessaire maintient d'une partie des exportations de céréales, dans un marché où la pression de la demande mondiale est de plus en plus forte et, d'autre part, en raison des utilisations concurrentes qui peuvent être faites des résidus de bois et de paille (chauffage par exemple) ainsi que de contraintes techniques qui empêchent l'accès à la totalité de la ressource. En tenant compte de ces contraintes logistiques, la quantité maximum de biocarburants que l'on peut espérer obtenir en France est estimée à 9,4 mégatonnes équivalent pétrole (Mtep) (dont 3,6 Mtep issus de la biomasse lignocellulosique.

- *Un potentiel compatible avec les objectifs de la France ?*

La France s'est fixée comme objectif d'atteindre un taux d'incorporation des biocarburants aux carburants classiques de 5,75 % en 2008 et de 10 % en 2015, un pourcentage ambitieux au regard de la directive européenne qui fixe un taux d'incorporation de 5,75 % à l'horizon 2010. Compte tenu de ses ressources mobilisables, la France a-t-elle les moyens de tenir ses engagements ? En théorie, il semble que la réponse soit en partie positive. En effet, globalement, selon les estimations de l'IFP, le potentiel de ressources mobilisables pourrait permettre à la France d'atteindre un taux de substitution des biocarburants aux carburants classiques supérieur à 20 % au-delà de 2015. Néanmoins, la réalisation des objectifs se heurte à deux obstacles majeurs. Les éléments nécessaires à la comparaison des besoins[13] aux objectifs peuvent être synthétisés dans le tableau ci-dessous :

Tableau 3. Comparaison des besoins et des quantités maximales de biomasse mobilisables en France (en Mt)

	Besoins 2008	Besoins 2015	Disponibilités maximales	Écart
Colza	5,3	9,4	8,3	**- 1,1**
Blé	1,87	2,3	6,1	**+ 3,8**
Betterave	3,5	5,4	24,8	**+ 19,4**

Source : IFP.

13 Les besoins ont été estimés sur l'hypothèse d'une répartition égale des pourcentages d'incorporation entre les deux filières (essence et gazole) et la poursuite de la diésélisation du parc automobile français.

Le tableau 3 appelle deux remarques. Si les objectifs semblent réalisables pour la production d'éthanol, en revanche, un problème se pose pour la production de biodiesel dès 2008, les surfaces agricoles étant insuffisantes pour satisfaire les besoins. Seul le recours aux importations pourrait alors permettre de résoudre les difficultés, ce qui soulève d'autres interrogations, comme nous le verrons dans la seconde partie de ce chapitre.

Le second obstacle que pourrait rencontrer la France vient du retard qu'elle a pris dans le développement de sa production de biocarburants. En France, cette dernière se répartit entre la filière biodiesel (obtenu essentiellement à partir du colza) et la filière éthanol (issu du blé et de la betterave). Avec une production de 492 000 t d'EMHV en 2005[14], la France, longtemps leader en Europe, est désormais dépassée par l'Allemagne qui, grâce à une politique fiscale particulièrement avantageuse, a multiplié quasiment par 4 sa production depuis 2002, ce qui lui confère une position de leader mondial (45 % de la production mondiale) sur un marché essentiellement européen. En ce qui concerne la production d'éthanol, un même constat s'impose : la France a dû céder sa place de leader à l'Espagne et se situe au quatrième rang, avec une production qui s'élève à 114 000 t en 2005. À ce niveau de production, elle n'a pu atteindre qu'un taux d'incorporation de 1 % en 2005, soit un pourcentage bien loin de l'objectif indicatif fixé par la législation communautaire[15]. Le lancement du Plan Biocarburants au début de l'année 2005, qui prévoyait notamment un triplement de la production d'ici la fin de 2007, grâce à une augmentation des quotas de production bénéficiant de l'exonération partielle de la taxe intérieure sur la consommation, devrait accélérer l'extension de la capacité de production de biocarburants. La loi qui autorise depuis le 1er janvier 2007 la commercialisation des biocarburants à haute teneur en éthanol, le E85 (carburant composé à 85 % d'éthanol et à 15 % de supercarburant) devrait quant à elle favoriser le processus de substitution des biocarburants aux carburants classiques.

Les agréments supplémentaires délivrés depuis 2005 devraient ainsi conduire à la construction de 21 nouvelles usines[16] d'ici 2010, offrant à la France une capacité de production totale de 1,042 Mt pour l'éthanol et de 3,232 Mt pour le biodiesel[17], ce qui nous laisse encore loin des objectifs de 2015.

---

14 Source : IFP, Panorama 2007.

15 La Directive 2003/30/CE fixait un pourcentage d'incorporation de 2 % de l'essence et du gazole consommé au plus tard le 31/12/2005.

16 Source : ministère de l'Agriculture.

17 Source : ADEME.

- *Mais qui nécessite un soutien public*

Si la France peut envisager un développement raisonné de sa production de biocarburants, la réalisation des objectifs qu'elle s'est fixée passe par une politique volontariste des pouvoirs publics. La principale faiblesse des biocarburants réside en effet dans leur faible rentabilité et dans leur manque de compétitivité par rapport aux carburants classiques. De sorte que ce secteur ne peut espérer se développer que grâce à un soutien public. La filière des biocarburants bénéficie déjà d'un soutien au niveau européen au travers des réformes de la PAC ainsi que de sa politique de promotion des biocarburants. C'est ainsi qu'au-delà de la possibilité de développer des cultures énergétiques sur les jachères, les agriculteurs bénéficient d'une aide de 45€ par ha (limitée à un maximum de 2 millions d'ha pour l'UE-25). Par ailleurs, la directive 2003/96/EC sur la taxation de l'énergie autorise les États Membres à exonérer totalement ou partiellement d'accises les biocarburants. La France de son côté a mis en place un double dispositif d'incitation fiscale en vue de promouvoir la production de biocarburants :

- une exonération partielle de la TIC de 33€ par hl pour le bioéthanol et de 25€ par hl pour le biodiesel dans la limite de volumes contingentés et attribuée aux unités de productions ayant reçu un agrément après un appel d'offre communautaire ;
- l'instauration de la TGAP, une taxe progressive à laquelle sont assujettis les distributeurs, mais dont le taux peut être réduit en fonction du taux d'incorporation des biocarburants. La progressivité est telle qu'elle constitue une incitation très forte à l'incorporation de biocarburants.

Les pouvoirs publics disposent donc de tout un arsenal de mesures, de nature économique, fiscale et réglementaire, afin de promouvoir la production de biocarburants. Mais ces mesures ont un coût, qui se répercute à la fois sur le contribuable et le consommateur. Il est clair que la compétitivité des biocarburants s'élève au fur et à mesure que le prix du pétrole augmente, ce qui à terme aura un effet bénéfique sur les finances publiques. En revanche, elle diminue lorsque le prix des matières premières augmente. Ainsi, si les biocarburants offrent une stratégie énergétique alternative envisageable pour la France, une généralisation à l'échelle planétaire ne risque-t-elle pas d'engendrer des effets pervers qui se révéleront à terme contre-productifs, tant sur le plan économique qu'environnemental ?

II. Les biocarburants : un secteur qui appelle une régulation tant au niveau interne qu'an niveau mondial

Les biocarburants ont le vent en poupe. Depuis quelques années en effet, de nombreux pays agricoles se tournent vers l'exploitation de cette nouvelle ressource, afin de tirer profit d'une demande en forte expansion. À tel point que la structure géographique du marché est en train de considérablement évoluer, de même que, alors que jusqu'à présent, la production était essentiellement destinée au marché interne, certains pays n'hésitent pas à afficher leurs ambitions exportatrices ; une stratégie qui pourrait annoncer l'émergence d'un marché mondial des biocarburants. Cette nouvelle donne sur la scène internationale n'est pas sans susciter de vives inquiétudes, alors que ressurgit la question de la crise alimentaire dans un contexte de hausse généralisée du prix des matières premières agricoles. Les critiques fusent à l'encontre des biocarburants, leur bilan écologique est de plus en plus contesté tandis que certains n'hésitent pas à remettre en cause leur bien-fondé en réclamant l'arrêt pur et simple de leur production. L'objet de ce second point sera, à partir de l'analyse du marché des biocarburants et de ses perspectives à moyen terme, de montrer dans quelle mesure ces craintes sont justifiées et de rechercher quelles mesures d'accompagnement pourraient rendre *soutenable* leur production.

A. Les biocarburants : un marché en forte expansion

La production de biocarburants a connu une croissance spectaculaire au cours des dernières années, passant de 20,6 millions de tonnes (Mt) en 2003 à 31 en 2005, et devrait atteindre 37 Mt en 2006[18] ; un rythme de croissance soutenu qui devrait se maintenir dans les années à venir, compte tenu des investissements engagés dans ce secteur et de la volonté affichée par les pouvoirs publics de promouvoir le développement des biocarburants.

- *Une production concentrée au niveau mondial*

L'éthanol représente l'essentiel du marché des biocarburants, avec une production à usage carburant estimée à 27 Mt en 2005, tandis que la production de biodiesel a atteint 4 Mt. Avec respectivement 36 % et 35 % de la production mondiale, les États-Unis et le Brésil dominent le marché de l'éthanol, un leadership qui tend néanmoins à se réduire, au profit de l'Asie (15 %) et de l'Europe (10 %). Le biodiesel demeure quant à lui une *spécialité* européenne (88 % de la production mondiale en 2005), un marché dominé par l'Allemagne qui réalise à elle seule

[18] Source : IFP.

45 % de la production mondiale. Malgré cette envolée de la production, le taux de substitution des biocarburants aux carburants classiques reste marginal (hormis au Brésil qui, pionnier dans ce domaine, a commencé à développer sa production dès les années 1970), autour de 1,5 % aux États-Unis comme en Europe.

- *Mais un marché qui évolue ...*

La production demeure donc concentrée autour des trois pôles que constituent les États-Unis, le Brésil et l'Europe. Cependant, on observe déjà quelques changements significatifs du dynamisme de l'offre dans ce secteur, en particulier un changement de leadership au niveau mondial et une diversification géographique des zones de production, un phénomène amené à s'amplifier avec l'envolée des prix du pétrole et la forte croissance de la demande pour ce type de produit, qui suscite un intérêt croissant de la part de nombreux pays.

Le Brésil, leader sur le marché de l'éthanol jusqu'en 2004, a dû laisser sa place de n° 1 mondial aux États-Unis qui, grâce à une politique ambitieuse de promotion des biocarburants et un soutien public important, ont multiplié par deux leur capacité de production d'éthanol entre 2001 et 2005. Le Brésil offre l'exemple d'une belle réussite économique en matière de développement des biocarburants. Démarrée dans les années 1970 pour atténuer les effets du choc pétrolier et offrir un nouveau débouché à une agriculture en proie à des problèmes de débouchés, la production de biocarburants a connu une nouvelle impulsion au début des années 2000 avec la technologie *Flex-Fuel* qui permet l'utilisation d'un carburant à haute teneur en éthanol (> 80 %), voire l'utilisation de l'alcool pur. Grâce à une culture de la canne à sucre extrêmement productive, le Brésil produit aujourd'hui l'éthanol le plus compétitif au monde (le coût de production de l'éthanol est passé de 70€/hl au début des années 1980 à 15€ actuellement), et l'abondance de terres cultivables permet d'envisager une extension de la production, sans dommages environnementaux. Parallèlement le pays commence à s'intéresser au biodiesel, afin de substituer une partie des importations de gazole et de favoriser le développement des régions les plus pauvres. Au Brésil, le biodiesel est obtenu à partir du soja, dont le pays est deuxième producteur mondial. Enfin, si la production de biocarburants était jusqu'alors destinée au marché intérieur, le Brésil se lance à la conquête des marchés extérieurs, avec en tête le Japon, mais aussi les États-Unis et l'Europe. Le Brésil a d'ailleurs signé avec les États-Unis en 2007 un accord de coopération technologique visant à développer la production de biocarburants sur le continent américain, en particulier en Amérique centrale.

Si l'intérêt des États-Unis pour les biocarburants est plus récent, ce qui caractérise la production américaine dans ce secteur est son rythme de croissance extrêmement élevé. Le gouvernement américain a d'ailleurs réaffirmé son engagement dans la promotion des biocarburants en fixant un objectif de production de 22,5 Mt en 2012 (contre 12 Mt en 2006). Aux États-Unis, l'éthanol est principalement obtenu à partir du maïs ; la CNUCED évalue à 20 % la part du maïs transformée en biocarburants. Tout comme au Brésil, les coûts de production sont faibles, environ 25€/hl[19], grâce aux rendements élevés de la culture du maïs et à la taille des distilleries, qui permet de bénéficier d'importantes économies d'échelle. Enfin, les États-Unis ont commencé eux aussi à développer la production de biodiesel, les investissements engagés devant permettre d'atteindre une capacité de production de 5 Mt à la fin 2008 (contre 2 Mt, estimée en septembre 2006), ce qui ferait des États-Unis le premier producteur mondial de biodiesel.

En Europe, la situation évolue également très rapidement, avec un nombre croissant de pays qui se lancent dans la production de biocarburants. Si en 2006, la production de biodiesel reste concentrée dans trois pays (l'Allemagne, la France et l'Italie réalisent 80 % de la production), elle croît également de façon significative dans d'autres pays européens, notamment au Royaume-Uni, en Autriche, en Pologne ou encore en République Tchèque. En ce qui concerne la production de bioéthanol, l'Espagne, longtemps leader sur le marché européen, a été dépassée par l'Allemagne en 2006, se trouvant reléguée au second rang. Au total, seuls trois pays de l'UE-27[20] ne s'étaient pas encore engagés dans la filière des biocarburants en 2006. Le taux d'accroissement annuel de la production de biocarburants dans l'UE, + 35 % en moyenne pour le biodiesel et +29 % pour le bioéthanol-carburant entre 1992 et 2006, avec une accélération à partir de 2004, traduit bien la volonté des pays européens de s'implanter sur ces nouveaux marchés. On peut remarquer que l'Europe est exportatrice de biodiesel, en revanche elle a dû importer de l'huile en 2005 pour satisfaire ses besoins en bioéthanol, en particulier de l'huile de palme, dont les prix sont particulièrement attractifs au regard des cours du colza. Enfin, on peu remarquer que la principale faiblesse des biocarburants européens est leur coût de production relativement élevé (de 0,4 à 0,6€/l pour l'éthanol et de 0,35 à 0,65€/l pour le biodiesel[21]) contre 0,32 et 0,36€/l respectivement pour l'essence et le gazole. Ce qui soulève la question de la compétitivité des

---

19 Estimation de l'Université allemande de Hoenheim.

20 Il s'agit du Luxembourg, de la Finlande et le la Hongrie.

21 Prix des carburants hors taxe en France en décembre 2006, 1€ = 1,3US$. Source : AIE/IFP.

biocarburants par rapport aux carburants classiques. Bien entendu, cette compétitivité s'accroît avec la hausse du prix du pétrole, mais elle diminue avec l'augmentation du prix des matières premières agricoles, qui représente 50 à 90 % des coûts de production.

- *... et qui s'élargit*

En dehors de ces trois pôles de production, un nombre croissant de pays s'intéresse à la production de biocarburants, soit pour leur consommation interne, soit dans la perspective d'en tirer profit à l'exportation. C'est ainsi qu'en Asie, la Chine (2e producteur mondial de maïs), mais aussi, l'Inde (2e producteur mondial de canne à sucre), les Philippines, la Thaïlande, la Malaisie ou encore l'Indonésie (principaux pays producteurs d'huile de palme) ont mis en œuvre des programmes ambitieux pour développer la production de biocarburants. On retrouve là encore à l'origine de cet essor souvent très rapide de la production, une forte incitation de la part des pouvoirs publics, en vue de faire face à l'augmentation des importations de produits pétroliers. On trouve également des marchés émergents en Amérique latine, des pays comme l'Argentine, la Colombie ou encore le Guatemala tentant de suivre les traces du Brésil. Enfin, des pays d'Afrique se lancent dans l'aventure, le Jatropha, une plante non comestible, peu exigeante au niveau des conditions d'exploitations et riche en huile, offrant des perspectives très prometteuses pour les pays tropicaux.

La production de biocarburants est donc en plein essor, avec des taux de croissance pouvant dépasser 50 % (en rythme annuel) au cours des dernières années. Ainsi, certains n'hésitent pas à relier cette explosion de la production de biocarburants à certains phénomènes – dégradations de l'environnement, hausse des prix des matières premières, crise alimentaire, etc. – de sorte qu'après avoir été portés au pinacle, les biocarburants font aujourd'hui l'objet de vives critiques et soulèvent de nombreuses inquiétudes. Nous allons dans le point suivant revenir sur les principales controverses soulevées par ce sujet.

B. Les problèmes posés par un développement intensif des biocarburants

Aujourd'hui, avec la multiplication des émeutes de la faim dans le monde, le coupable a été désigné : pour beaucoup, « c'est la faute aux biocarburants si les prix des données alimentaires s'envolent », accentuant les difficultés des pays les plus pauvres cumulant le double handicap d'être exportateurs à la fois de produits pétroliers et de denrées alimentaires. Par ailleurs, d'autres dénoncent les risques que ferait peser sur l'environnement un développement massif des biocarburants.

- *Les biocarburants : une énergie pas si « propre » que cela*

On a déjà évoqué dans le premier point la diversité des résultats des études de l'impact des biocarburants sur l'environnement, et en particulier sur les émissions de GES, qui a conduit à revoir à la baisse leur intérêt en terme environnemental. Au-delà de cet aspect, il est clair qu'un développement incontrôlé de la production des biocarburants pourrait conduire à des dérives qui, au final, se traduiraient par un bilan économique défavorable par rapport aux carburants classiques. Selon une étude réalisée par le prix Nobel de chimie Paul J. Crutzen, dont les résultats ont été publiés en 2007, certains biocarburants (produits en Europe à partir du colza) pourraient émettre jusqu'à 70 % de GES en plus que les carburants fossiles, en raison notamment des engrais utilisés, qui sont à l'origine de rejets d'oxyde nitreux, un gaz particulièrement nocif pour le climat. Si le scientifique ne condamne pas tous les biocarburants, les résultats de son étude invitent à s'interroger sur les risques que le développement des biocarburants fait peser sur l'environnement et sur les précautions à prendre pour que le bilan écologique reste favorable. Le premier risque est celui d'une déforestation accrue. L'un des problèmes essentiels posés par les biocarburants est qu'ils sont grands consommateurs d'espace. Or, une des solutions pour accroître leur production sans nuire à la satisfaction des besoins alimentaires est de défricher et notamment, de convertir des zones forestières en zones cultivables. Ce risque est du reste déjà une réalité.

La déforestation est une conséquence du développement des biocarburants à la fois directe et indirecte. Selon certaines estimations, le développement des plantations de palmiers à huile serait responsable de 87 % de la déforestation en Malaisie entre 1985 et 2000 (Nicolino, 2007) ; quant à l'Indonésie, elle aurait perdu 72 % de sa surface forestière primaire. Dans un pays comme le Brésil, la déforestation est une conséquence indirecte du développement des biocarburants : l'extension des surfaces dédiées à la canne à sucre et plus récemment à la culture du soja se fait en partie au détriment d'autres cultures qui, pour se maintenir, sont contraintes de gagner sur le couvert forestier. Or, en supprimant les forêts, on détruit des puits de carbone, ce qui contribue à augmenter les émissions de GES. Le second problème environnemental posé par les biocarburants est lié à un de leurs principaux handicaps : leur manque de compétitivité par rapport aux carburants classiques, en raison de faibles rendements énergétiques à l'hectare.

Compte tenu de la contrainte de disponibilité des terres évoquée précédemment, le risque est grand que la recherche de gains de productivité ne débouche sur un recours massif aux pesticides et autres engrais, aux effets dévastateurs sur l'environnement, d'autant plus que les terres utilisées pour ce type de cultures sont les surfaces disponibles (les jachères en Europe) qui ne sont pas les terres les plus fertiles. Les autres externalités négatives des biocarburants sur l'environnement sont un épuisement et une pollution des nappes phréatiques, une érosion des sols et une atteinte à la biodiversité. Selon un rapport de l'association *Environmental Defense*, certaines régions des États-Unis où la culture de maïs est déjà largement développée, sont confrontées à une baisse importante du niveau des nappes souterraines. Une situation qui pourrait s'aggraver avec la construction de nouvelles bio-raffineries de grande capacité, qui pourrait constituer une incitation supplémentaire à développer les surfaces dédiées au maïs. Au total, le risque d'intensification des cultures selon des procédés peu respectueux de l'environnement est bien réel.

- *Un risque de concurrence avec les productions alimentaires*

On aborde ici un des plus vifs sujets d'inquiétude soulevés par le développement de la production des biocarburants. Actuellement, 2,2 milliards d'individus (soit un tiers de la population mondiale) vit dans une situation d'extrême pauvreté. À l'horizon 2050, la planète pourrait compter 9 milliards d'individus. Il va donc falloir augmenter la production agricole destinée à l'alimentation humaine pour nourrir ces 2,5 milliards de personnes supplémentaires tout en améliorant les conditions de vie des moins favorisés. Parallèlement, le développement économique des pays émergents tels que la Chine et l'Inde, qui sont aussi deux géants démographiques (regroupant à eux deux un tiers de la population mondiale) a un impact sur la demande alimentaire, dont la structure évolue : une demande accrue en produits d'origine animale en particulier. Pour certains, ce défi de l'alimentation est incompatible avec la poursuite du développement des biocarburants. Jean Ziegler (2007), rapporteur des Nations Unies pour le droit à l'alimentation, a même récemment proposé un moratoire de 5 ans sur les biocarburants.

Il est clair qu'il existe déjà aujourd'hui dans certains pays une concurrence entre productions alimentaires et productions énergétiques. Ce problème risque de s'amplifier dans les années à venir si les biocarburants s'imposent comme une nouvelle *culture de rente*, poussant certains pays à convertir des cultures vivrières en cultures destinées à des fins énergétiques. Comme nous le soulignions dans le point précédent, certains pays d'Afrique ont déjà engagé des programmes de promotion des biocarburants sans intégrer dans leur stratégie la sécurité alimentaire. C'est ainsi que le manioc, s'il est une source d'éthanol, représente aussi un tiers de la ration calorique de la population subsaharienne. C'est donc l'aliment principal de 200 millions d'africains. Or, dans certains États, le gouvernement encourage l'utilisation du manioc à des fins énergétiques, quitte à le détourner de ses usages alimentaires, et à expulser des familles pour étendre les surfaces dédiées aux biocarburants. On retrouve ce type de problème en Asie (Malaisie, Indonésie), mais aussi en Colombie ou au Brésil, où des populations indigènes sont contraintes de laisser leurs terres pour laisser place aux plantations de palmiers à huile ou à la culture d'autres plantes à usage énergétique.

Enfin, on ne peut ignorer l'impact de la hausse de la demande mondiale de biocarburants sur la flambée récente du cours des matières premières alimentaires. De 2005 à 2006, le prix du blé a augmenté de 130 %, celui du riz de 74 %, celui du soja de 87 % et celui du maïs de 53 %[22]. Une tendance qui n'est pas près de s'interrompre si l'on en croît les estimations de l'IFPRI (International Food Policy Research Institute) ; selon leurs projections, le cours des oléagineux pourrait augmenter de 26 % d'ici 2010 et de 76 % d'ici 2020, celui du blé de 11 % et de 30 % sur les mêmes périodes, et enfin celui du maïs de 33 % et de 135 %. En ce qui concerne les facteurs explicatifs des hausses de prix observées, elles sont à la fois d'ordre structurel et conjoncturel. Le premier facteur est bien sûr le développement des géants démographiques (en particulier la Chine), qui pèse sur la demande mondiale de produits alimentaires et qui, associé à la faiblesse des stocks mondiaux, crée des tensions sur les prix.

Le second facteur est peut-être lié au changement climatique, il réside dans les accidents météorologiques (sécheresses répétées) qui ont entraîné un effondrement de la production de céréales en Australie. Il ne faut pas non plus négliger le rôle des comportements spéculatifs, la crise financière provoquée par les crédits *sub-primes* ayant provoqué un repli des capitaux vers le marché des matières premières en général, des produits alimentaires en particulier. Les biocarburants apparaissent alors comme la *cerise sur le gâteau*, qui a contribué plus particulièrement à la hausse du prix du maïs. Si les biocarburants ont une responsabilité limitée dans la hausse récente du prix des matières premières, ils pourraient voir leur rôle s'accroître dans les prochaines années. En effet, selon le rapport de l'OCDE-FAO[23], la production d'éthanol (à partir du maïs) aux États-Unis pourrait être multipliée par 2 entre 2006 et 2026, de même que celle du Brésil (qui passerait de 21 à 44 milliards de litres) ; idem pour la Chine, dont la production passerait de 2 à 3,8 milliards de litres. Quant à la production d'oléagineux de l'Union Européenne, elle pourrait passer de 10 à 21 Mt sur la même période. Dans ce contexte de doublement de la production au cours des dix

---

22 Chiffres cités par Jean Ziegler (2007).

23 Rapport sur les perspectives agricoles 2007-2016.

prochaines années, les biocarburants peuvent avoir un impact direct sur le prix des matières premières, auquel s'ajoute un impact indirect via la hausse des prix des aliments pour bétail. Globalement, toujours selon ce rapport, la hausse des prix des matières premières pourrait atteindre 20 à 50 % d'ici 2016.

Ces hausses de prix ne sont pas sans rapport avec la crise alimentaire qui secoue la planète avec la multiplication des émeutes de la faim. Ce sont bien évidemment les pays les plus pauvres, dépendant de l'extérieur pour leur approvisionnement à la fois énergétique et alimentaire, qui sont les plus touchés par ces hausses des prix des matières premières. De là à établir une relation de cause à effet avec les biocarburants, il n'y avait qu'un pas, qu'ont franchi nombre d'analystes. Alors, faut-il suspendre la production de biocarburants en attendant les carburants de 2e génération ?

C. Les biocarburants : une régulation nécessaire tant au niveau interne qu'au niveau mondial

Dans un contexte marqué par la raréfaction progressive et inéluctable des ressources fossiles et par la flambée de leur prix, il semble qu'aucune solution énergétique alternative ne doit être écartée *a priori*. Certes, les biocarburants ne pourront résoudre tous les problèmes, mais correctement gérés, ils peuvent à la fois alimenter la croissance des pays riches et contribuer au développement des pays en développement.

- *Une réglementation indispensable*

Les biocarburants possèdent de réels atouts, à condition que leur exploitation fasse l'objet d'une réglementation stricte. Réglementation au niveau des méthodes d'exploitation tout d'abord. Rappelons qu'au départ, ce sont les avantages environnementaux des biocarburants qui ont été l'argument mis en avant par les pouvoirs publics pour justifier les politiques de promotion des biocarburants. Pour éviter que les objectifs de rendements ne conduisent à la mise en œuvre de modes d'exploitation par trop intensifs, une solution consiste à réglementer l'usage des pesticides et autres engrais, adapter les cultures aux terroirs et promouvoir les pratiques culturales respectueuses de l'environnement, au moyen par exemple d'une politique ciblée de subvention ou de distribution d'agréments.

Bien sûr, ce type de réglementation ne peut s'opérer qu'au niveau des États. Et quand bien même on parviendrait à un accord de principe de respect de normes environnementales à un niveau plus large, rien ne peut empêcher les comportements de *passager clandestin*. D'où la nécessité de réglementer les échanges internationaux. Il est vraisemblable que l'on s'achemine vers la constitution d'un marché mondial des biocarburants, ce qui peut être souhaitable pour des pays qui, comme le Japon, ne peuvent développer une capacité de production suffisante pour satisfaire leurs besoins. Le risque étant que certains pays profitent de l'aubaine pour développer des cultures de rente dans un contexte peu contraignant en matière de respect de l'environnement. Il appartient alors aux pays importateurs de *choisir* leurs sources d'approvisionnement et donc de réglementer leurs importations.

Enfin, le développement des biocarburants n'est pas incompatible avec la satisfaction des besoins alimentaires si la sécurité alimentaire est assurée. Les biocarburants peuvent même constituer une aide au développement dans les pays pauvres. À ce titre, le Brésil peut faire figure d'exemple, il sert d'ailleurs de modèle pour plusieurs pays d'Amérique du Sud qui tentent de copier l'expérience du pays pionnier dans ce domaine. On peut remarquer par ailleurs qu'à l'exception du maïs, la plupart des biocarburants sont issus de cultures non alimentaires (huile de palme, colza, coton, etc.), ils n'entrent donc pas en concurrence directe avec les productions alimentaires. Bien sûr, la concurrence apparaît au niveau de l'utilisation des surfaces cultivables. Cependant, il existe d'importantes surfaces cultivables non exploitées, tant en Europe qu'aux États-Unis. Il ne faut également pas oublier que si aujourd'hui, les stocks mondiaux sont au plus bas, d'une part, il est un peu réducteur d'en imputer la responsabilité aux seuls biocarburants et, d'autre part, c'est un phénomène récent et peut-être transitoire. Il n'y a pas si longtemps, l'Europe croulait sous les excédents, en particulier de céréales, ce qui l'a amenée à réformer la PAC, qui désormais conditionne l'attribution des subventions agricoles à la mise en jachère d'un certain pourcentage des terres. Le retour de la jachère en Europe n'a donc pas été dicté par des impératifs environnementaux, mais par la nécessité de réduire des stocks devenus pléthoriques. Aussi, l'argument selon lequel la conversion des jachères à des cultures énergétiques aurait des effets néfastes sur l'environnement ne tient pas, à condition de respecter un code de bonnes pratiques culturales.

- *Un nécessaire soutien à la recherche*

Les biocarburants dits de deuxième génération sont très prometteurs que ce soit en termes de rendements (l'utilisation de la plante entière accroît la productivité à l'hectare), en termes de surfaces (peuvent être utilisés les résidus tels que les pailles ou déchets de bois, de sorte qu'il n'y a plus concurrence avec les productions alimentaires) ou sur le plan écologique (ils sont plus efficaces en termes de réduction des émissions de GES et, issus de cultures beaucoup plus diversifiées que les biocarburants actuels, ont un impact moindre sur la ressource en eau). C'est pourquoi, la recherche doit être encouragée dans ce secteur, aussi bien la recherche publique que privée, la plupart des procédés en étant encore au stade de l'expérimentation. Plus la transition vers les biocarburants de deuxième génération sera rapide, plus vite on pourra se fixer des objectifs d'incorporation ambitieux – et les atteindre – en limitant les dommages collatéraux.

Parmi les autres pistes à explorer qui nécessitent également un effort de recherche, certaines plantes offrent des perspectives intéressantes, notamment pour les pays les plus pauvres. La plante la plus médiatisée aujourd'hui est le *jatropha curcia* (ou pourghère), plante tropicale non comestible qui a pour particularités de pousser dans des zones arides, d'être peu exigeante en eau et en soins. Des expérimentations sont déjà menées en divers points de la planète (l'Asie, mais aussi l'Afrique, et même le Brésil développent des expériences pilotes) qui, si elles donnent satisfaction, pourraient déboucher sur une exploitation à plus grande échelle. Les recherches à l'heure actuelle visent à améliorer les rendements du jatropha. Outre le fait que cette plante n'entre pas en concurrence avec les cultures alimentaires, elle pourrait permettre de valoriser les zones désertiques, notamment dans les pays les moins avancés, tout en offrant des emplois dans les zones rurales les moins avantagées.

- *La mise en œuvre d'une politique d'accompagnement*

Si la crise alimentaire est au cœur de l'actualité, ce n'est pas un problème nouveau qui aurait démarré avec l'essor de la production des biocarburants. Le problème de la faim dans le monde est avant tout un problème politique. Les facteurs à l'origine de cette crise tiennent autant à des conditions internes qu'externes. Sur le plan interne, les guerres civiles qui ravagent certains pays d'Afrique ainsi que les défaillances du système de transport constituent autant d'obstacle à l'organisation du système de ravitaillement. Plus fondamentalement, la crise alimentaire trouve son origine dans les politiques menées par les institutions internationales telles que la Banque mondiale ou encore le FMI ainsi que dans la volonté des pays riches de promouvoir la libéralisation des échanges. Il a résulté des différentes actions entreprises dans ce sens bien souvent un démantèlement des cultures vivrières dans les pays en développement, effectué au nom de la libéralisation économique. Nombre de pays ont ainsi été incités à abandonner les produits locaux dans la consommation intérieure au profit de produits importés, alors que dans le même temps, les pays riches développaient leur agriculture à l'abri d'un protectionnisme élevé. En conséquence, les pays qui se trouvent en situation de dépendance alimentaire aujourd'hui sont particulièrement vulnérables à la hausse des cours des matières premières.

C'est pourquoi le développement des biocarburants dans les régions défavorisées doit s'accompagner de politiques visant à atteindre l'autosuffisance alimentaire. L'aide au développement doit se concentrer aujourd'hui sur cet objectif et passe par la définition d'une véritable politique agricole. Ajoutons que la hausse des prix alimentaires n'a pas que des effets négatifs ; elle entraîne une hausse des revenus agricoles qui, combinés à des créations d'emplois en milieu rural, pourraient constituer un puissant levier de développement. Ainsi, les biocarburants non seulement ne condamnent pas les pays les moins avancés, mais peuvent offrir de réelles opportunités de développement. Il importe donc de favoriser la coopération technique et les transferts technologiques afin que les pays en développement puissent faire leur révolution agricole tout en étant en position de tirer profit eux aussi des opportunités offertes par les biocarburants.

Conclusion

« Si le développement des biocarburants était finement géré, la croissance des prix pourrait sortir les paysans du Nord de l'assistanat et redonner à ceux du Sud les moyens de cultiver à nouveau des céréales qu'ils ont abandonnées faute de compétitivité dans le marché mondial » (Rainelli, 2007). Les biocarburants sont souvent utilisés comme bouc émissaire et accusés de maux dont l'origine est beaucoup plus complexe et souvent liée au sous-développement et à la politique des pays riches conduisant à maintenir les pays les plus pauvres dans une situation de dépendance alimentaire plutôt que de mettre en œuvre une stratégie de sécurité alimentaire. Les biocarburants constituent à la fois une stratégie de diversification du bouquet énergétique et une opportunité de développement dans les zones rurales. C'est sans doute une solution davantage adaptée à une échelle de production modeste, même si dans ce cas se pose le problème de leur compétitivité. D'où l'intérêt de poursuivre des efforts de recherche dans ce domaine, de favoriser la coopération privé-public entre pays et de cibler les programmes internationaux d'aide au développement sur des actions dans le domaine agricole, avec pour objectif de permettre à chaque Nation de tendre vers l'autosuffisance alimentaire, afin que les biocarburants puissent constituer un levier de développement, et non un handicap supplémentaire pour les pays les moins avancés.

Bibliographie

Commission Européenne, Rapport sur les progrès accomplis en matière de biocarburants et des autres carburants renouvelables dans les États membres de l'Union Européenne, Bruxelles, 2007.

Courrier International, Biocarburants, l'arnaque, n° 864, 2007.

DGEMP, Le plan biocarburants français, disponible sur www.ind.gouv.fr, 2006.

Dronne, Y., Gohin, A., *Le développement des utilisations non alimentaires de l'huile de colza dans l'UE : quels impacts sur les marchés et les prix mondiaux* ?, UE, Bruxelles, 2006.

Griffon, M., « Une compétition entre cultures alimentaires et énergétiques », propos recueillis par Antoine Reverchon, *Le Monde*, 3 avril 2007.

IFP, Potentiels de mobilisation de la biomasse pour la production de biocarburants à l'échelle du monde, de l'Europe et de la France, disponible sur www.ifp.fr, 2007.

IFP, Les biocarburants dans le monde, Panorama 2005 et 2007, disponible sur www.ifp.fr.

Jacquet, F., Bamière, L., Bureau, J.-C., Guindé, L., Millet, G., Treguer, D., « Les enjeux du développement des biocarburants dans l'Union Européenne », *INRA Sciences sociales*, n° 2-3, 2007.

Jacquet, F., Bamière, L., Bureau, J.-C., Guindé, L., Guyomard, H., Treguer, D., Recent developments and Prospects for the Production of Biofuels in the EU : Can they really be « Part of the Solution » ?, Paper presented at the Farm Foundation Workshop on "Biofuels, Feed and Food Tradeoff", Saint Louis, USA, 2008.

Nicolino, F., *La faim, la bagnole, le blé et nous. Une dénonciation des biocarburants*, Paris, Fayard, 2007.

OCDE, *Biocarburants : les remèdes sont-ils pires que le mal ?*, Paris, 2007.

OCDE-FAO, Rapport sur les perspectives agricoles 2007-2016, Paris, Rome, 2007.

Rainelli, P., *L'agriculture de demain*, Paris, Éditions du Felin, 2007.

United Nations, *Sustainable Bioenergy : A Framework for decision Makers, UN-Energy*, New York, 2007.

Ziegler, J., « Droit à l'alimentation », Rapport aux Nations unies, 2007.

CHAPITRE 12

Le « développement durable » comme champ d'accumulation et d'innovations

L'exemple de la réduction de la pollution atmosphérique

Dimitri UZUNIDIS et André GABUS

Les années 1970 et 1980 sont celles des grandes conférences internationales sur le sort de l'environnement pour donner lieu en 1987 à la définition du « développement durable » par le premier ministre norvégien, Mme Gro Harlem Brundtland, présidente d'alors de la « Commission mondiale sur l'environnement et le développement » : « C'est un développement qui répond aux besoins du présent mais sans compromettre la capacité des générations futures à répondre aux leurs ». Cette définition souligne d'emblée l'urgence de maîtriser la consommation des énergies et des autres ressources naturelles. En 1992, la conférence des Nations Unies sur l'environnement et le développement, tenue à Rio, propose différents textes (changement climatique, biodiversité, gestion forestière) et un référentiel d'actions (Agenda 21 mondial) à appliquer par chaque État jusqu'à l'échelle des villes et des collectivités locales. La communauté internationale explore depuis trois décennies les voies aboutissant à la réalisation d'un équilibre entre croissance économique et préservation des écosystèmes naturels et fait appel à la responsabilité des individus ainsi qu'à leur participation dans un effort collectif et cohérent.

Le « développement durable » s'appuie sur les trois piliers de l'organisation sociale vue à travers le prisme environnemental : a) le pilier « environnement » lui-même : réduction des rejets polluants dans l'atmosphère, protection de la biodiversité, des forêts, des montagnes, des océans et des ressources halieutiques, promotion d'une agriculture respectueuse du milieu naturel et des énergies renouvelables ; b) le pilier « économie » : lutte contre la pauvreté, modification des modes de production et de consommation, coopération internationale et aide aux pays en développement ; c) le pilier « société » : garantir l'accès à l'éducation et à la santé, lutte contre la faim, renforcement du rôle des organisations issues de la société civile. Le mode de croissance économique fondé, depuis le 19e siècle, sur le développement tous azimuts de l'industrie manufacturière et des moyens de transports est-il idéalement remis en cause ? Dans certains milieux intellectuels, le progrès technique, la quête constante de productivité, le train de vie occidental, etc. sont fondamentalement critiqués. Pour lutter contre la dégradation de l'environnement physique et préserver les ressources naturelles, faut-il sortir de l'économie ? Ne faut-il pas plutôt créer les conditions politiques pour que l'économie puisse redéfinir ses objectifs ?[1]

La conférence de Rio a été suivie par d'autres conférences, sommets et protocoles s'inscrivant dans un cadre tridimensionnel (environnement, économie, société) d'intentions et de promesses d'action en faveur d'une maîtrise de la machine économique. Le protocole de Kyoto de 1997 prône la réduction des émissions de gaz à effets de serre. Le signal ainsi émis est de modifier l'activité économique à condition que les engagements soient potentiellement respectés. Orienter l'économie vers l'innovation protectrice et réparatrice de l'environnement est-il néanmoins suffisant ? Pour être satisfait, le besoin exprimé doit être solvable. Mais la solvabilité de celui-ci ne peut se réduire à une simple catégorie monétaire. Elle contient aussi un aspect anthropologique qui a trait aux rapports que le capitalisme entretient entre le désir et le besoin. Comment peut-on arriver à exacerber les désirs pour une vie fondée sur… « l'amour, l'air pur et l'eau fraîche » ? Par quel moyen et par quelle implication (et quel niveau social) les normes de consommation et de production peuvent-elles changer ?

La prévention climatique et le souci environnemental nécessitent leur transformation en « désirs » individuels et collectifs. Ceci étant dit, les populations, à commencer par celles des pays riches, doivent reconnaître qu'au cours des décennies de très forte croissance de l'après-guerre, il y a eu une accélération considérable du jeu de mécanismes cumulatifs destructeurs des équilibres écologiques sous l'effet des normes de production et de consommation du « fordisme ». Mais puisque ces mécanismes étaient associés à une élévation importante du niveau de vie, gouvernements, entreprises, partis, syndicats et associations diverses se sont tacitement entendus pour faire silence sur les questions écologiques. Aujourd'hui, la gravité de la situation est connue. Le changement du paradigme techno-économique dépend de l'adhésion de tous les acteurs économiques et sociaux. La sensibilisation – et avant tout l'éducation des producteurs, des consommateurs, etc. – des populations est nécessaire pour que ces dernières exigent indirectement (*cf.* mouvements

---

1 Sur l'approche systémique du « développement durable », voir J. Perrin (2004).

citoyens) la réorientation des activités économiques et la création de nouveaux espaces de valorisation des ressources productives. Le modèle « fordiste », celui de la production indifférenciée et de la consommation de masse, nous enseigne sur les rapports stricts qui se développent entre éducation, aspirations, mouvements politiques et lancement de nouveaux processus d'innovation et qui conduisent à la reformulation du paradigme techno-économique et social.

Partant de cette observation, nous allons examiner, dans une première partie, la « contrainte environnementale » comme cause essentielle de conception et de diffusion de nouvelles technologies ; insuffisantes, toutefois, en elles-mêmes pour guérir tous les maux de la terre. Dans une seconde partie, nous considérerons l'environnement comme un « bien public mondial ». Cette approche nous conduira à revoir certaines analyses du monde en évolution pour présenter les défis posés à la pensée économique ainsi qu'à l'éducation en la matière ; cette dernière étant une source intarissable d'idées pour un « développement durable ».

I. L'atmosphère... des affaires et de l'innovation

A. La barrière à franchir

Les activités économiques de production et de consommation sont polluantes. Pour prévenir le risque de réchauffement climatique durable, l'économie va devoir répondre à une double rareté : des besoins considérables en énergie et des capacités limitées de l'atmosphère à servir de décharge commune aux rejets de gaz à effet de serre. Le triplement de la production énergétique en ce siècle ne fera pratiquement que combler un besoin de rattrapage des plus démunis et répondre à la croissance démographique. Quant à l'usage restrictif de l'air comme poubelle, il a la particularité de ne pas être issu de la nécessité immédiate, mais d'un consensus mondial inscrit depuis 1992 dans la Convention cadre des Nations Unies sur les changements climatiques.

Le mérite d'avoir saisi l'organisation mondiale compétente du problème de la surcharge atmosphérique revient sans conteste aux scientifiques et aux défenseurs de l'environnement. À ce titre et en référence à leurs capacités respectives, il est légitime qu'ils exercent une fonction de veille et d'avertissement sur les efforts qui commencent à être déployés pour prévenir le risque climatique. Depuis l'accord sur la convention cadre, ces acteurs assument une telle fonction et, même au-delà, en participant activement à l'élaboration des règles opérationnelles que les nations sont censées devoir désormais appliquer. Quant aux gouvernements (dans le traitement de ce problème important, mais non, pour eux, prioritaire), ils ont tendance à déléguer à leurs spécialistes en la matière le soin de trancher sur des propositions inspirées principalement par les milieux environnementalistes et scientifiques. Mais comme nous le verrons plus loin, l'ardeur des premiers et la rigueur des seconds ne sauraient toutefois tenir lieu de gouvernance environnementale mondiale.

La « machine à fabriquer des richesses » (le capitalisme) peut-elle obéir à des défis qui la dépassent ou doit-on continuer de supporter qu'elle façonne, selon ses propres lois et de manière fort contestable, notre milieu naturel et nos rapports sociaux ? Et pour aller plus loin, une contrainte globale sur l'utilisation de l'atmosphère exercée par la société dans son ensemble est-elle concevable et faisable pour infléchir les comportements des producteurs et des consommateurs ? La norme actuelle est de considérer que physiquement la basse atmosphère se comporte comme une passoire qui, à l'usage, serait capable de retenir davantage le flux des infrarouges. Le réchauffement global observé est essentiellement dû à l'usage intensif d'agents fossiles. Depuis la révolution industrielle pour satisfaire ses besoins, l'homme libère cette énergie accumulée sur des centaines de millions d'années par photosynthèse. Le gaz carbonique dont elle est issue est ainsi restitué à l'atmosphère, mais tellement massivement depuis un siècle et demi qu'une adaptation de la vie sous les formes que nous lui connaissons est impossible sur une aussi courte période.

Sur les quelque trente milliards de tonnes de CO_2 émis annuellement par les activités humaines, 6 milliards seraient réabsorbés par les océans et 12 milliards par la végétation et le sol[2]. Le surplus de 12 milliards de tonnes qui s'accumule vient charger le filtre de la basse atmosphère. Ainsi, et en généralisant aux autres gaz à effet de serre, les couches inférieures de l'air subissent par contrecoup la pression de l'économie sur les ressources naturelles. L'accélération du réchauffement sur quelques décennies entraînerait d'autres dérèglements climatiques auxquels les humains devraient s'adapter à des coûts sociaux et économiques exorbitants, en tout cas pour les générations à venir. Or, les principaux acteurs de l'économie, producteurs et consommateurs, ont des anticipations sensiblement plus courtes. On ne peut donc miser sur leurs seules décisions pour contenir l'amplification de la concentration atmosphérique en gaz à effet de serre.

Aux difficultés liées à l'échelle du temps, s'ajoute la nécessité d'agir à la dimension de la planète. L'atmosphère est sans doute la ressource la mieux partagée. Hormis les poches de pollutions industrielles et urbaines, c'est aussi la plus homogène, du moins du point de vue de l'effet de serre. Toute atteinte à elle portée en un point du globe touche ainsi

---

2 Données tirées de The Royal Society (2001) et aussi de I. R. Swingland (2003).

l'ensemble des nations. S'en servir comme décharge publique (au prétexte qu'elle est un bien commun) entraîne dès lors une exigence de régulation mondiale. La société doit donc imposer à l'économie une contrainte globale. Selon diverses études, il est possible de diviser par deux la quantité d'énergie utilisée actuellement sans conséquences sur le niveau de vie tel qu'il est, à condition que l'économie soit moins dépensière (promotion des transports collectifs, rationalisation de la production industrielle, consommation surveillée, recyclage systématique des déchets, etc.) et associe dans son processus les nouvelles énergies de substitution. Pour l'heure, deux approches pertinentes du problème climatique s'opposent : l'approche altermondialiste et l'approche ultralibérale. Pour les uns, il s'agit de fixer des conditions cadres pour que l'économie devienne plus économe dans ses rejets qui alimentent le réchauffement planétaire ; pour les autres, pour que l'économie devienne moins polluante, il faut répartir l'effort de restrictions énergétiques de telle sorte que la compétitivité entre économies nationales soit la moins perturbée possible. Les deux s'accordent sur la nécessité d'une coopération multilatérale entre États pour la formulation et l'application d'un dispositif contraignant.

B. Règles libérales et innovation

Les Nations Unies ont été saisies du problème dès le début des années 1970[3]. En l'absence de gouvernance environnementale mondiale, la coopération entre États-nations souverains s'est imposée comme principe moteur pour traiter des enjeux juridiques et politiques d'une action concertée[4]. La contrainte globale sur les rejets à effet de serre a été matérialisée par le protocole de Kyoto[5]. Le protocole de Kyoto combine un engagement *fixe* de l'ensemble des pays industrialisés à limiter leurs émissions totales et une répartition *flexible* entre États des efforts pour le respecter. Les quotas nationaux peuvent en effet être augmentés par

---

3 La conférence des Nations Unies sur l'environnement humain, tenue à Stockholm en 1972, a proposé un modèle de développement économique compatible avec l'équité sociale et la préservation du milieu mettant en avant le concept d'écodéveloppement. Cette conférence aboutit à la création du programme des Nations Unies pour l'environnement (PNUE), complément du programme des Nations Unies pour le développement (PNUD).

4 Dès 2003, l'administration Bush avait refusé toute idée de gouvernance environnementale mondiale préférant, comme dans tous les autres domaines de politique internationale (commerce, finance, armement, propriété industrielle, etc.), imposer son hégémonie et sa conduite. La nouvelle administration Obama serait appelée à changer de cap.

5 Dispositif tout de même imparfait puisque (i) les pays du Sud sont temporairement en marge d'engagements chiffrés et (ii) des nations industrialisées dissidentes comme les États-Unis et l'Australie faussent les règles du jeu.

l'échange des quantités initialement attribuées (i) au travers de l'obtention de droits d'émissions en retour d'aide à des investissements anti-réchauffement dans d'autres pays industriels soumis à engagements chiffrés et (ii) de crédits délivrés pour des projets réalisés dans les pays en développement. Les transferts peuvent se faire par accords ponctuels bilatéraux ou par le marché des droits et crédits. Autre souplesse : une tonne de gaz soustraite durablement[6] à l'atmosphère vaut en principe une tonne de gaz que l'on s'abstient d'émettre.

Les milieux d'affaires semblent apprécier ce dispositif (étant donné que la contrainte est considérée comme irréversible). Ils saluent en général la possibilité d'entreprendre, grâce aux mécanismes des droits d'émissions, les réductions d'abord sur les sites et installations où elles ont un moindre coût, sans devoir se soumettre à des contraintes juridiques et fiscales nationales que sont les restrictions administrées par voie de règlements, contrôles et taxes. Quand les dispositions du protocole sont transposées au plan national (ou régional de l'Union européenne), les dirigeants d'entreprise apprécient la flexibilité du dispositif : s'engager par accord contractuel sur des objectifs de réduction d'émissions (ou, à défaut de les atteindre, sur une compensation par des permis d'émissions acquis sur le marché) crée à l'évidence plus de marges de liberté d'action et une possibilité supplémentaire d'intégrer la contrainte environnementale dans le fonctionnement « normal » de l'entreprise. De l'autre côté, les facilités offertes par le protocole de Kyoto sont soumises à des critiques sévères : ces facilités dispenseraient certains opérateurs d'une taxe, par exemple, estimée devoir s'appliquer à tous, en les encourageant notamment à faire porter par d'autres la charge de moindres rejets émissifs.

La contrainte des pays industriels signataires du protocole correspond à un engagement de ne pas dépasser globalement un niveau d'émissions de 11 milliards de gaz à effet de serre par an d'ici à 2012 (soit une réduction de 4,3 % par rapport à 1990). Cette contrainte se décline aux niveaux national, régional et sectoriel suivant des objectifs et des modalités propres à chacune des parties signataires. Ces restrictions se traduisent, pour les économies, en charges, mais aussi, comme le veut la logique capitaliste, en opportunités d'investissement nouvelles et en marchés. En effet, l'économie devra être stimulée par la réalisation d'un marché tridimensionnel. Tout d'abord, l'augmentation de la demande pour des produits et technologies économes en rejets de carbone atmosphérique et autres gaz à effet de serre conduit à la mise en place, par les gouvernements et les entreprises, de stratégies de recherche &

6 Par exemple, par reboisement de grande envergure essentiellement en Afrique, en Asie et en Amérique latine à ce sujet lire : http://homepage.bluewin.ch/agabus/

développement (R&D) et d'innovation qui créeront des nouveaux espaces d'accumulation et de profit (première dimension). Puis, les responsables gouvernementaux ou industriels en charge de répondre d'engagements chiffrés au plan national, sectoriel ou de l'entreprise se porteront éventuellement acquéreurs de réductions opérées par des tiers et attestées par des titres transmissibles (qu'il s'agisse de quotas non utilisés ou de crédits carbone délivrés aux porteurs de projets) ; le marché des droits d'émissions a pris une importance capitale même dans les pays non signataires du protocole de Kyoto (deuxième dimension). Enfin, ces marchés pour des droits d'émissions font intervenir des intermédiaires financiers qui leur donneront éventuellement une *troisième dimension* en les élargissant à un public en quête de placements. Ainsi, une telle extension à la spéculation est de nature à exercer une influence supplémentaire dans l'attribution à la tonne de CO_2 d'une valeur de patrimoine qui pourrait augmenter avec le temps au fur et à mesure que les possibilités de réduction d'émissions à coûts bas s'épuiseraient et obligeraient les opérateurs à recourir à des procédés plus coûteux (à condition que la pression exercée en faveur de la protection de l'environnement et de la prévention s'accentue).

La nouvelle donne pour l'économie mondiale qui résulte d'un certain consensus sur l'alerte climatique est, pour l'heure, perceptible par le développement de nouveaux marchés de biens, de services et de capitaux interdépendants. Mais la question de l'ampleur du changement, qui suppose un changement des normes d'accumulation afin de garantir un fléchissement durable des activités économiques, dépend du changement des comportements de production et de consommation. On peut s'attendre à ce que l'introduction de normes appropriées et d'autres appuis gouvernementaux, donne à l'industrie une impulsion nouvelle pour remplacer ses fabrications traditionnelles par d'autres mieux adaptées. L'industrie automobile est un domaine d'expérimentation des nouvelles technologies moins polluantes ou alternatives : la R&D nécessaire à la promotion des véhicules à moindre consommation (pour répondre aux crises pétrolières) est enrichie par la recherche de moindres rejets en CO_2. Prochaine étape : le développement, peut-être, de technologies qui parviendront à éradiquer l'échappement des gaz fortement émissifs que sont les oxydes d'azote sortant des pots catalytiques désormais insuffisants etc. à moins que la préférence technique n'aille plutôt à des véhicules à motorisation alternative, hybride (à essence et électricité) ou encore à piles à combustibles à partir d'hydrogène. D'autres secteurs industriels suivront des parcours similaires consistant à hâter le renouvellement des équipements existants pour introduire des installations plus performantes qui permettront de réduire les émissions de gaz à effet de serre.

La substitution du charbon et du fuel par le gaz naturel, déjà bien amorcée dans plusieurs pays, pourra entraîner des gains en moindre émissivité de 50-30 %, selon le rythme adopté et tenant compte des intérêts à moyen terme des économies encore fortement dépendantes de la houille et des pétroliers. Pour ces derniers, les marchés perdus pour les produits fossiles les plus émissifs devraient être compensés par ceux gagnés pour les combustibles qui le sont le moins, le gaz naturel devenant un atout stratégique[7].

Si l'économie mondiale reste sur la trajectoire actuelle, la question de l'innovation reste primordiale. Au cours du siècle, en effet, il est attendu que 6 milliards d'individus vont s'ajouter aux seuls 4 milliards qui ont accès aujourd'hui aux différentes formes d'énergie commercialisées. De plus, des pays comme la Chine vont doubler leur consommation en deux décennies. Pendant le même temps, l'usage restrictif de l'atmosphère pour y rejeter les gaz liés à la combustion des agents énergétiques traditionnels s'imposera de façon de plus en plus contraignante… La hausse de la demande et le resserrement de l'offre en ressources énergétiques existantes feront probablement flamber les prix des énergies, mais contribueront aussi à une élévation de la demande en ressources technologiques.

---

[7] En 2001, la Commission européenne a fait exécuter une importante étude visant à déterminer les voies que l'économie pourrait suivre pour que les engagements de réduction des émissions de l'UE soient remplis au moindre coût ; il s'est agi de quantifier des objectifs différenciés en fonction des potentialités variées des secteurs dans les différents pays membres. En ne comptant que sur ses seules ressources, c'est-à-dire à l'exclusion de recours extérieurs (par l'achat de droits d'émissions ou leur obtention au travers des mécanismes de projet), l'UE pourrait parvenir grâce à des efforts sectoriels adaptés à respecter son quota global de 3,8 milliards de tonnes de CO_2/an à l'horizon 2010 par des substitutions de combustibles et des améliorations de procédés (sans tenir compte des effets des reboisements) impliquant des coûts supplémentaires qui ne dépasseraient pas 20 euros par tonne de CO_2 économisée (à condition que les constructeurs automobiles réussissent à atteindre leurs objectifs en matière d'émissions des nouveaux véhicules mis en service). Pour la période 2008-2012, le coût du respect des engagements de réduction d'émissions coûterait ainsi au total à l'UE 6,6 milliards d'euros par an, soit un peu moins de 1,1 % de son PIB. Si l'on prend en compte les résultats attendus de l'application de l'accord avec les constructeurs d'automobiles, les dépenses supplémentaires à consentir par le reste de l'économie seraient ramenées à 3,7 milliards d'euros par an ou seulement 0,6 % du PIB communautaire. Par contre, si chaque pays membre s'efforçait de remplir individuellement ses objectifs de limitation d'émissions, tels que fixés par l'accord communautaire de répartition des charges (burden sharing agreement), au lieu de participer à une répartition des efforts entre secteurs de l'économie pour l'ensemble du territoire de l'Union, le coût du respect des engagements de l'UE doublerait pratiquement (7,5 milliards euros par an). Ce qui montre aussi qu'à problème global, coordination et gouvernance globales. Voir Blok, de Jager, Hendriks, 2002.

Pour l'ingénieur, le prix du CO_2 est une première indication de l'intérêt (pour l'entreprise qui le mandate) de procéder, non seulement à des économies d'énergie, mais aussi à des investissements. Dans son analyse bénéfices / coûts, il peut ajouter, au revenu des économies réalisées, celui de l'exonération conditionnelle d'une taxe ou d'une pénalité éventuellement évitée en cas de dépassement du quota d'émissions attribué. Pour le chercheur en procédés adaptés aux nouvelles conditions de production, ce prix fournit une première approximation du surcoût des utilisateurs à continuer d'employer les mêmes équipements que par le passé et ainsi une indication du prix à ne pas dépasser pour que ses propositions d'en changer par un matériel plus approprié aient une chance d'être adoptées. Les inventions dormantes franchiront ainsi le seuil de l'innovation avec la perspective de passer éventuellement le cap de la diffusion commerciale en cas de démonstration concluante et d'approbation par le marché[8].

Pour répondre aux besoins de la croissance économique (selon sa trajectoire actuelle) et de protection de l'atmosphère, André Gabus (2003) propose trois pistes principales que pourrait suivre le développement technologique :

- la large diffusion et l'amélioration simultanée des centrales thermiques à cycle mixte alimentées au gaz naturel pour à la fois répondre à la demande croissante en énergie électrique et accélérer le passage du charbon et du pétrole au méthane, avec l'introduction éventuelle (à maturité de cycle) de technologies visant à capter, récupérer et stocker le dioxyde de carbone résiduel, notamment dans des formations géologiques ;
- l'introduction des piles à combustibles alimentées initialement par des fluides variés (dont dérivés du charbon et du méthane, qui, à part celui contenu dans le gaz naturel fossile, peut être obtenu à partir de sources renouvelables en utilisant diverses méthodes pour recycler les déchets ménagers, les détritus agricoles et les rejets d'élevages animaux) pour contenir d'abord et stabiliser ensuite, grâce au recours à l'hydrogène, la forte croissance en émissions attendue du secteur énergivore des transports, tout en

8 L'exemple des turbines à gaz à cycle mixte permettant la rénovation des centrales thermiques électriques est assez parlant. L'utilisation combinée de la force d'expansion du gaz naturel (pour faire tourner une turbine à gaz comme dans un moteur d'avion) et de la vapeur d'eau par récupération de la chaleur de combustion (pour faire tourner ensuite une turbine à vapeur) permet pratiquement de doubler le rendement énergétique. Par ailleurs, en se substituant aux anciens procédés au charbon ou au fuel, cette technologie au gaz permet de réduire significativement les émissions à effet de serre.

répondant par ailleurs à des besoins très spécifiques et conjoints en électricité et chaleur dans d'autres ;

- le développement du solaire et des autres énergies renouvelables pour alimenter à la fois le réseau électrique en énergie d'appoint et celui naissant de l'hydrogène, avec un co-développement éventuel du nucléaire pour fournir l'énergie de base et aller ainsi au-delà du passage transitoire au méthane[9].

À l'échelle du siècle, aucune technologie particulière (méthane, hydrogène, énergies renouvelables ou nucléaire) ne paraît devoir s'imposer comme solution unique. Le choix s'oriente vers la constitution d'un portefeuille de différentes sources énergétiques et options techniques possibles qui ont un potentiel de décarbonisation assez important. Mais rien n'est acquis d'avance et la coalition de toutes les forces disponibles au sein de la société est requise pour que le développement technologique puisse donner toute sa mesure. Le progrès technique seul ne peut assurer le renversement de tendance nécessaire pour contenir le réchauffement climatique. La réussite des efforts de la réduction des rejets émissifs dépendra de l'intervention dans ce sens de l'ensemble des pays et, en amont, de la pression exercée par la société civile mondiale. Pour l'heure, l'évolution des dispositions arrêtées par les différentes composantes publiques ou privées de la communauté internationale n'a guère dépassé le stade du tâtonnement.

Les grands acteurs de l'économie mondiale agissent dans la même logique et sont motivés par les mêmes critères capitalistes : a) l'application des technologies anti-réchauffement passe par l'investissement ; la décision d'investir dépend du coût, lui-même alourdi par l'incertain, l'imprévu, l'indéterminé ; b) les États doivent réguler le marché de telle sorte que l'entrepreneur innovant soit récompensé et l'entrepreneur à la traîne pénalisé. Le protocole de Kyoto est appelé à fournir un cadre à cette exigence ; c) consommateurs et producteurs (et donc investisseurs) font partie intégrante du système dynamique dont on se propose de modifier l'équilibre en faveur d'une émissivité décroissante ; d) ce correctif physico-chimique que l'on se propose d'effectuer pour contenir le réchauffement climatique passe précisément par cet investisseur qui est supposé détenir la clé des innovations technologiques salutaires ; e) la fixation de normes strictes qui a pour seul but le respect de l'intégrité environnementale devient une mauvaise solution politique, dès lors que celle-ci ne comporte pas d'incitations significatives pour les opérateurs économiques à adhérer à la prévention climatique. La configuration actuelle, faite (i) d'engagements chiffrés d'une majorité de pays indus-

9 Voir notamment, Nakicenovic, Riahi (2005).

trialisés, (ii) d'initiatives individuelles par les grandes entreprises et certaines entités publiques américaines et (iii) de contributions volontaires des pays en développement, est fort éloignée de l'idéal d'une mobilisation universelle en direction d'une atténuation effective de l'effet de serre.

II. Questionner l'économie : pour un nouveau paradigme

A. La défaillance de la pensée économique

Les économistes ont mis longtemps avant de prendre en considération (et de façon assez maladroite) la question de l'environnement et du renouvellement des ressources naturelles (Boutillier, 2003). Ils se sont interrogés sur les moyens de contrer l'épuisement des ressources agricoles face à la croissance de la démographie (ex. R. Malthus). Ils ont considéré, comme K. Marx, que l'exploitation de la nature devient une fin en soi avec l'avènement du capitalisme. Jusqu'à l'apparition du principe du pollueur payeur : la pollution (le rejet de gaz à effet de serre, ou d'eaux polluées par exemple) devient ainsi une marchandise, elle a un prix, est échangeable grâce aux droits à polluer et est disponible en quantité limitée.

Pour l'économiste, lorsqu'un phénomène de rareté se développe et s'accentue dans le temps, ce sont les prix qui doivent principalement contrôler son évolution. De plus, lorsque les prix signalent clairement que l'offre ne pourra satisfaire la demande, l'innovation technologique sera appelée à la rescousse : rien n'est plus stimulant pour la créativité scientifique et technologique que la perspective d'une rareté croissante. La tendance actuelle est de transformer l'atmosphère en bien économique[10] qui permet de faire intervenir les mécanismes de prix et de développement technologique propres aux phénomènes de rareté. Les émissions de gaz à effet de serre et leurs effets sur le changement climatique sont ainsi appelés à devenir un champ privilégié pour l'analyse économique et pour l'expérimentation de nouvelles formes de marchés ou de nouvelles pratiques de régulation fiscale. Si l'on accepte d'internaliser le coût futur pour la société mondiale de ces pollutions, il faudra s'attendre à une modification de la structure finale des prix relatifs des biens : le prix d'un bien par rapport à celui d'un autre devra désormais reproduire mieux que par le passé les poids différents des émissions de chacun. La demande des biens fortement émetteurs sera ainsi freinée par la main invisible du marché. Pour internaliser le coût de

---

[10] Faisant du même coup du « développement durable » un nouveau champ d'accumulation pour les grandes et les petites entreprises : transferts de pollution, nouveaux produits, nouvelles pratiques commerciales, etc.

la pollution, il suffit d'augmenter le prix relatif du carbone consommé par taxation ou en ayant recours aux permis d'émission négociables. C'est alors que la trajectoire de la croissance économique pourra être modifiée.

Mais, tout changement des prix relatifs a un effet important dans la distribution des revenus. Les consommateurs accepteront-ils de voir certains biens et services discriminés ? Ce sont ces effets distributifs (réels ou potentiels) qui appuient les arguments de ceux qui conditionnent les politiques globales de l'environnement à des accords multilatéraux engageant sans exception toutes les parties en cause, comme si la compétitivité des nations devait en dépendre. La question est alors de savoir quel est l'horizon de la compétitivité. Quand on envisage un marché mondial des droits d'émissions, les règles doivent être les mêmes pour tous les compétiteurs et les résultats financiers doivent être mesurables, aussi, en rapport avec le but global poursuivi : celui de la préservation de l'environnement. Toutefois, entre les efforts entrepris pour freiner l'accumulation des gaz à effet de serre et un changement physico-chimique de l'atmosphère sensible, de nombreuses années vont s'écouler pour espérer parvenir à quelque résultat positif.

D'un autre côté et dans le même ordre d'idées sur l'insuffisance de la gouvernance actuelle est la place que la théorie et la politique économique actuelles assignent aux pays les plus pauvres. Les pays en développement sont-ils appelés à desserrer la contrainte environnementale qui pèse sur les entreprises mondiales et sur les économies industrielles. L. Summers, économiste à la Banque mondiale, écrivait en 1992 :

> La mesure du coût nécessaire pour faire face aux conséquences de la pollution sur la santé dépend de l'ampleur de la réduction des coûts induits par une mortalité et une morbidité accrues. De ce point de vue, la pollution dommageable pour la santé devrait être dans les pays où ces coûts sont les moins élevés, qui sont donc les pays avec les coûts salariaux les plus faibles.

Et plus loin : « J'ai toujours pensé que les pays faiblement peuplés d'Afrique sont exagérément sous-pollués ; la qualité de leur air est probablement excessivement bonne comparée à celle de Los Angeles ou de Mexico »[11]. Les avantages comparatifs ricardiens, appliqués à la question environnementale, font que les pays émetteurs peuvent acheter des « droits à polluer » aux pays pauvres et justifient la délocalisation des activités polluantes des groupes multinationaux vers les pays du Sud. Ce qui ne fait qu'entretenir le problème sur le plan global.

L'effort se conçoit à l'échelle du siècle et de la planète. Par ailleurs, les incertitudes sur les relations entre climat et activités humaines sont

---

[11] Cité par McCorquodale (2002).

fort grandes. Ainsi, seule la mise en œuvre d'une panoplie de moyens diversifiés a des chances d'être pertinente à condition qu'elle ne soit pas soumise au pouvoir à court terme de la concurrence et des indicateurs de compétitivité des entreprises et des économies nationales. Le changement climatique est un enjeu global qui requiert une action globale, mais qui n'enlève aucune responsabilité, bien au contraire, à l'action locale, sectorielle et entrepreneuriale. L'affrontement collectif du problème environnemental est motivé par le fait que l'atmosphère est un bien non économique, ou du moins elle est perçue comme telle : l'air est un bien libre. La rareté ne se manifeste guère, même lorsque nous commençons à percevoir que la pollution de l'air pourrait nous entraîner vers des changements planétaires. De l'autre côté, les ressources naturelles sont rares. Il est impossible de reconstituer dans un temps économique raisonnable la molécule de carbone brûlée sortie du pot d'échappement de l'automobile dont le moteur vient de brûler une molécule de pétrole. L'économie politique est incapable de mesurer et d'intégrer dans ses modèles de croissance et de bien-être le temps biologique. La préservation de l'environnement et de ses ressources, ainsi que, plus généralement, la question de la biodiversité mettent en mal l'économie politique[12]. Il est évident que les sociétés actuelles, écoutant les économistes, ne peuvent réguler l'équilibre de l'écosystème dans son ensemble en agissant sur certaines de ses parties. Par exemple, on ne peut se contenter de manipuler le prix du pétrole pour faire un marché de CO_2 et s'attendre à retrouver dans dix ou vingt ans la faune et flore actuelle. Au mieux, si l'on augmente les prix des ressources rares au rythme de leur épuisement, on ne fait que rationaliser leurs usages. La question de la biodiversité nécessite la prise en compte du temps de renouvellement des écosystèmes, ce qui n'est pas du ressort des économistes.

Face à l'impuissance du paradigme individualiste classique (sur lequel est fondée l'économie politique actuelle) de donner des outils de réflexion et d'action écologiques pertinents, les politiques font le plus souvent appel au sens moral des individus. Mais, une politique de développement durable ne peut être fondée sur la création et l'entretien des sentiments individuels de culpabilité (autant aléatoires que précaires), ni sur des mesures autoritaires appliquées sur une société dont on sait qu'elle ne va pas spontanément se serrer la ceinture. Pour qu'il puisse y avoir changement des habitudes individuelles et collectives de consommation et de production, il faut que « les gens voient le bout de leurs actes ». Il est donc nécessaire que les individus éduqués, sensibilisés et avertis au problème environnemental (comme pour tout autre problème) participent aux processus décisionnels et aux interventions

---

12 Voir à ce propos l'analyse très pertinente d'Ignacy Sachs (1998).

qui en découlent. Dans toutes ces situations, le contrôle démocratique local, régional, national, voire transnational devrait permettre le développement de politiques actives de protection de l'environnement.

Les processus de diffusion et de concentration des polluants ont un caractère spatial. À chaque type de pollution correspond donc une affectation territoriale particulière de son impact. En général, comme la dimension du territoire affecté est assez réduite, de nombreux problèmes d'environnement ont ainsi un caractère local et touchent la qualité de la vie des populations spécifiques. Parfois, comme c'est le cas avec la pollution des fleuves, l'impact s'étend aussi sur le territoire dépassant les frontières locales ou nationales. Toutefois, quand on se réfère à l'émission de gaz à effet de serre et à la menace de changements climatiques susceptibles de modifier les conditions de vie future de tous les habitants du monde, on se trouve devant une situation nouvelle : Comment défendre démocratiquement les intérêts des générations à venir ? Nous avons vu que l'économie politique standard ne peut apporter des réponses fiables à long terme. Le recours aux innovations et au progrès technique ne peut aboutir durablement sans une reconsidération de la valeur « économique » de l'atmosphère et de l'environnement.

Vues sous cet angle, les ressources naturelles (y compris l'air que l'on respire) sont des biens communs de l'humanité (aussi bien le vivant que les connaissances). Le débat sur ce point le plus pertinent est celui portant sur la définition des « biens publics mondiaux » (Gabas, Hugon, 2001). Cette problématique annoncée par C. Kindleberger en 1986 et enrichie depuis par Stiglitz (1999) a pris une dimension importante au sein des organisations internationales tenant compte des défaillances de la gestion internationale actuelle des ressources naturelles, des catastrophes et autres épidémies. Elle cherche à réintégrer dans l'analyse économique sa dimension politique et à argumenter sur un système de régulation mondiale (transnationale) des aspects globaux de l'activité économique. L'économie politique standard, qu'elle soit néoclassique ou néokeynésienne, considère la gestion et la valorisation des biens publics ou collectifs internationaux ou mondiaux en termes de jeux d'intérêts, de défaillances des marchés, de l'intervention publique (financière ou réglementaire). Pour Buchanan et Musgrave (1999), par exemple, les biens communs planétaires vis-à-vis desquels s'exercent des rivalités croissantes, sont supposés libres. Les relations d'agence issues de l'action collective privée et publique doivent optimiser les externalités positives ou négatives. Pour Stiglitz (2002) de nouveau, les règles internationales de concurrence et d'accumulation peuvent être biaisées par l'existence d'« États défaillants ». Étant donné, pour les économistes keynésiens, que les relations internationales sont façonnées par les conflits (ou jeux) d'intérêts entre États-nations souverains, l'organisation optimale des activités économiques internationales dépend de la possibilité de transposer les fonctions de l'État ou, tout au moins, de prolonger les actions publiques dans un cadre transnational[13]. Nous préférons le qualificatif de « bien commun de l'humanité » en adoptant une approche issue de l'économie politique internationale.

B. Connaissance multidimensionnelle et action collective : réviser le « développement durable »

L'économie et la technologie ne sont pas à mêmes d'opérer le changement attendu pour donner une autre orientation aux activités humaines. La décarbonisation du système énergétique mondial nécessite la mise en œuvre d'un dispositif de gestion collective et mondiale de l'environnement. Celui-ci dépend de la mise en évidence théorique, d'une solide démonstration et de la vulgarisation du fait que l'accumulation rencontre des barrières naturelles insurmontables. Ce qui n'est pas aisé. L'évolution du capitalisme, en effet, donne des arguments aux défenseurs du « progrès » ; lui-même assimilé souvent à l'innovation technologique et aux transformations socioéconomiques qu'elle entraîne. La question est alors de savoir comment combiner dans un même système de réflexion et d'action l'activité économique dont le ressort est la propriété privée ainsi que l'appropriation privative des ressources avec la logique collectiviste et patrimonialiste appliquée au « bien public mondial » – et plus encore au « bien commun de l'humanité » – qu'est l'environnement naturel. Si cette combinaison est considérée faisable, alors les intérêts, individuels et collectifs, contradictoires et conflictuels pourront mieux être saisis par l'analyse et par l'action politique. Mais le rapport de force qui se profilera ne pourra être favorable à la défense de l'environnement au détriment de la décision économique court-termiste que si les individus (disons les citoyens du monde que nous sommes) agissent en connaissance de cause, c'est-à-dire que s'ils sont éduqués et organisés en conséquence. C'est alors qu'ils pourront disposer du pouvoir réel d'opérer une mutation qui, pour l'essentiel, consiste à accroître significativement l'appropriabilité et l'efficacité dudit dispositif. C'est ainsi aussi que l'innovation technologique se mettra au service de la « nouvelle économie » dont le but sera la préservation et le renouvellement des ressources selon la logique collectiviste et non la gestion (optimisation) des externalités positives ou négatives comme le propose la théorie néoclassique selon laquelle les biens collectifs purs ou les biens communs planétaires (les ressources naturelles) sont libres (d'accès et d'appropriation).

[13] Pour une discussion sur les biens et services à caractère international, voir P. Le Masne (2008).

Si l'on considère que l'humanité est dépendante globalement d'un ensemble de ressources rares ou en voie de l'être, non ou difficilement divisibles et appropriables, la question du droit d'accès et d'en bénéficier se pose pour tous les membres de la communauté mondiale. Mais dans l'état actuelle des choses, le droit inter ou transnational se soucie avant tout de la protection de la propriété privée, et l'analyse économique, ainsi que la recherche en économie, s'orientent vers l'étude de l'aménagement du cadre légal mondial d'accumulation afin de garantir cet élément fondamental pour la science économique qu'est la propriété privée. Par cadre légal mondial d'accumulation nous entendons les formes, les modalités, les moyens de concurrence et de coopération entre les agents économiques qui permettent la réalisation du procès de production, c'est-à-dire la mise en conformité des rapports sociaux de production avec les forces productives[14]. Ce cadre nécessite l'intervention de l'instance publique (ex. organisations internationales, traités internationaux) qui appuie et garantit la formulation de façon explicite d'un ensemble cohérent de règles en vue d'organiser les activités économiques publiques et privées sur un plan international. Les rapports de propriété et les antagonismes entre individus, entreprises et États-nations doivent se réorienter (ou doivent être reconsidérés) pour être en phase avec l'évolution, dans notre cas, de la contrainte environnementale. Si les transformations institutionnelles de régulation mondiale ne suffisent pas pour mettre en conformité les relations de marché, de profit et de propriété avec la barrière naturelle d'accumulation « l'enveloppe capitaliste craque » ou « les murs s'effritent » (Schumpeter). Il est bien entendu que les tenants de l'économie politique officielle ne se prononcent pas sur cette contrainte systémique mise en évidence par les pères de l'économie. Ils font comme si l'ajustement marginal de la théorie en cours contribuerait à écarter le danger de la défaillance du système économique de production et de consommation actuel.

L'approche en termes de « biens communs de l'humanité » constitue une conception « radicale » de l'économie mondiale. Elle appelle à une remise en cause de la gouvernance mondiale actuelle. La décision politique devra prendre le dessus dans le but de la mise en place, sur le plan mondial, de compromis durables entre forces et mouvements sociaux, souvent antagonistes ; compromis qui dépassent le cadre strict de la réglementation et de la normalisation. Une régulation mondiale des aspects, des besoins, des contraintes, etc. environnementaux implique une action publique transnationale. Mais, comment définir un espace public transnational de décision ? Comment faire converger les anticipations des décideurs sur les risques, les coûts et les bénéfices, malgré les

---

[14] Voir plus particulièrement : Uzunidis (2001).

incertitudes qui rendent difficile le consensus entre les scientifiques, les politiques, les populations ? Comment faire en sorte que les « gens voient le bout de leurs actes » ? Le marché ajusté par les règles et les taxes peut engendrer des innovations favorables au but poursuivi. Mais, la question du temps contraint la communauté mondiale à rechercher des mécanismes de régulation en dessus des cadres nationaux pour organiser un autre système de création et de distribution de richesses. Les organisations internationales spécialisées peuvent-elles devenir de véritables instances de régulation transnationale ? Comment faire face aux nationalismes ? Les gouvernements défendent les intérêts nationaux, pouvant même placer ces intérêts au-dessus de ceux de l'ensemble des citoyens du monde. Le court-termisme de la compétitivité et de l'antagonisme structurel, nous le voyons aujourd'hui, non seulement éloigne toute perspective de solution durable, mais aussi empêche l'exploitation du potentiel scientifique et technologique en matière de protection, de préservation et de régénération des ressources de l'environnement.

En effet, devant la nouvelle menace et l'inexistence du garde-fou des règles économiques de comportement des prix et des technologies, la société civile est à la recherche de nouvelles formules de régulation qui puissent intervenir à l'échelle du monde. Les regards se tournent d'emblée vers le système international, la communauté des nations, les Nations Unies. La solution des problèmes mondiaux qui affectent le futur de tous les citoyens du monde devient un processus complexe dans lequel interviennent des intérêts publics et privés, égoïstes et altruistes, sociaux et politiques – processus qui appelle au concept de « contrat mondial » dont le Groupe de Lisbonne s'est fait le porte-parole. En évoquant le besoin d'un « contrat mondial pour la Terre », le Groupe de Lisbonne (1995) a voulu renforcer le rôle de la participation des nouvelles forces de la société civile dans les processus de décision internationaux qui touchent à l'avenir de la planète. Rio, Kyoto, Marrakech, Johannesburg, etc. toute une suite de succès et d'échecs dans cette nouvelle voie contractuelle, mais le but implicite de cette globalisation de l'environnement demeure aujourd'hui intacte : s'il n'y a pas de citoyenneté mondiale qui puisse contrôler démocratiquement la pollution à cette échelle, tout effort restera insuffisant. Pour combien de temps encore pourrons-nous jongler avec effets de serre, changements climatiques, marchés des droits d'émissions du CO_2, taxes écologiques et autres protocoles de Kyoto comme si tout cela était le seul aspect de notre science et de notre conscience ?

Les intellectuels et les experts internationaux qui militent en faveur de la protection de l'environnement et la réduction rapide des émissions des gaz à effets de serre sont unanimes : aucune solution n'est possible sans la participation active des citoyens. Les débats organisés par les associations altermondialistes ou encore les conférences de citoyens montrent la grande capacité de la société civile d'émettre des informations, des connaissances et des revendications précises en matière de reconstruction du cadre général de vie ; il ne reste qu'à persévérer pour fléchir les choix politiques. En 2005, s'est ouverte la décennie de l'ONU pour l'environnement et le développement durable. Beaucoup de questions font débat. Avant que les marchands et la publicité (*cf.* produits verts, bio, recyclés, etc.) ou encore les technocrates et autres despotes éclairés ne s'emparent définitivement du concept, il est nécessaire de lancer (à tous les niveaux de l'école) des grands programmes de formation sur les enjeux environnementaux qui dépassent le cadre strict de la sensibilisation. Les dégâts provenant de la pollution atmosphérique font partie d'un ensemble de problèmes dont la solution exige un changement social profond, de nouveaux choix de société, une réflexion importante sur les rapports de propriété (et sur la propriété elle-même).

Si l'on accepte l'idée de raisonner en termes de « biens communs de l'humanité », la gestion, la valorisation et l'utilisation des ressources naturelles donnent au concept de « développement durable » une valeur tridimensionnelle : économique, sociale, politique. Dans ce sens, les enjeux du concept pourront être compris dans leur globalité si l'on fait apparaître par l'éducation et la sensibilisation, que a) l'économique est totalement « enchâssé » dans l'environnement et dans le social[15] ; b) la croissance des inégalités entre les différentes couches sociales et entre les économies du Nord et du Sud accentuent les problèmes environnementaux (pollution, maladies, déforestation, etc.) ; c) les mesures de politique de développement durable peuvent être multiples selon la hiérarchie des problèmes (en matière d'environnement, d'inégalités sociales, de déséquilibres entre pays riches et pauvres) et des moyens à utiliser pour les résoudre, définis suite aux débats démocratiques sur les plans local, national et transnational pour que le « contrat mondial pour la Terre » puisse voir le jour.

Ouvertures économiques

Les limites actuelles du cycle économique suggèrent de penser l'économie en fonction de l'environnement et non l'inverse. La prise en compte de l'environnement comme une simple limite à la croissance ne peut que mener à l'échec. Il faudra réussir la révolution de la pensée et des rapports économiques afin de dessiner une économie respectueuse de l'environnement (l'ensemble de ressources) et résolument tournée vers le développement durable. Kyoto et l'après Kyoto sont devenus une

---

15 Voir http://www.harmattan.fr/index.asp ?navig=catalogue&obj=article&no=2442.

réalité politique contraignante pour les pays industrialisés et pour les pays en transition et en développement. Les changements climatiques constituent une des grandes problématiques environnementales actuelles et les débats contradictoires sur ce thème abondent. Toutefois, une majorité de ceux-ci abordent la science du climat, les impacts appréhendés, l'adaptation aux changements et/ou les mesures de réduction des émissions, laissant ainsi de côté les aspects plus politiques ou économiques de la problématique.

Toutefois, les conditions permissives de la valorisation de toutes les connaissances scientifiques et techniques accumulées en matière de protection de l'environnement et de sauvegarde du climat ne peuvent apparaître que si les relations économiques se modifient. De leur côté, les relations (et les logiques) économiques changent par l'intervention politique volontariste, reflétant, elle-même, la pression de la demande sociale. Que ce soit les puits de carbone, les mécanismes pour un développement propre ou les transferts de technologies entre pays, etc., la relation entre les activités humaines et la nature doivent être revues et corrigées !

Bibliographie

Blok, K., de Jager, D., Hendriks, C., *Economic Evaluation of Sectoral Emission Reduction Objectives for Climate Change – Summary Report for Policy Makers*, European Commission, ECOFYS, Energy and Environment, AEA Technology, National Technical University of Athens, 2002.

Boutillier, S., « Les économistes et l'écologie. Enseignements historiques », *Innovations, Cahiers d'économie de l'innovation*, n° 18, 2003, p. 139-165.

Buchanan, J., Musgrave, R., *Public Finance and Public Choice*, Cambridge Mass., MIT Press, 1999.

Gabas, J.-J., Hugon, P., *Biens publics à l'échelle mondiale*, Bruxelles, Collophon, 2001.

Gabus, A., *L'économie mondiale face au climat. A responsabilités accrues, opportunités nouvelles*, Paris, Économie et innovation, L'Harmattan, 2003.

Kindleberger, C., *The International Economic Order. Essays on Financial Crisis and International Public Goods*, Berkley, University of California Press, 1986.

Le Masne, P., « Les services publics, les services publics internationaux et le développement », Document de travail CEDES/Lab.RII, http://riifr.univ-littoral.fr/wp-content/uploads/2008/12/dt51lemasne.pdf, mis en ligne décembre 2008.

McCorquodale, R., "A Human Rights-Based Approach to Poverty", ILO Workshop on Decent Work and Poverty Eradication, Turin, 1-3 July 2002.

Nakicenovic, N., Riahi, K., *Assessment of Technological Change Across Selected Energy Scenarios*, Rapport RR02-005, International Institute for Applied Systems Analysis (IIASA), Laxenburg (Autriche).

Perrin, J., *Valeurs et Développement durable. Questionnement sur la valeur économique*, Paris, L'esprit économique, L'Harmattan, 2004.

Sachs, I., *L'écodéveloppement*, Paris, Syros, La Découverte, 1998.

Stiglitz, J. E., *Globalization and Its Discontents*, New York, W. W. Norton and Co, 2002.

Stiglitz, J. E., *Knowledge as A Global Public Good*, Washington, World Bank, 1999.

Swingland, I. R., (ed.), *Capturing Carbon and Conserving Biodiversity – The Market Approach*, London, Earthscan, 2003.

The Group of Lisbon, *Limits to Competition*, Cambridge Mass., MIT Press, 1995.

The Royal Society, *The Role of Land Carbon Sinks in Mitigating Global Change*, Policy Document 10/01, London, 2001.

Uzunidis, D., « Nature financière et économique des sociétés transnationales et besoin d'un cadre légal mondial d'accumulation », in Cetim, *Les activités des sociétés transnationales et la nécessité de leur encadrement juridique*, www.cetim.ch, Genève, 2001.

Les auteurs

Geneviève AZAM est maître de conférences en économie à l'Université Toulouse 2 où elle est chercheuse à l'UMR Dynamiques Rurales. Elle a publié plusieurs articles liés au développement durable, dont : « Pour une pensée de la limite », *Revue du M.A.U.S.S.*, n° 21 ; « L'utopie de l'économie de la connaissance », in *Penser la marchandisation du monde avec Karl Polanyi*, L'Harmattan ; « Développement durable et principe de précaution », in « *Le développement en questions* », Presses universitaires de Bordeaux.

Anne-Marie CRÉTIÉNEAU est maître de conférences à la faculté de sciences économiques de l'Université de Poitiers, membre du Laboratoire de recherche sur l'industrie et l'innovation des Universités du Littoral Côte d'Opale et de Poitiers et du Réseau de recherche sur l'innovation. Ses travaux portent sur les économies postsocialistes, le développement durable sous l'angle des stratégies individuelles et communautaires de survie et l'approche participative.

Fabrice DANNEQUIN est professeur de sciences économiques et sociales au lycée Saint Joseph à Reims. Il rédige une thèse en économie sur le capitalisme et ses transformations dans la théorie schumpétérienne. Il est rattaché au Laboratoire de recherche sur l'industrie et l'innovation des Universités du Littoral Côte d'Opale et de Poitiers et il chercheur associé à OMI (Organisations, marchés, institutions) de l'Université Reims Champagne-Ardenne.

Laure DOLIQUE exerce aujourd'hui dans la fonction publique, où elle suit notamment la mise en œuvre des plans climat locaux. Elle a auparavant travaillé dans le conseil stratégique en développement durable de la ville de Paris. En 2006, elle a publié *Risques globaux et développement durable* chez l'Harmattan.

Arnaud DIEMER est maître de conférences à l'Université Blaise Pascal, Clermont Ferrand 2. Membre de l'Association internationale Walras, il est chercheur aux laboratoires PHARE de l'Université de Paris I et OMI (Organisations, marchés, institutions) de l'Université Reims Champagne-Ardenne. Il consacre ses recherches à l'histoire de la pensée économique, au développement durable et à la diversité du capitalisme européen.

Romuald DUPUY est docteur en sciences économiques et ATER à l'Université de Poitiers. Il est membre du Centre d'études pour le développement économique et social du Laboratoire de recherche sur l'industrie et l'innovation - Universités du Littoral Côte d'Opale et de Poitiers. Son domaine de recherche concerne l'histoire de la pensée économique et est spécialiste du 18e siècle et de la physiocratie. Il a contribué à l'ouvrage collectif *Nicolas Baudeau, un « philosophe économiste » au temps des Lumières* (2008).

André GABUS est économiste, planificateur stratégique et ancien conseiller ministériel à Genève en Suisse. Il est économiste conseil en stratégie de développement. Il consacre une partie de ses travaux aux pays en développement et à l'économie forestière et agricole. Il a recement publié « Biofuels from dedicated tropical plantation forests » (avec A. Hawthorne, in *International Forestry Review*, vol. 10/4, 2008) et *L'économie mondiale face au climat. A responsabilités accrues, opportunités nouvelles* (L'Harmattan, 2003).

Jean GADREY est professeur émérite d'économie à l'Université de Lille 1. Ses domaines de recherche sont la socioéconomie des services et les nouveaux indicateurs de richesse, titres de deux livres publiés à La Découverte, coll. Repères. S'y ajoute le thème des inégalités, objet d'un essai *En finir avec les inégalités* (Mango, 2006). Il est membre du CNIS (Conseil National de l'Information Statistique).

Éliane JAHAN est maître de conférences à la faculté de sciences économiques de Poitiers et membre du Centre d'études pour le développement économique et social du Laboratoire de recherche sur l'industrie et l'innovation - Universités du Littoral Côte d'Opale et de Poitiers. Ses recherches s'orientent autour de deux principaux axes : médicament et santé, mondialisation et régulation. Actuellement, ses travaux portent plus particulièrement sur les potentialités de la biomasse comme source d'énergie alternative aux énergies fossiles.

André KARTCHEVSKY est professeur des universités en sciences économiques à l'Université Champagne-Ardenne et membre d'Économi'X, UMR 7166. Elle est spécialisée en économie du travail et des institutions. Ses travaux actuels portent sur les politiques publiques de l'emploi, l'institutionnalisme/néo-institutionnalisme et la gouvernance.

Blandine LAPERCHE est maître de conférences habilitée à diriger des recherches à l'Université du Littoral et professeur associée à l'Université de Seattle. Elle est directrice adjointe du Laboratoire de recherche sur l'industrie et l'innovation des Universités du Littoral Côte d'Opale et de Poitiers et membre du Réseau de recherche sur l'innovation. Elle a publié en 2008 *L'innovation pour le développement* (Karthala) et avec D. Uzunidis *The Genesis of innovation. Systemic linkages between knowledge and the market* (E. Elgar) et *Powerful* *finance and innovation trends in a high-risk economy* (Palgrave Macmillan).

Muriel MAILLEFERT est maître de conférences en sciences économiques à l'Université Lille 3, et membre du Clersé-Meshs, UMR 8019 (axe « Territoire, environnement, développement durable »). Ses travaux portent sur la question de l'action collective territorialisée et des institutions.

Patrick MATAGNE, après une formation universitaire en sciences et en histoire, a soutenu une thèse en histoire des sciences sur les origines de l'écologie (Université Paris 7, Jussieu). Il est maître de conférences à l'IUFM Poitou-Charentes, Université de Poitiers. Membre du Laboratoire de recherche sur l'industrie et l'innovation des Universités du Littoral Côte d'Opale et de Poitiers, il conduit des recherches sur la biodiversité et l'éducation au développement durable.

Jacques POIROT est maître de conférences en sciences économiques à l'Université de Nancy 2. Il est chercheur au BETA-REGLES-CNRS (Bureau d'économie théorique et appliquée) et membre du comité de lecture de la revue *Mondes en développement* ainsi que de l'Association Tiers monde. Ses recherches concernent principalement l'économie du développement durable, notamment les problèmes éthiques liés au développement, le principe de précaution, la ville durable, l'entreprise socialement responsable, l'économie sociale et solidaire, ainsi que l'écologie industrielle.

Marlyse POUCHOL est maître de conférences habilité à diriger des recherches à l'Université de Reims et chercheur au Laboratoire de recherche sur l'industrie et l'innovation des Universités du Littoral Côte d'Opale et de Poitiers. Ses travaux récents portent sur la théorie de la politique de H. Arendt et l'analyse de l'économie (« Arendt ou les limites des lois économiques », in, *Y a-t-il des lois en économie ?*, Presses universitaires du Septentrion) et sur le statut de la pensée (« Les universitaires, la pensée et l'innovation », in *les Universités et l'innovation*, l'Harmattan).

Dimitri UZUNIDIS est docteur en économie. Il est directeur du Laboratoire de recherche sur l'industrie et l'innovation, président du Réseau de recherche sur l'innovation, professeur associé aux Universités de Seattle (États-Unis) et professeur d'économie à la TUC (Grèce). Ses travaux portent sur les relations entre l'innovation et le changement social ainsi que sur les relations économiques et politiques internationales.

Printed by
CPI books GmbH, Leck

FSC
www.fsc.org
MIX
Papier | Fördert
gute Waldnutzung
FSC® C083411

Kolibri 360 GmbH
Ferdinand-Jühlke-Straße 7
99095 Erfurt, Deutschland
produktsicherheit@kolibri360.de